大師如何設計
蓋一間代代相傳的好房子

瑞昇文化

蓋一間
代代相傳的
好房子

絕對找得到理想中的住宅

CONTENTS

AD・設計　河南祐介（FANTAGRAPH）
目錄照片（設計）川畑昌弘／川畑昌弘設計工房
（攝影）今井義朗

Living-Dining-Kitchen

用全身感受
河川邊的景色
與清涼感

細長的空間
打造出觀賞風景的舞台

二樓是完全沒有隔間的開放空間。在
緊臨道路的壁面幾乎沒有設置窗戶，
面臨河川方向則大膽設置整面的玻璃
窗，讓空間完全開放。和一樓相較之
下，二樓實木地板為空間帶來溫暖的
氛圍。

▨⋯半外部空間
←⋯室內外連結
⇐⋯視線穿透

隔間重點

根據每個樓層特性
賦予內外距離的
遠近變化

基地是只有22坪，並且往南北延
伸的細長台型。在基地疊上三層
約3.6m寬的箱子。在一樓配置
了可以容納兩台車的停車場和兼
用玄關的自由空間，二樓為家人
團聚的LDK大空間，三樓則是私
人空間，讓每一層樓都擁有各自
的空間調性。在最接近河川的一
樓，藉由拉門的開關和戶外成為
一體空間，而重點在「欣賞風景」
的二樓，大多使用固定窗，減少
和戶外的出入口。在三樓則藉由
設置前走廊，將空間與戶外拉出
距離，賦予內外關係的遠近變化。

2F

LDK
（11坪）

DN
UP

1F

森林

河川

自由空間
（6坪）

道路

車庫

鄰宅

0 1 2 3m

素材的選用營造出設計感
收納充足的對面式廚房

利用木板和不鏽鋼材質，打造出極具
風格感的獨創廚房。設置了大容量的
收納空間，且全面採用固定式家具，
不僅使用方便也能輕鬆收拾。

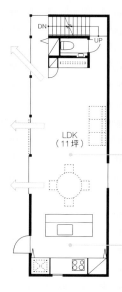

Kitchen

也能變成半屋外空間
兼用玄關的開放空間

1 一樓的自由空間是使用水泥
裸牆打造而成。 **2** 將玻璃門
全敞開後，搖身變為半屋外空
間。屋主考慮到將來可能將空
間改造成辦公室，採用了堅固
的龍腦香實木地板，防止鞋子
或是辦公室滾輪家具對地板的
傷害。

Freeroom

ARCHITECT

川畑昌弘／川畑昌弘設計工房
京都府京都市北区上賀茂松本町
15-1
ニュー北山ビル303
Tel: 075-712-5996
URL：http://www.expansion.jp

DATA

攝影　　　：今井義朗
所在地　　：京都府　川畑住宅
家族成員　：夫婦＋小孩2人
構造規模　：鋼筋混凝土（RC造）
＋木造、三層樓
地坪面積　：73.32㎡
建築面積　：114.30㎡
1樓面積　：26.64㎡
2樓面積　：43.83㎡
3樓面積　：43.83㎡
土地使用分區：第二種住宅區
建蔽率　　：60%
容積率　　：200%
設計期間　：2007/11～2008/9
施工期間　：2008/10～2009/10
施工　　　：SEEDS.CASA
施工費用　：約2800萬日元

外部施工
屋頂：防水FRP材質
外牆：水泥裸牆、鍍鋁鋅鋼板

內部施工
自由空間
地板：龍腦香實木地板
牆壁：水泥裸牆
天花板：EP環氧樹脂塗裝
客餐廳、廚房
地板：唐松實木地板
牆壁：壁紙
天花板：檜木J板
小孩房、臥室
地板：山毛櫸實木地板
牆壁／天花板：壁紙
更衣室、浴室
地板／牆壁：馬賽克磁磚
天花板：EP環氧樹脂塗裝

主要設備製造廠
廚房施工：京都ゆうめん
廚房機器：Miele
衛浴設備：INAX、TOTO、
Panasonic
照明設備：大光照明

拉開寢室與屋外的距離

與開放式的一、二樓相較之下，將提供休憩的空間與河川風景拉開距離，營造出「包覆感」的氣氛。除了設置有門的收納間外，也裝置了掛衣桿與固定式桌子。

剖面重點

混合結構能對應河川水位上升以及潮濕的夏天降低天花板的高度令視野的空間感大增

為能對應河川水位的上升，將房子設計成一樓為鋼筋混泥土結構，二、三樓為木造的混合構造建築。除此之外也能有效降低河川濕氣對建築的影響。在一、二樓的河川側設置大開口。反觀訴求隱私性的三樓，將房間設置在走廊裏側。另外，將天花板壓低，讓這棟向南北延伸的細長型建物，增加空間的寬敞度。

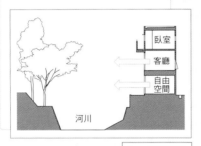

臥室
客廳
自由空間
河川

⇐ …視線穿透

刻意縮小臥室前走廊空間的開放度

塑造出有如被外圍守護般的安心感，有時也是設計要素之一。在三樓的臥室與屋外之間設置了一條走廊以作為緩衝。透過橫式的長形窗戶欣賞風景，又別有另一番風味。

...Hall

夢想有個能擁抱美景的房間

Bedroom

Child's room

以小空間發揮極致機能的小孩房

兩間小孩房各佔1.9坪。在兩個房間裡都設置了以上下錯開的床，房內皆俱備書桌以及收納櫃，是設備非常充足的個人房。小孩們一整日幾乎是在二樓的客廳渡過。

DN

小孩房1（1.9坪）

小孩房2（1.9坪）

陽台

臥室（3坪）

3F

Bathroom

即使在晚上也能安心使用的封閉式衛浴間

將衛浴間的窗戶設置在洗臉台側，成為封閉式的空間。浴室和洗臉台沒有隔間，而用浴簾隔開。家族沒有泡澡的習慣，所以放置獨立式浴缸，賦予浴室輕快感。

有如畫框般的窗戶將窗外景緻裱入其中

Living

Living&Dining

與露天陽台相連結開放的客廳與餐廳

1 客餐廳是一個和觀海庭院與露台連結的開放空間。家人時常在屋簷下的寬廣露天陽台享受早餐或是與愛犬嬉戲。 2 有裝飾日式拉門以及防雨套窗的落地窗。紙拉門不但能帶來沈靜的氛圍，也同時具備隔熱效果。

Japaneseroom

隱身在開放空間裡的森林系房間

在一房兩廳的隔間，設計一間約2.25坪的和式空間，可以作為喜好插花的女主人的嗜好房或是客房。雖然是向北的房間，若將窗戶拉開則可以透過客廳望向大海。另外也設計了可以看向後庭園的落地窗，能直接欣賞造園後景色。

1F

- …外部空間
- ←…室內外連結
- ◁…視線穿透

0 1 2 3m

（平面圖標示：鄰宅、面海、鄰宅、露台、客餐廳（8坪）、和室（2.25坪）、後庭園、廚房（2.5坪）、收納間、玄關、面山、道路、道路、UP）

隔間重點

營造出向南北延伸的景深視線全室都能眺望大海

這棟建築物的南側面海，將客廳和餐廳配置於南側一樓，浴室則配置在南側二樓。在面山的北側一樓設置廚房與和室，二樓的臥室雖然面山，但在臥室裝上內窗，並將內窗和南側窗的位置重疊，讓視線也能穿透南北，遠眺海景。另外，從玄關開始的動線是以收納間以及衛浴設備為核心，以迴繞動線連結至客廳，廚房一直延伸到和室以及梯間。這種"迴繞動線"能為這種小巧的空間增加深度感。

引導視線與動線的矽藻土白色牆壁

東側的外壁是沿著不整形的基地建造，幾乎與建築外側的道路平行。而室內則是呈現出往海方向南側的斜向壁面。一踏入玄關，視線自然被導向至擁有絕美景觀的客廳與餐廳。

Entrance

Kitchen

開放式LDK一目了然的T型格局

向東西延伸的客餐廳與南北向的細長型廚房相互連結，形成T字形格局。由寬敞的空間一望而去，可看到廚房的內部。木作的收納空間使LDK能常保整潔。

ARCHITECT
長濱信幸／長浜信幸建築設計事務所
東京都新宿区高田馬場1-20-208
Tel：03-3205-1508
URL：http://www.nagahama-archi.com
合作：OZON住宅支援

DATA
攝影　：黑住直臣
所在地：神奈川縣A住宅
家族成員：夫婦
構造規模：木造、二層樓
地坪面積：173.63㎡
建築面積：103.35㎡
1樓面積：55.71㎡
2樓面積：47.64㎡（閣樓除外）
土地使用分區：第一種低層住宅專用區
建蔽率　：50％
容積率　：100％
設計期間：2009／1～2009／10
施工期間：2009／10～2010／4
施工　：成幸建設

外部裝修
屋頂：鍍鋁鋅鋼板
外牆：壓克力樹脂噴漆塗裝
內部施工
玄關
地板：有色砂漿鏝刀
牆壁：矽藻土鏝刀
天花板：EP環氧樹脂塗裝
客餐廳
地板：栗木實木地板
牆壁：矽藻土鏝刀
天花板：EP環氧樹脂塗裝、紅橡木合板
廚房
地板：栗木實木地板
牆壁：EP環氧樹脂塗裝、部份磁磚
天花板：EP環氧樹脂塗裝
和室
地板：無邊緣榻榻米
牆壁／天花板：和紙
臥室
地板：栗木實木地板
牆壁：矽藻土、壁紙
天花板：紅橡木合板
盥洗室、更衣室
地板：栗木實木地板
牆壁：EP環氧樹脂塗裝
天花板：紅橡木合板
浴室
地板：半獨立式浴缸
牆壁／天花板：檜木板
露台
地板：紅側柏
主要設備製造商
廚房施工：木工
廚房機器：Panasonic、富士工業、CERA
衛浴設備：TOTO、CERA
照明設備：Panasonic、大光電機、MAXRAY、山田照明、小泉照明

享受景色與光影變化的活動空間
在二樓的大廳設計天窗，光源能從天窗灑落而下。這個日常使用的活動空間搖身一變成為一個能夠享受光的變化以及觀景的場所。書架的對面與一樓餐廳的挑高相連結，在這裡也能直接眺望海景。

擁抱自然山景的悠閒嗜好房
在二樓，夫婦各自擁有一間自己的嗜好房。照片為女主人的工作室，興趣是使用有色玻璃製作藝術品。雖然是一間能夠眺望山景的房間，但若將房門打開，也能透過南側的盥洗室看見大海。

Hall

Hobby room

夢想有個能擁抱美景的房間

在精心設計的浴室裡眺望大海與自然美景
將浴室設置在面向二樓陽台景絕佳的位置。把浴缸設計成和窗框一樣的高度，若將窗戶打開，就能營造出有如露天溫泉般的氣氛。牆壁與天花板使用的檜木，也能增加浴室的清爽感。

Bathroom

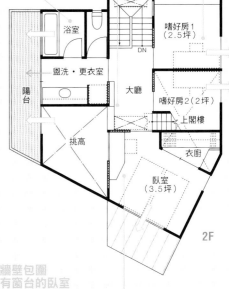

浴室　盥洗・更衣室　陽台　挑高　浴室　DN　大廳　上閣樓　衣櫥　嗜好房1（2.5坪）　嗜好房2（2坪）　臥室（3.5坪）

2F

被牆壁包圍擁有窗台的臥室
臥室位於2樓東北處。從面向一樓挑高的內窗，可以透過餐廳上部的觀景窗眺望海景。而東邊的窗戶則可以看到山景。窗戶的大小恰如其分的將窗外景色收進眼裡。

剖面重點

提高室內舒適度牆壁面積與開放感的平衡

雖然所有的門窗都面向一樓的觀海落地窗，但卻能享受到視覺空間往水平延伸的開放感。而賦予客廳縱向寬度的挑高，被矽藻土白牆壁包圍著，營造出靜謐的氛圍。控制眺望山海景色的窗戶大小，將窗外的天空與大海完美地切割成一幅美麗風景畫。而透過一樓的挑高設計，在2樓北側的寢室以及小客廳也能擁抱海景。

天窗　閣樓　陽台　挑高　大廳　嗜好房2　露台　客廳　廚房　後門

Bedroom

← …室內外連結
⇐ …視線穿透

**強調水平方向的寬敞度
互相連接的系統傢具**

與廚房和餐桌並排的吧台長度約為4.5m,壁面的收納則更長,從廚房一直延伸到榻榻米室。挑高賦予垂直方向寬敞感,另一方面,這種家具的延伸設計則加強水平方向的寬度。

藉由中庭和客廳相連的客房

客房位於南側。為了減少與鄰宅的壓迫感,不在南側設開口,而是設置在面向中庭側。門隱身在杉木打造的外牆中,將杉木門打開後出現的是一道玻璃門,藉由中庭與客廳相連結。

003

土間客廳與中庭
一同刻畫出的風景

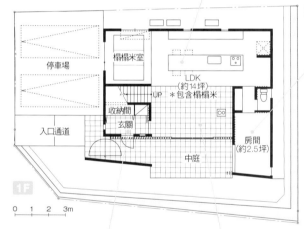

```
停車場

榻榻米室

LDK
（約14坪）

收納間        UP  *包含榻榻米
玄關

入口通道
房間
（約2.5坪）

中庭

1F

0  1  2  3m
```

**擁有壓倒式容量的
中庭和客廳相連結**

一樓的客廳與中庭一起製造出兩倍的空間感。挑高通頂部份設計為開口,在中庭的上方設置圍繞式牆壁,形成極具份量感的空間。

**兼具隱私以及
開放感的拉門**

打開玄關的門進入其中,會有另一道拉門。不僅具有避免從玄關直接看到室內的功能,在這小空間一口氣將門拉開時,可以強調客廳的寬敞。

二 隔間重點

**在開放空間裡設計適度的
圍繞感提高隱密性**

在二樓設置了臥室、浴室以及第二個客廳。房間以ㄇ型圍繞,每個房間皆面朝挑高,上下樓互相連結。位於西北側的寢室在面朝挑高方向裝置玻璃。和樓下以及其他的房間形成連結感。不過,在重視每個房間的連結感的同時,也利用收納櫃以及牆壁適度的將房間圍繞,賦予空間安穩的氣氛。

一 隔間重點

**將開放空間與隱密空間
連結的同時保有獨立性**

面向西側道路敞開挑高一房兩廳的I住宅。和充滿綠意的道路相鄰,因有街道樹和路旁植栽保護屋內隱私,又可以從室內欣賞到屋外景色。餐廳／廚房的北側和榻榻米室相連接,而在客廳南側則設置了一間獨立房。將平時關閉的木門全開之後,相隔著玻璃門,就會變成一個介於中庭,與客廳相連結的獨立房間。

ARCHITECT

横山敦士／ヨコヤマデザイン事務所

神奈川県横浜市神奈川区泉町
15-5山本ビル203
Tel：045-325-6045
URL：http://homepage1.nifty.
com/yokoyama-d-s

DATA

攝影　　　：牛尾幹太
所在地　　：神奈川縣 I 住宅
家族成員　：夫婦
構造規模　：木造、二層樓
地坪面積　：190.40㎡
建築面積　：127.74㎡
1樓面積　：70.22㎡
2樓面積　：57.52㎡
土地使用分區：第一種低層住宅專
用地區
建蔽率　　：50%
容積率　　：80%
設計期間　：2004/8～2005/8
施工期間　：2005/9～2006/2
施工　　　：西武建工

外部裝修
屋頂：防水布
外牆：杉板、防腐塗裝

內部施工
玄關
地板：磁磚
牆壁：矽藻土粉刷
天花板：水性塗裝
客餐廳、廚房
地板：磁磚
牆壁：矽藻土粉刷、杉板
天花板：水性塗裝
臥房
地板：松木實木地板
牆壁：矽藻土粉刷
天花板：水性塗裝
盥洗室
地板：松木實木地板
牆壁：矽藻土粉刷
天花板：水性塗裝
浴室
地板／牆壁：馬賽克磁磚
天花板：浴室用合板

主要設備製造商
廚房機器：Miele、Rosieres
衛浴設備：INAX
照明設備：YAMAGIWA
其他設備：柴火暖爐

提高空間品質
機能性優越的
固定式收納櫃

在二樓面向挑高的扶手階梯建造
了部份收納櫃。藉由收納櫃的圍
繞，賦予二樓客廳沉穩感。樓梯
是無背板設計，若將兩側側板取
出就變成另一個收納空間。在客
廳部份，建造了簡易型書桌，讓
客廳兼具書房機能。

玻璃隔間臥室
良好採光是
一日活力的來源

面向挑高的壁面設置部份玻
璃，能與其他房間形成連結
感。除這個功能之外，每日
早晨都能沐浴在穿透玻璃進
入的陽光下。女主人說：「每
天沐浴於早晨的陽光，起床
就會充滿朝氣」。

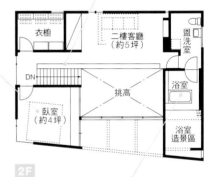

夢想有個
能擁抱美景
的房間

衣櫥
二樓客廳
（約5坪）
盥洗室
DN
浴室
臥室
（約4坪）
挑高
浴室
造景區

2F

剖面重點

增加挑高的開放感
天花板的高低變化

住宅的一樓土間客廳與中庭的連接設計，
不僅能將屋外空間收進室內，也製造出開
放的空間感。在這活動的開放空間強調高
度，便能感受空間舒適性。而一樓的餐廳
廚房以及二樓的客廳則是適度地壓低天花
板高度，營造舒適感。這些設計為一個大
空間帶來不同的變化感。

二樓客廳

餐廳　　一樓客廳　　中庭

從浴室延伸到浴室造景區的
寬敞感有如露天溫泉般的浴室

浴室與浴室外的小庭院連接。將折門拉開後
室內外空間成為一體。雖然庭院四周有牆壁
包圍著，但在上方敞開一部份露天，既不用
在乎室外的視線又能夠保持通風。

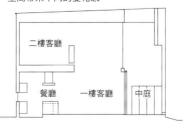

為了設置能停放兩台汽車的停車場將住宅往南挪移

夫婦兩人都是開車通勤，因此需要能停兩台車的停車場。為了能讓兩台車同時並排，將一樓往南挪，而二樓則形成向外突出的設計。向外突出的部份也能給玄關處帶來包覆感。

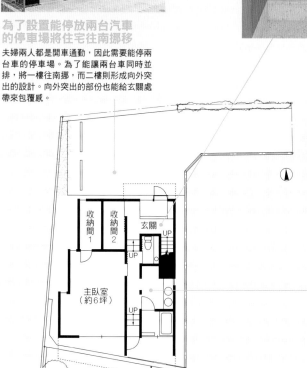

將一樓壓低縮短玄關通往二樓的階梯數

從玄關通往二樓的階梯有12階。將玄關地板挑高，另外也將二樓的地板降低。建築師粕谷認為，將客廳設置在二樓的話，就應該盡量減少樓梯的階數。

004

在客廳享受全景視野的家

在南面設置明亮的浴室遠眺美景放鬆心情

於一樓南側設置浴室與盥洗室。浴室與露台連結，可以邊泡澡邊享受戶外景色。為了能感受到走廊的寬敞，所以和盥洗室之間沒有隔間，必要的時候可以拉上簾子。（※）

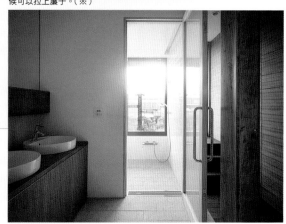

平面圖 1F

收納間1　收納間2　玄關　UP　UP

主臥室（約6坪）　UP

0　1　2　3m

二樓 隔間重點

於南側設計大開口的客廳比客廳高半層樓的小孩房

T住宅的重點應算是能夠享受無限視野的客餐廳吧！不論近景遠景對於這個家族來說都是不可或缺的存在。從客廳往上爬半層樓的地方設置了小孩房。客廳與小孩房之間有拉門作為隔間。在小孩還小的時候也可以將門打開使用。在客廳也能隨時兼顧小孩房的情況。

一樓 隔間重點

在玄關處設計的高低差有氣氛轉換的作用

臥室、浴室和洗手間位於一樓。由玄關往南延伸的走廊可連通各個房間。但是要到各個房間前，必須往下走三階的階梯，而要走到南側的露台又必須再往上走三階階梯。玄關與重視隱密性的臥室設置在同一層樓，並設計了些許的高低差，賦予空間不同調性。

剖面 重點

因應基地前後的地勢高低差設計而成

一樓南側的各個房間比位於北側的房間低約45cm，二樓客餐廳的地板也因此而比普通要來的低。小孩房則比客餐廳高半層樓。T住宅低於地面約3公尺，附近有住宅區以及鐵路，後方則緊臨山。為了能讓這棟有高低差的基地更能夠感受到景觀的視野，而採用了這種室內水平差的設計。

小孩房　LDK　玄關　走廊

（※）

ARCHITECT
**粕谷淳司＋粕谷奈緒子／カスヤ
アーキテクツオフィス**
東京都杉並区高円寺北1-15-10
UNWALL 001
Tel：03-3385-2091
URL：http://k-a-o.com

DATA
攝影　　　：石井雅義
所在地　　：東京都T住宅
家族成員　：夫婦＋小孩1人
構造規模　：木造、二層樓
地坪面積　：165.30㎡
建築面積　：119.71㎡
1樓面積　：54.29㎡
2樓面積　：63.12㎡
頂樓面積　：2.30㎡
土地使用分區：第一種低層住宅專
用地區
建蔽率　　：40%
容積率　　：80%
設計期間　：2007/3～2008/1
施工期間　：2008/2～2008/8
施工　　　：小川建設

外部裝修
屋頂：防水FRP材質
外牆：彩色鍍鋁鋅鋼浪板

內部施工
玄關
地板：十和田石
牆壁／天花板：AEP塗裝
客餐廳、廚房
地板：水曲柳實木地板
牆壁／天花板：AEP塗裝
臥室
地板：水曲柳實木地板
牆壁：AEP塗裝，部份白柳安合板
OS塗裝
天花板：AEP塗裝
盥洗室
地板：十和田石
牆壁／天花板：AEP塗裝
浴室
地板：十和田石
牆壁：全磁化磁磚
天花板：鋁製浴室合板

主要設備製造商
廚房機器：日立、富士工業
衛浴設備：TOTO、Hansrohe
照明設備：日本電機、Panasonic，
小泉照明
其他設備：Panasonic（節能熱水
器）

設計感與機能性兼具
既成品與木作工程結合的廚房

選擇了兼具設計感與機能性的IKEA系統廚房。
並使用木作工程的傢具，建材組合運用而建造出
獨一無二的鮮明紅色調廚房。

能隨時注意到彼此動向
小孩房與客廳的配置

為了能在家庭的公共空間就可以隨時注意到
小孩房裡的情況，在高於客廳半層樓的空間
設置小孩房。並在此空間的中間裝置拉門，
將來也能分隔成兩個空間。

夢想有個
能擁抱美景
的房間

RF　**2F**

小孩房
（約6坪）

廚房（2.8坪）

UP

DN

客餐廳（約8坪）

露台

DN

北側的頂樓露台
可將明亮的光線
導入小孩房

由小孩房往上走可通往頂
樓露台。抬頭仰望便是蔚
藍的天空。雖然有部份屋
頂設計，但由天窗灑落而
下的光線，可藉由玻璃照
進緊臨露台且低半層的小
孩房。（★）

偌大的落地窗
窗外景色一覽無遺

南側的全景視野。為了能
享受窗外視野，將客餐廳
配置在二樓。家族在放鬆
身心的同時也能透過從天
花板到地板的落地窗將美
景盡收眼底。

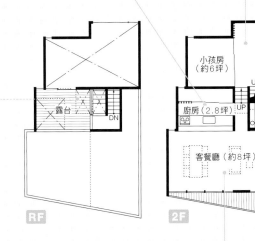

**於南北側皆建造露台
將光線與通風導入室內**

在這棟住宅的南北側各建造了露台，將光線導入室內。在高於地面約半層的空間裡光線的導入已十分充足。在露台外裝設不鏽鋼窗戶，在採光良好的同時也不會因為由屋外而來的視線感到困擾。

**透過餐桌上方的
天窗灑落的光線**

位於一樓北側的餐廳，在餐桌上方建造了一個方形的天窗，光線藉由天窗投射而下。另外光線也會從與餐廳相連接的露台投入至餐廳，因此在北側也能製造出明亮的餐廳。

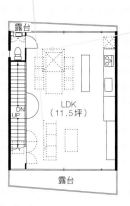

露台

LDK
（11.5坪）

DN
UP

露台

1F

005

在密集住宅區
的旗桿型基地
享受景色的方法

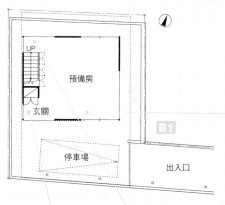

UP

預備房

玄關

B1

停車場

出入口

**將基地下挖半層
保留停車場以及
預備房的空間**

屋主訴求能停一台車空間的停車場。在住宅內設置車庫的設計會減少住宅空間。為解決問題，將基地整體往下挖一層。在這個懸梁式建築的一樓下方設置了車庫以及預備房。

光線透過半地下室預備房的採光井照射至屋內

在位於半地下室的預備房入口處設置開口，利用建築周圍的採光井來採光。雖然建築外圍有白色塗裝牆壁圍繞著，但這反而能強調內外空間的連續性。

剖面重點

建造半地下室把地上部份上推半層以導入光線

密集住宅區、旗桿基地、北側斜線規定，對於種種不利於建築的條件，如何打造出一個開放式、採光良好的住宅是此次的課題。旗桿式基地雖然能帶來沉穩感，但因四周緊臨其他住宅，一樓及地下室的採光便顯得重要。因此採用往下挖掘半地下室的設計。也就是說，地下室比地面高出一半，並讓樓上的空間更靠近光源。確保室內採光。

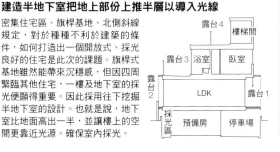

設計＝清水貞博＋松崎正壽＋清水裕子／atelierA5

東京都世田谷区代田3-33-12
Tel：03-3419-3830
URL：http://www.a-a5.com

DATA

攝影　　　：石井雅義
所在地　　：東京都I住宅
家族成員　：夫婦＋犬二隻
構造規模　：鋼結構＋木造、二層
樓＋地下一樓
地坪面積：105.10㎡
建築面積：119.82㎡
地下面積：31.04㎡
1樓面積：43.20㎡（室內）＋
11.30㎡（露台）
2樓面積：29.05㎡
頂樓面積：5.19㎡
土地使用分區：第一種低層住宅專
用地區
建蔽率　　：50％
容積率　　：100％
設計期間：2005/8～2006/3
施工期間：2006/3～2007/3
施工　　　：中野工務店

外部裝修
屋頂：防水FRP材質
外牆：鋁製浪板特殊塗裝
內部施工
玄關
地板：砂漿防滑劑塗裝
牆壁：不鏽鋼
天花板：塗裝
客餐廳、廚房
地板：磁磚
牆壁／天花板：天然素材粉刷
臥室
地板：橡木實木地板
牆壁／天花板：灰泥
盥洗室、更衣室、浴室
地板：磁磚
牆壁：防水FRP材質
天花板：防水灰泥

主要設備製造商
廚房機器：Panasonic、Miele、
Grohe、Hearts
浴缸／衛浴設備：INAX、Tform、
Grohe

白色調裝潢
強調大自然的陽光與綠意

浴室位於二樓北側。而寢室則配置在南側。把廁所、盥洗室、淋浴間並排配置成為一間三合一功能的浴室。白色系的設計可統一空間並帶來清潔感。雖面向露台，但因為有柵欄與植栽遮住，不必擔心外來的視線。另一方面，南側臥室的天花板與牆面使用灰泥塗裝，所以和浴室呈現同系列的白色調。在臥室開了兩面窗可以欣賞到綠光美景。

浮在半地下室上的LDK
彷彿空中花園

利用旗桿型基地的構造，將車道做成斜面，沿著車道下去就是停車場，接著就來到玄關。往下挖掘半層的地下室，是一個有衣物間功能的預備空間。不再另外設置玄關大廳，發揮空間最大利用功能。爬上地下室的階梯來到高地面半層的一樓，在南北側的露台各種植了盆栽，有如置身在空中庭園。在沒有隔間的空間裡，設計出合理的生活動線。

藉由兩面開口
和公園與鄰宅庭院的綠意借景

基地東側有一座綠意盎然的公園。另外，南側則面鄰宅的庭院。在二樓的臥室做了兩面開窗設計，經由借景將周邊綠意環境與室內空間連結。

RF

露台

樓梯間

隨處可見的
天窗設計

基地東側有一座綠意盎然的公園。另外，南側則面鄰宅的庭院。在二樓的臥室做了兩面開窗設計，經由借景將周邊綠意環境與室內空間連結。

露台

盥洗·更衣室（1.75坪）　浴室

臥室（4坪）

DN

2F

夢想有個能擁抱美景的房間

即使在北側也充滿明亮感令人感到清爽乾淨的浴室

浴室面對著敞開的露台。確保在白天時明亮的光線也能夠進入較沉穩的北側。如照片所示，浴缸的上方也建造了天窗，光線也可以由此進入浴室。

利用開口
控制能見景色

餐廳設置了兩個開口部。面向露台的北側做了大面開口，向樹木借景。而南側的開口則較小。如此一來就可用開口的大小來控制能見景觀。

考慮到生活便利性的孝親空間

父母空間。在南側配置起居室，北側配置了臥室。都是和廚房、浴室距離近的小巧空間，藉由簡短的動線輕鬆生活。以露台代替和起居室連結的庭院。可以盡情享受日光浴。

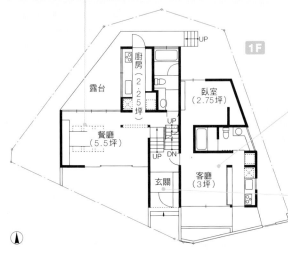

1F

廚房（2.25坪）
露台
臥室（2.75坪）
餐廳（5.5坪）
玄關
客廳（3坪）

B1

預備房
車庫

連接各房間住宅
的要素——樓梯

由玄關以及同層樓的孝親空間往上登半層樓，即是夫婦與小孩所利用的餐廳、客廳以及房間。樓梯設計為沒有梯間牆面，光線可經由露台進入，灑落至樓梯間。

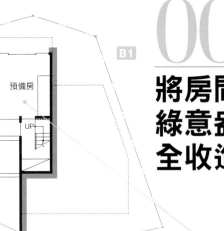

006

將房間延展
綠意盎然景色
全收進眼底的家

和車庫相連結
半地下室的預備房

由玄關往下走半層樓，會到達一間預備房。使用鋼筋水泥與水泥裸牆打造。設置開口部，眺望北側的森林。預備房和車庫相通。

剖面重點

基地的高低差所衍生出的跳躍式樓層

房間　房間　客廳
餐廳　　　浴室
車庫

樓層是依據地勢的高低差來配置。比玄關低半層樓的預備房、和玄關同層樓的孝親空間、往上半層樓西側是夫婦與小孩的餐廳，再往上則是客廳。雖然夫婦和小孩的客廳是此住宅最大的空間，卻沒有設計挑高。這次的設計重點不在「挑高」，而是位於建築中央連結各個房間的「階梯」。家人能互相感受到彼此的存在，又能悠遊在自己喜愛的空間。

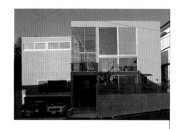

ARCHITECT

設計＝川邊直哉／川辺直哉建築設計事務所

東京都港区白金台 1-15-19
LUZ白金301号
Tel：03-6277-4155
URL：http//kawabe-office.com

DATA

攝影 ：石井雅義
所在地 ：神奈川縣J住宅
家族成員 ：夫婦＋小孩兩人＋父母
構造規模 ：木造＋鋼筋混凝土、
二層樓＋地下一樓
地坪面積 ：152.39㎡
建築面積 ：184.96㎡
停車場面積 ：15.18㎡
地下面積 ：25.56㎡
1樓面積 ：75.02㎡
2樓面積 ：69.20㎡
土地使用分區 ：第一種低層住宅專用地區
建蔽率 ：50%
容積率 ：100%
設計期間 ：2005/12～2006/7
施工期間 ：2006/8～2007/4
施工 ：TTC建設

外部裝修
屋頂：防水FRP材質
外牆：噴漆塗裝

內部施工

玄關
地板：砂漿鏝刀
牆壁／天花板：塗裝

客廳
地板：全磁化磁磚（1F），實木地板塗裝、榻榻米（2F）
牆壁：塗裝、柳安合板塗裝
天花板：塗裝

臥室
地板：地毯、實木地板
牆壁：塗裝、壁紙
天花板：壁紙

盥洗室、更衣室
地板／牆壁：全磁化磁磚
天花板：塗裝

浴室
地板：全磁化磁磚
牆壁：塗裝
天花板：浴室用合板

主要設備製造商
廚房機器：東芝、Panasonic、Hearts、中外交易
浴缸／衛浴設備：INAX、DuPontCorian、TOTO
照明器具：Yamagiwa照明、遠藤照明、MAXRAY
空調設備：大金、三菱

夢想有個能擁抱美景的房間

**單一色調的設計
讓窗外的綠景一躍眼簾**

在客廳規劃了壁面收納空間，讓收納更加輕鬆簡單。室內是以黑白為主的無彩色設計，讓窗外的綠色更加醒目。

**因應各個位置設置開口
在房間裡也能舒適愉快**

家人的個人房並列在最上層樓。因為是個人空間而不做太大的開口。但在床上躺著或是坐在椅子上時，在能欣賞到風景的地方設置了窗戶。

2F

主臥室（3坪）
臥室（2.5坪）
臥室（1.75坪）
客廳（7.5坪）
UP DN
露台
收納間

**將南北側設計為全面開口
讓內外景色連結的客廳**

基地的南側延續著一條走道。客廳就配置在這條走道的延長線上。將南北兩面設計成大開口窗戶，把住宅街道與綠景拉進室內，與客廳結合。

二樓隔間重點

共用空間的開放感與私人空間的安定感

二樓的東側為客廳，半層樓上方西側則是臥室。將客廳南側延長的走道上。為了能夠欣賞到建築後方的雜木林與開放感，在北側做開口，在南側也設置了落地窗。由南北兩側開口將周邊的住宅街廓，以及綠意一併收入眼簾，這種設計更讓空間感大增。另一方面，臥室的開口則根據空間以及個性調整大小，可由大小適宜的窗戶盡情欣賞藍天與美景。

地下室、一樓的隔間重點

運用跳躍式樓層設計實現二代宅「不即不離」的理想

由於和父母同住是這次計畫的初衷，要如何縮短兩個世代間的距離便是這次設計的另一個課題。首先，在玄關的樓層配置孝親房，並將生活必要空間都整備好。往上半層樓是親子餐廳。餐廳不但是親子共有的空間，若父母將孝親房門打開，也能看見餐廳。將各個空間做區隔的同時也設計了共有空間，實現了「不即不離」的絕妙隔間設計。

融入客廳的廚房

廚房使用木製枱面，避免讓金屬的廚房設備浮出空間。考量到配色對於空間感的影響，收納櫃的下方使用白色，吊櫃則使用了深褐色將之區分。

將玄關中庭的天花板壓低製造出空間的抑揚頓挫

與客廳相對照下，玄關是一個被刻意壓低的空間。地板則不另外做架高挑高框，讓玄關和室內呈現平面。在玄關中庭的角落設置了洗手台的個性設計，增加趣味性。

在舒適隅角
享受滿載絕景

**寬敞的客廳
享受無限眺望的大空間**

LDK 的地板比玄關低 60cm，省去天花板的部份，使得垂直空間更加的寬廣。設計為深棕色的大樑與柱，可讓人感覺構造穩健，帶來安心感。

1F

玄關中庭

UP

UP

客餐廳、廚房
（約14坪）

露台1

0　1　2　3m

**被四方形餐桌
包覆的用餐一隅**

餐廳的設計理念為，身近美景的同時，因座位臨牆而能夠帶來安心感。邊長1.6m的餐桌也設置了固定的長椅。吊燈的內側依照屋主的期望漆上了綠色。

二樓　隔間重點

**預測家庭人數的變化
具有可變性的隔間方式**

以衛浴空間的寬敞度為優先考量。將廁所、盥洗室以及浴室融合一體。在視野良好的西北側設置大窗戶。考慮到將來小孩的人數增加，可以將臥室1以南北區分為二個房間。而現在的臥室2到時候可以當作主臥室來使用。具有隔間功能的衣櫃因為是可移動式的，在不做大規模施工的前提下也能輕鬆改變隔間。

一樓　隔間重點

**在沒有隔間的大空間
裡製造出一隅一角**

一樓是沒有任何隔間的大空間。在這個大空間裡的餐廳、廚房以及樓梯下等設計了各種樣貌的角落風景，不但增加舒適感，也讓生活方式變得多采多姿。樓梯將玄關與LDK連結起來，同時也將兩個空間適當地區隔開來。偌大的窗戶將視線引導至景觀方向，而統一色調的壁面則帶來沉穩的感覺。

半谷仁子／A、P、S、設計室
東京都世田谷区下馬1-39-16
れもんの木1階
Tel：03-5430-3131

DATA
攝影　　　：黑住直臣
所在地　　：神奈川縣K住宅
家族成員　：夫婦＋小孩一人
構造規模　：木造、二層樓
地坪面積　：130.27㎡
建築面積　：120.76㎡
1樓面積　：62.74㎡
2樓面積　：58.02㎡
閣樓面積　：9.92㎡
土地使用分區：第一種低層住宅專
用地區
建蔽率　　：50％
容積率　　：100％
設計期間　：2006／3～2006／8
施工期間　：2006／9～2007／2
施工　　　：八木工務店

外部裝修
屋頂：鍍鋁鋅鋼板
外牆：彈性樹脂噴漆塗裝

內部施工
玄關中庭
地板：砂漿鏝刀粉刷
牆壁／天花板：AEP壓克力樹脂粉刷
客廳、餐廳、廚房
地板：砂漿鏝刀粉刷
牆壁：AEP壓克力樹脂粉刷
天花板：AEP壓克力樹脂粉刷、裝飾樑柱：OSCL粉刷
臥室1、2
地板：北歐赤松
牆壁／天花板：壁紙
盥洗室、浴室
地板／牆壁：玻璃馬賽克磁磚
天花板：浴室專用合板

主要設備設施
廚房機器：Hansgrohe、Miele、中外交易
衛浴設備：TOTO、Hansgrohe、Tform
照明器具：ODELIC、Panasonic電工

剖面重點

利用傾斜與地勢差
創造出良好視野的構造

利用地基原本的地勢差，將客廳設計比玄關低60cm。如此一來，從玄關中庭就可以俯視LDK，讓窗外的遠景視野大增。另外，低於玄關的部份使得天花板自然增高，讓空間更具份量感。考量到光線能夠照射到北側，所以在二樓的寢室開了高窗。

在擁有大窗的寬敞浴室
迎接清爽的早晨

浴室是三合一的衛浴設備。和臥室相同大小的寬廣空間裡，充滿明亮舒適感。橫向的面台放置了洗臉台，台上設置兩個水龍頭。兩個人同時間梳洗也不顯擁擠。

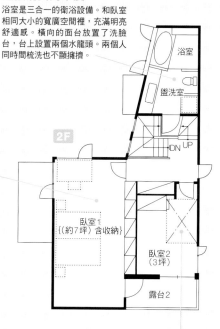

2F

北歐的紅松地板
明亮自然的
主臥室

主臥室約7坪，寬敞舒適。若未來小孩增加至兩人時，可以將這間臥室一分為二。到時候，光線仍然能經由北側的高窗進入南側。

利用閣樓收納
建造一個色彩豐富
的小孩房

位於東南側的小孩房景色也非常良好。閣樓收納部份選擇紫色塗裝，雖然遮住了原木材也不會有低俗感。以暖色系為基調，設計出一個可愛活潑的空間。

夢想有個
能擁抱美景
的房間

以視野良好的
客廳為中心的
開放式居家

**根據使用方式不同可以隨時變化的
地下室空間**

地下一樓從靠近出入口開始，依序設置和室、書
房、臥室，分別靠著北側並列著。將拉門拉上就變
成私人空間，而打開時每個房間可以相通，依據使
用方式隨心所欲的變化。在臥室設置固定式書櫃，
可以收納大量書籍。

**地下室也能
保持通風清爽的浴室**

浴室位於南側角落，雖然被牆面包
圍著，但因為面向採光井，也能得
到充足的光線。即使位於地下室也
能保持通風清爽。

和室
（約2.5坪）

玄關2
UP

房間1
(1.25坪)

臥室
(4.45坪)

房間2
(2.9坪)

露台2

0 1 2 3m

B1F

**身為建築結構核心的房間
打造為大容量的收納空間**

房間大小約3坪，以收納功能作為重
點。房間被混凝土壁面包圍著，以這
間房為中心，在周圍配置了其他臥
室。

**由採光井將光線引進
將總是採光不良的地下室搖身一變**

臥室面向採光井。白天時南側的光可以透過採光井
射入地下。抬頭仰望則可以看到天空，身處在臥室
時，一點都不覺得是身在傾斜地的底部。

地下室 隔間重點

**抑制開口大小調節能見視線
打造沉穩的私人空間**

地下室是以打造個人空間為中心的私人區
域。將臥室和浴室配置在收納機能完善的房
間外圍。利用拉門的開關，可以自由變化成
獨立使用或是相互連結的空間。為了避開由
基地下的正面道路所迎來的視線，將面向道
路的房間開口壓小，避開外來視線。如此打
造出沉穩的私人空間。

一樓 隔間重點

**在生活的主軸——
一樓的LDK享受眺望美景的樂趣**

在傾斜的基地所建造的這棟住宅裡，樓上就
是一樓。因此，活用基地特性，將客廳及餐
廳設置在一樓並對外開放，享受無限景緻。
廚房位於中央，客廳配置在廚房之外側。被
混凝土壁面包圍著的U字型廚房，支撐著客
廳的大開口。而廚房也設置了窗口，在一樓
的每個地方都能欣賞美景。

ARCHITECT
川邊直哉／川辺直哉建築設計事務所
東京都港区白金台 1-15-19
LUZ 白金301号
Tel：03-6277-4155
URL：http://kawabe-office.com

DATA
攝影　：石井雅義
所在地：神奈川縣T住宅
家族成員：夫婦
構造規模：鋼筋混凝土、地下一樓＋地上一樓
地坪面積：121.87㎡
建築面積：109.99㎡
地下室面積：58.70㎡
1樓面積：51.29㎡
土地使用分區：第一種低層住宅專用區
建蔽率　：50%
容積率　：100%
設計期間：2006/10～2007/7
施工期間：2007/7～2008/4
施工　：愛川建設

外部纖維
屋頂：防水布上砂漿
外牆：水泥裸牆＋防潑水塗裝

內部施工
玄關
地板：砂漿鏝刀粉刷
牆壁：水泥裸牆＋防潑水塗裝
天花板：水泥裸牆
LDK
地板：胡桃木地板
牆壁：水泥裸牆、AEP塗裝、木製地板
天花板：水泥裸牆
臥室
地板：地毯
牆壁：水泥裸牆、AEP塗裝
天花板：水泥裸牆
洗手間、更衣室
地板／牆壁：全磁化磁磚
天花板：矽酸鈣板兩片＋ΛEP塗裝
浴室
地板／牆壁：全磁化磁磚
天花板：矽酸鈣板兩片＋AEP塗裝

主要設備機器
廚房機器：東芝、Panasonic電工、Haatz
衛浴設備：INAX、Tform、TOTO
照明器具：Yamagiwa照明、遠藤照明、Maxray
其他設備：DAIKIN、東芝

將雜亂感隱藏
享受絕景的G字型廚房
廚房位於一樓的中心，就彷彿是這個家的司令塔，並擔任著支撐大面開口的客餐廳的要角。G字型的廚房能將雜亂的部份隱藏，而且可以邊和客餐廳的人聊天。由廚房內也可以眺望遠方延綿不絕的山景。

根據熟悉的家具
決定設計尺寸
坐在客廳享有超大視野，不論是眺望遠山或是俯視街景。牆壁寬幅、高度等詳細的尺寸是配合家具的大小而設計的。這些傢具是屋主T先生在舊居所使用的傢具。

夢想有個
能擁抱美景
的房間

1F

（平面圖標註）
客餐廳（8.55坪）
廚房（2.25坪）
DN UP
玄關
露台1
挑高

兩個出入口
可根據狀況使用
因為上下樓層都各自與道路相連接，開車回家時從下層進入，騎腳踏車的時候則由上層。可依據生活形式或狀況區分使用出入口。

剖面　重點

活用基地的高低差
設計出樓層變化
T住宅是一棟順著傾斜地勢靠著護牆而建的住宅。活用上下都連接道路的特性，在高低差最多的地方設置玄關，將上下動線連接起來。在這條動線的圖中設計了兩層風格迥異的樓層。一樓是以LDK為中心的開放共用空間，而在地下室則配置了幾間幾乎是封閉的個人空間，將有高低差的基地計畫性地活用。

（剖面圖標註）
閣樓
客廳　廚房
出入口
和室　房間　房間1　露台2

抑揚頓挫的空間構造帶來豐富的生活空間

挑高的入口庭園種植著紀念樹。在這裡會先讓人意識到高度感，進而導入室內。由玄關進入走廊後一轉進則是明亮的客廳。在室內沒有隔間，取而代之的是天花板的高度以及陰影的位置，交錯上演出富有深度的生活空間。

玻璃隔間的白色浴室寬敞且明亮

考量到成本削減以及為了增加寬敞度，浴室和洗臉台使用半邊玻璃隔間。白色的磁磚拼貼營造出簡單大方的空間。

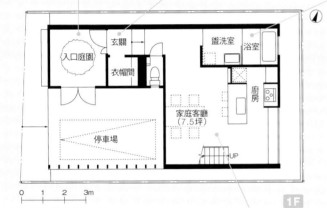

```
玄關
入口庭園
衣帽間
盥洗室    浴室
廚房
家庭客廳
（7.5坪）
停車場
UP
0  1  2  3m
1F
```

009

水平方向的挑高
貫穿東西
構成惑人絕景

徹底劃分出廚房的隱藏空間及開放空間

由小孩的客廳往一樓的LDK俯視，會看到廚房的右側。可以隨時看到身處開放式廚房裡父母的身影。但是，只有流理台部份設計為開放式，微波爐和收納櫃等置放在壁面裡，冰箱則藏置在櫃子裡面。

夢想有個能擁抱美景的房間

━樓隔間重點

挑高的大空間
成為家族聚集的場所

一樓配置了家族聚集的場所「家庭客廳」以及浴室和車庫。客廳為開放式，和餐廳、廚房結合為一體，再藉由挑高將二樓連結起來，感受到比實際面積更大的寬敞度。因為住宅周圍接鄰著其他住宅，所以在一樓沒有設置開口，但因為大面積的挑高，讓屋子裡沒有閉塞感。

ARCHITECT
今永和利／今永環境計画
東京都世田谷区砧 7 - 2 - 21 - 207
Tel: 03 - 3415 - 7801
URL：http://www.imanaga.com

DATA
攝影　　　：石井雅義
所在地　　：埼玉縣 K 住宅
家族成員　：夫婦＋小孩兩人
構造規模　：木造、二層樓
地坪面積　：101.30㎡
建築面積　：107.49㎡
1 樓面積　：60.75㎡
2 樓面積　：46.74㎡
土地使用分區：第一種中高層住宅
專用區
建蔽率　　：60％
容積率　　：200％
設計期間　：2005／5～2006／2
施工期間　：2006／3～2006／8
施工　　　：大勝建設
施工費用　：2400 萬日元

外部裝修
屋頂：防水布（隔熱效果）
外牆：砂漿鏝刀粉刷＋壓克力樹脂
塗裝

內部施工
玄關
地板：土間水泥
牆壁／天花板：AEP 塗裝
LDK
地板：PVC 防水布＋上蠟
牆壁：AEP 塗裝
天花板：AEP 塗裝、〔木部份〕紅
松＋上漆（紅色）〔開口部〕PC
（聚碳酸脂）板（隔熱效果）
臥室
地板：PVC 防水布＋上蠟
牆壁／天花板：AEP 塗裝
盥洗室、更衣室
地板：PVC 防水布＋上蠟
牆壁／天花板：AEP 塗裝
浴室
地板：恆溫磁磚 20×20
牆壁：磁磚 20×20
天花板：VP 塗裝

主要設備製造商
廚房施工：木工
衛浴設備：Tform，TOTO
照明器具：遠藤照明，大光電機，
日本電器，YAMAGIWA 照明，
Panasonic 電工

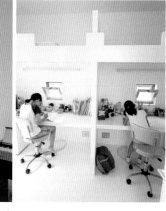

小孩們因用途
使用客廳以及房間

「兒童客廳」是一個多功能空間，可以在此閱覽、練習鋼琴，
或是當作朋友來訪時的遊樂空間。為了設置小孩專用客廳，將
睡覺以及唸書的小孩房面積縮小。小孩們待在自己房間的時間
也會隨之減少。

剖面重點

水平與垂直挑高設計
將兩間客廳連結

「水平挑高」是 K 住宅的特色。在這個
東西延伸空間的西側，正好是一樓車庫
的正上方，配置了「兒童客廳」。而一
樓「家庭客廳」的上方則是做了垂直方
向的挑高。藉由水平與垂直的挑高設計
將兩個客廳連結在一起。雖然客廳的面
積不大，但將兩者結合時，可以產生比
實際坪數還要寬廣大的空間效果。

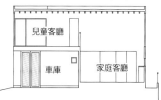

兒童客廳

車庫　　家庭客廳

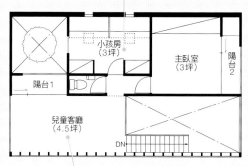

小孩房
（3坪）

主臥室
（3坪）

陽台1

陽台2

兒童客廳
（4.5坪）

DN

2F

連接東西側的
「水平挑高」
利用構造柱強調空間深度

對於 K 住宅，建築師今永第
一個浮現的概念就是「水
平挑高」。為了強調空間深
度，在這裡每隔 45cm 就設置
厚度 33mm 的構造柱。

二樓 隔間重點

為了確保隱私性
縮小北側臥室的開口

以位於二樓南側的「兒童客廳」
為中心，配置了小孩房和主臥
室。因為已經有一個小孩們專用
的客廳空間，所以將唸書以及就
寢的小孩房面積盡量縮小。在南
側使用了乳白色聚碳酸酯以及玻
璃的複合板，遮住都宅視野的同
時也能兼顧採光性。而北側的開
口則盡量縮小以確保隱私。

在房間和走廊結合
的窗邊享受愜意

由上部空間往下俯視
感到無比舒暢

在上面的空間往下看，看到的
下面空間以及景色，彷彿舞台
般的氣氛。視線雖然會因為方
形的廚房被引導至左右兩側，
但榻榻米的空間則被隱藏起來
無法看到。

收納間
臥室
(3.1坪)
廚房
榻榻米空間
(3.75坪)
玄關室
(2.25坪)
上部空間
(餐廳)
(4.25坪)
下部空
間(客廳)
(3.75坪)
外部空間
UP UP UP UP UP

0 1 2 3m

1F

看得見的收納樂趣
有如店鋪般的
「玄關室」

將屋主喜好的戶外用品集
中在玄關。一開始的計畫
是將這些用品分別放在玄
關以及壁面收納。但，後
來改成像店鋪陳列商品般
的設計。在玄關室的中間
放置了一張長椅。

從天井灑落下來的光線
營造視野良好的廚房

在長方形的建築裡設置了一個斜角45度的箱型
廚房。女主人表示：「因為廚房就在房子的正中
央，使用起來非常方便。而放眼望去看到的綠
景令人心情舒暢」。

天井與外開窗設計
猶如置身室外
的泡澡間

浴室的窗戶為百葉窗式的
板窗設計。將窗戶往外推
開後，和窗外景色直接連
結，有如露天溫泉般的享
受。衛浴設備的上方皆設
置了鋪了玻璃板的天井。

ARCHITECT
岸本和彥／acaa
神奈川縣茅ヶ崎市中海岸4-15-40-
403
Tel：0467-57-2232
URL：http://www.ac-aa.com

DATA
攝影　　　：黑住直臣
所在地　　：神奈川縣K住宅
家族成員　：夫婦
構造規模　：木造＋鋼結構，平房
地坪面積　：479.00㎡
建築面積　：98.31㎡
1樓面積　：98.31㎡
土地使用分區／地區：無指定／法
第22條區域
建蔽率　　：60%
容積率　　：200%
設計期間　：2005／8～2006／3
施工期間　：2006／4～2006／11
施工　　　：大同工業

外部裝修
屋頂：鍍鋁鋅鋼板
外牆：杉板油漆

內部施工
上部空間、下部空間、臥室、
榻榻米空間
地板／牆壁：杉板油漆
天花板：椴木合板
廚房
地板：椴木合板油漆
牆壁：EP環氧樹脂塗裝
天花板：天窗
泡澡間
地板：磁磚（浴室）、椴木合板油
漆（盥洗室）
牆壁：聚氨脂板＋表面漆
天花板：天窗
玄關室
地板：椴木合板油漆
牆壁／天花板：EP環氧樹脂塗裝

主要設備製造商
廚房機器：AEG，日立
衛浴設備：INAX，KAKUDAI，
SANWA，TOTO，森的Bauhaus
照明器具：DAIKO，MAXRAY，
ODELIC，Panasonic電工

一樓 隔間重點

將廚房斜向配置
打造出空間曲線

在長方形建築的中央配置了斜
向45度的箱形廚房，區隔出
四個大空間。這四個空間雖然
分別互相連接著，但因為箱型
廚房產生視線死角擋住某些空
間，自然而然產生空間的深度
感。內壁使用黑色塗裝，打造
微暗感，而廚房與泡澡間的上
方則設置了天井，產生了明暗
對比。

**利用臥室拉門的開關
來控制室內的隱私性**

臥室配置在室內最深處的空間，若將雙向拉門
完全關上後，就成為一個私人空間。右手邊的
衣櫃和儲藏室是互相通用的。

夢想有個
能擁抱美景
的房間

**舖上榻榻米
變成另一個
不同氣氛的空間**

舖上無邊緣榻榻米的「榻
榻米空間」。在這個榻榻
米室的正面設置了空間很
深的收納櫃。和牆壁合為
一體，整潔大方。

**下部空間和
走廊結合一體
擁抱自然景觀**

因為傾斜屋頂的關係，下面
的空間高度是最低的，坐在
地板上能感受到沈靜的氛
圍。在南側的開口處沒有建
造柱子，若將窗戶打開就能
享受到室內外融合一體的自
然絕景。

剖面 重點

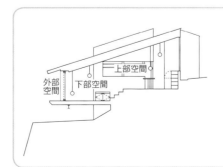

外部
空間　　下部空間　　上部空間

巧妙地利用傾斜與高低差
打造出具有個性的空間

因為基地的地勢差關係，使得室內的地板
有不同的階差。另外，屋頂像傾斜的基地
般，設計成一片斜片的屋頂。北側的天
花板最高約3米4，南側的屋簷高度則是
1米78，高低差非常大。因為這個高低差
而造成空間調性的差異，就連坐椅或是地
板都因空間高度而區分開來。

克服困難條件
貼近自然美景

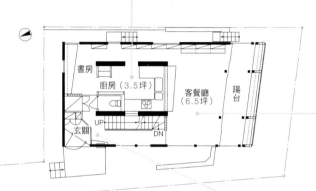

**檯面寬敞的ㄈ字型廚房位於中心
有如家裡的司令塔**

實現女主人想要邊欣賞景色邊做菜的願望，於
是把廚房設計在家的中心位置。設計了兩個出
入口，分別是玄關旁以及客廳側邊，出入方
便。活用客廳延伸的牆面，可以決定要將物品
展示出來或是放進收納櫃。

1F

書房

廚房（3.5坪）

客餐廳
（6.5坪）

陽台

UP

DN

玄關

B1F

嗜好房

UP

**沒有會遮住視野的
結構牆與斜支柱
落落大方的開口**

以地下室為建築的基柱，實
現客餐廳的大片開口。位於
建築物中央的混凝土門型框
可支撐水平力的負擔，讓木
造建築的外圍可以拿掉結構
牆的部份。在毫無視線遮蔽
的空間裡擁坐擁全景視野。

**由玄關延伸的多條動線
自由自在的移動感**

踏入玄關後，有三條動線，分別是：
連接到客餐廳的走廊、往二樓的樓
梯、以及通往書房和廚房的動線。毫
無死角的迴游動線，讓房間到房間的
移動自由自在。

地下室、一樓的隔間置點

以RC造的盥洗設施為中心，
配置客餐廳及書房

地下室是支撐建築結構的空間。目
前作為收納間來使用，不常用到的
物品都放置在地下室。在一樓，將
主構造的RC門框放置在中心並設計
成廚房、南側為客餐廳，北側則是
書房。因為地下室已有收納空間，
所以在一樓東側壁面的收納空間裡
可以放置一些蒐集的器具或是小物
品並享受在西南面寬敞的全景視
野，創造出舒適的生活空間。

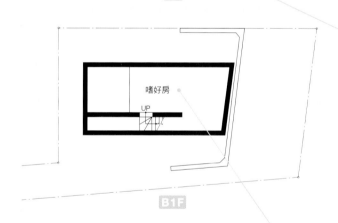

**地下室身兼
鞏固建築物構造的要角**

在作為支撐建築物構造的地下室配置了
嗜好房。目前是當作收納室來使用。裡
面充滿著夫婦的各種興趣物品，如潛水
用具、書籍、旅行箱等等。

ARCHITECTS

清水勝廣／MS4D（負責:渡邊和哉）
東京都新宿区北新宿3-9-16
SHIRAK AWA BLD
Tel: 03-5937-5810
URL : http://www.ms4d.co.jp

DATA

攝影　　　:石井雅義
所在地　　:東京都 加藤住宅
家族成員　:夫婦
構造規模　:木造＋鋼筋混凝土、
二層樓＋地下一樓
地坪面積　:183.32㎡
建築面積　:193.32㎡（含挑空建
築22.05㎡）
地下室面積:35.47㎡
1樓面積　:66.92㎡
2樓面積　:68.88㎡
土地使用分區:第一種低層住宅專
用地區
建蔽率　　:40%
容積率　　:80%
設計期間　:2006／1～2006／5
施工期間　:2006／6～2007／1
構造設計　:なわけんジム（負
責:名和研二、渡邊英）
施工　　　:小松建設
施工費用　:3170萬日元

外部裝修
屋頂:防水布
外牆:彈性樹脂噴漆

內部施工
玄關
地板:砂漿鏝刀
牆壁:壁紙
天花板:樑外露、油漆
LDK
地板:木板
牆壁:壁紙
天花板:樑外露、油漆
臥室
地板:木板
牆壁／天花板:壁紙
盥洗室、更衣室
地板:木板
牆壁／天花板:水泥裸牆
浴室
地板:磁磚
牆壁:水泥裸牆、磁磚
天花板:水泥裸牆

主要設備機器
廚房機器:SANYO
衛浴設備:TOTO
照明器具:Panasonic

增加洗衣效率
便利的家事空間

洗衣機放置於二樓盥洗／
更衣室內。洗好的衣物晾
在二樓陽台，收進來的衣
物可以直接在家事空間裡
熨燙。將家事集中在一個
空間讓事情做起來更有效
率。

衣帽間
令人放鬆休息的臥室

在臥室裡設置了衣帽間。衣帽間的收納櫃是
開放式設計，收納的衣物一目了然，可拆卸
式的架板使用起來非常方便。在衣帽間外面
的牆壁裝上貓咪專用的板子。

2F
家事空間
浴室　盥洗室　衣帽間　臥室（7.5坪）　陽台
預備房（5.5坪）　DN

夢想有個
能擁抱美景
的房間

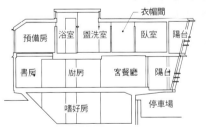

剖面重點
衣帽間
預備房　浴室　盥洗室　臥室　陽台
書房　廚房　客餐廳　陽台
嗜好房　停車場

擋土牆、旗桿型基地……使用地下室當作
建築物基礎解決各種困難條件

因東京都條例的關係，基地本身就存在著擋土牆。當
初，試著設計以擋土牆作為建築物基礎或是只使用擋
土牆以上的基地，但前者因需要較深的地基或是樁，
而後者的設計若再加上旗桿型基地的條件將會無法提
供足夠的生活空間面積。於是想到，將地盤改良，往
下掘出兼用建築基礎的地下室。另外加上支撐建築物
的RC造門型框。這些條件讓木造建築的外圍可以拿掉
結構牆。

二樓隔間重點

隱私性和開放感兼具
有如露天溫泉的浴室

二樓和一樓的構造相同，以RC造的
構造為核心，在南側配置臥室，北
側則為預備房，在東西兩側分別設
置通道，將兩個房間連結做迴游動
線設計。中央部份配置洗臉台、浴
室等盥洗設施。和做了大面開口的
一樓相對之下，二樓為重視隱私而
把窗口縮小，但在浴室做了高窗採
光。作為家的中心處仍能保持明亮
感，或是欣賞半窗明月。

**將盥洗設施和收納室整合
變成機能性的空間**

西北側的高度因為斜面屋頂而被壓
低。除了客廳以及臥室的主要收納之
外，在這個空間裡也設置了收納箱，
使空間兼具浴室和收納機能。

**以共用空間為優先
將臥室的空間縮到最小**

將小孩房規劃成只有唸書和睡覺的功
能，盡可能將空間縮小。考量到將來
可以將房間一分為二，所以設置了兩
處門。

012

拿掉遮住視線的
柱和短壁享受風景

夢想有個
能擁抱美景
的房間

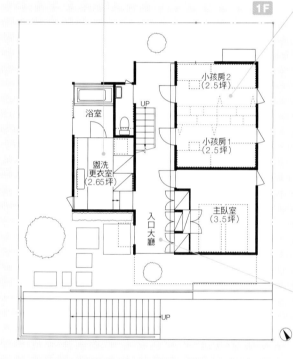

1F

浴室

UP

盥洗
更衣室
(2.65坪)

小孩房2
(2.5坪)

小孩房1
(2.5坪)

入口
大廳

主臥室
(3.5坪)

UP

二樓 隔間重點

確保隱私的同時
提供視野良好的環境

在基地西南側，景緻沿著前方
道路無限寬敞。為了能坐擁此
景，所以屋主希望在道路側做
大面開口。為了兼顧良好景緻
與隱私性，於是將LDK配置在
二樓。在鄰宅面設置壁面，將
廚房設置在此，並把天花板高
度壓低。連接著廚房並列的是
餐廳與客廳。考慮到日照射入
客廳問題，這裡使用了遮熱性
良好的低輻射（low-e）玻璃。

一樓 隔間重點

以LDK為優先
減少各個房間的面積

在一樓配置個人房和浴室等私
人空間。根據屋主期望，就算
是將其他空間犧牲一些，也要
將共用空間作為優先考量，所
以在每個房間裡都設計了最節
省空間的擺置。考慮到安全性
將窗戶盡量做小，而在主臥室
為了能完全遮光，所以窗戶設
置在內側。在主要生活空間中
央設置了猶如箱子般的衛浴空
間。

**落落大方
輕鬆解決收納的玄關**

走廊旁有一面牆壁，但牆壁其實是可以放鞋類以及
大衣的收納櫃。因為是按壓式門的設計，看起來就
如同一面牆。而這裡還並列了兩間臥室，另外在地
板的夾壁間設計了腳邊照明，美化夜晚的室內空間。

ARCHITECT

**森清敏＋川村奈津子／MDS一級
建築士事務所**

東京都港区南青山 5-4-35-907
Tel：03-5468-0825
URL：http://www.mds-arch.com

DATA

攝影　：石井雅義
所在地　：神奈川縣 F 住宅
家族成員　：夫婦＋小孩 2 人
構造規模　：木造，二層樓
地坪面積　：153.63㎡
建築面積　：119.24㎡
1 樓面積　：59.62㎡
2 樓面積　：59.62㎡
土地使用分區：第一種低層住宅專
用區
建蔽率　：40％
容積率　：80％
設計期間　：2006／1～2006／9
施工期間　：2006／10～2007／3
施工　：山洋木材
施工費用　：3250 萬日元

外部裝修

屋頂：鍍鋁鋅鋼板直舖
外牆：Jolypate、杉板、木材保護
塗裝

內部施工

玄關
地板：檜木實木地板、OSUC塗裝
牆壁／天花板：白砂壁
主臥室
地板：紅松實木地板、透明塗裝
牆壁：杉木合板、白砂壁
天花板：AEP塗裝
小孩房1.2
地板：紅松實木地板、透明塗裝
牆壁：椴木合板、透明塗裝
天花板：白砂壁
LDK
地板：毛泡桐實木地板
牆壁：白砂壁
天花板：構造樑外露
盥洗室、更衣室
地板：毛泡桐實木地板、保溫磁磚
20×20
牆壁：VP塗裝
天花板：矽酸鈣板、VP塗裝

主要設備製造商

廚房：東洋廚具＋木作收納
衛浴設備：Grohe、Tform、TOTO
照明器具：YAMAGIWA、遠藤照
明、日本電器、Panasonic 電工、
MAXRAY、山田照明、Ushio Spax

**特殊構造
實現沒有袖壁
和柱的大空間**

兩側的壁面支撐盤狀式天花
板的特殊構造，打造出二樓
的大空間。沒有遮住視線的
袖壁或是柱，可以欣賞無限
開闊的美景。

**考量視覺手法與
空間結接的樓梯設計**

在此設計了沿著樓梯而上時，
會對大幅開口的窗戶留下視覺
印象的手法。通頂樓梯使上下
樓空氣可互相對流，就算在不
同樓層也能感受到彼此。

剖面 **重點**　　　　　　2F

**天花板的高低起伏
讓身體感受開放感**

基地位於比一般道路還高一層的地平面上，一開
始就決定了停車場的空間。為了實現能擁有視野
良好且寬敞客廳的願望，於是最先設定客廳於二
樓。雖然為了增加開放感，將二樓的天花板拉
高，但一樓的天花板高度則控制在 2 米 25。這
種空間的抑揚頓挫能夠讓身體自由感受空間的開
放度。

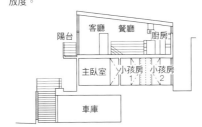

陽台　客廳　餐廳　廚房
主臥室　小孩房　小孩房
1　2
車庫

衣帽間
（2.25坪）

預備房
（2.25坪）

LDK
（13.5坪）

陽台

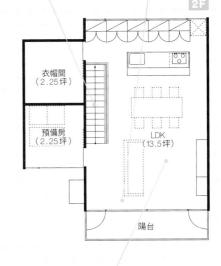

**向外展開的
擴音器型狀開口
享受絕景**

二樓的天花板設計成廚房低
客廳高，向外展開的擴音器
型構造。陽台和客廳地板同
一平面向外延伸，鋪植的草
地與窗外景緻融為一體。

入口通道的植栽是內外連接的緩衝區

進入室內後，為了要讓人意識到東側的景色，所以刻意將西側封起。但在道路與建築物之間放置植栽，植栽可以當作與街道的緩衝帶，減輕建築物帶來的壓迫感。

將景色拉入室內充滿綠意的生活

由小窗射入的光線引人入室的明亮入口

入口處位於西北側。在貞苅住宅的西側和北側基本上是封閉的牆面，但在玄關門上開了小窗讓光射入室內。玄關也配置了大容量的鞋櫃和掛衣櫃，收納美觀大方。

廚房和收納位於家事動線的正中央

廚房和浴室、家務空間連結在一起，構成流暢的家事動線。離戶外設置的甲板空間很近，在開派對時料理的端運也非常方便。廚房的內側是收納空間，由玄關也能直通往浴室。

圖例：玄關、收納、廚房、客餐廳（6.75坪）、1F、UP、UP、停車場、盥洗・更衣室、浴室、甲板露台

LDK的天花板高低差製造空間的抑揚頓挫感

由天花板的高低差將空間區隔。廚房為高2米5的平坦天花板，客廳則因為二樓地板樑的設置所以高為2m，而餐廳則擁有挑高設計以強調開放感。

將房間室內和房間外部連結的挑高設計

位於住宅中央的挑高設計將屋裡的房間連結在一起。女主人的期望是：「不管在哪裡都能感受到家人們的存在」挑高設計也營造房間和甲板露台的相通感。

**走廊書房與壁面收納
充分利用有限的面積**

在二樓臨著挑高的空間配置了臥室與預備房。兩間房臨著挑高的面都裝置了日式拉窗，將拉窗拉開後，一樓的LDK和所有房間以及甲板露台全都能互相接連。雖然二樓的兩個房間間隔相當的距離，但在房間旁都各建造了樓梯，不管要到哪個房間都很方便。在兩個房間中間的走廊設置了書櫃與收納櫃，雖然只有32㎡面積的空間也不會影響到寬敞度，又能滿足便利的生活機能。

**甲板露台圍繞著建築
不論在哪都能欣賞景色**

建築物為T字型設計，在東南側做了開口，並面向與LDK相同面積的甲板。L型的一邊為平房設計，配置了浴室，洗手間等盥洗設施。而另一邊則是有挑高設計的LDK。不論是在泡澡或身在寬敞客廳，或是坐在甲板的椅子上，都能隨時眺望窗外景色。因為LDK的部份挑高，使得廚房和部份客廳的天花板較低，這種空間的垂直層次感能夠強調內外空間合為一體的開放感。

**藉由紙拉門的開閉
變成個人空間或是
與其他空間相通**

在壁面上設置了日式拉窗，平常敞開的時候藉由挑高與客餐廳相連結，拉窗關閉時，可立刻變身為個人空間。在臥室也做了相同設計。

**使用第二個樓梯通往
客用預備房的便利設計**

考量到客人要進入客房時不用通過主臥室而能直接到達，於是在東側多設了一座樓梯。女主人表示：「這種沒有迂迴的動線設計不會讓人感到空間的狹小」。

PLAN

DN　DN　2F

臥室（約3坪）　挑高　預備房（約2坪）

**挑高和兩個樓層的
上下、左右互不相連**

上下、左右不互相連接，是貞苅住宅最大的特徵。首先，LDK的一部份就如凸字狀，往上深入二樓的中間部份，讓上下樓形成互通的空間。被一樓挖空的部份，將二樓的兩個房間隔出一定的距離，但是在這兩個房間的延長線上做了開口。視線被引導向水平方向延伸。另外，在對角線上配置的樓梯，打造出一個讓人可以自由活動在其中的縱橫相通空間。

SECTION

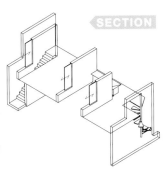

**甲板露台與挑高設計
貓咪們也能愉快地享受**

在餐廳上方的挑高處，特別打造了貓咪們的專屬走道。雖然沒有另外設置貓咪們的專用設施，但設計了這種能夠供貓咪遊玩的場所（包含甲板露台），打造出兩隻貓咪的舒適住宅。

ARCHITECT

本間至／ブライシュティフト
（Bleistift）
東京都世田谷区赤堤1-35-35
Tel：03-3321-6723
URL：http://www.22.ocn.ne.jp/~bleistif

DATA

攝影：石井雅義
所在地：埼玉縣 貞苅住宅
家族成員：夫婦
構造規模：木造，二層樓
地坪面積：238.63㎡
建築面積：91.49㎡
1樓面積：58.67㎡
2樓面積：38.82㎡

土地使用分區：第一種低層住宅專用地區，22條
建蔽率：27.28%（容許範圍50%）
容積率：38.34%（容許範圍80%）
設計期間：2002/10～2003/7
施工期間：2003/8～2004/2
施工：內田產業

外部裝修
屋頂：鍍鋁鋅鋼板直鋪
外牆：特殊HM塗裝、鍍鋁鋅鋼板直鋪

內部施工

客餐廳
地板：橡木實木地板
牆壁／天花板：EP環氧樹脂塗料

臥室
地板：花柏實木地板
牆壁：EP環氧樹脂塗料
天花板：構樹和紙

浴室
地板：花崗岩
牆壁：檜木甲板材、磁磚
天花板：檜木甲板材

主要設備製造商
衛浴設備：TOTO、Fuji Design、GROHE
照明器具：MAXRAY、小泉產業、YAMAGIWA、Odelic

014

向別墅的
綠意借景

二樓、閣樓 隔間重點 私人空間和公用空間 尋求各空間的舒適寬敞感

因為將一樓的高度壓低，所以二樓能挑高至十分足夠的高度。另外也能確保客餐廳這些家人聚集的地方有寬敞舒適的空間。另一方面，建築師和屋主久世兩人的考量為：「小朋友的私人空間夠用就好」，所以盡量把小孩房壓小。在空間裡的高低起伏設計，可以強調每個空間不同的舒適感。在這種向南面展開的舞台型空間，因為向前方的綠意借景的關係，不論哪種大小的房間都能增加舒適寬敞感。

一樓隔間重點 降低天花板高度 低矮舒適的空間

為了壓低建築物整體的高度，將一樓的天花板設計為只有2m高。但是，住宅裡最寬敞的和室也只有2.25坪加上木板房的寬敞度，於是設計出這種和面積大小能夠平衡的高度。但就算是小房間，因為天花板的高度將視線引導至橫向，增加橫向的空間感。另外，由主臥室（和室）開始，經過衣帽間到盥洗室，設計了迴游路線的隔間方式，讓生活動線順利無阻礙。

有如茶室般 狹小卻舒適的和室空間

主臥室是位於一樓的和室，大小2坪多，挑高2m。就如建築師堀部所言：「對於平面的小空間來說，將高度壓低能更容易受到橫向的空間感」，這是個彷彿日式茶室般，小巧而舒適的房間。

一邊欣賞後院的綠意 一邊泡著澡放鬆身心 的舒適浴室

因為建築物的扇形配置，使得住宅和基地邊緣產生一塊後庭院，在浴室能欣賞庭院綠意。為了能夠放心欣賞植栽不被鄰宅的視線困擾，將窗戶做低並縮小。舒適的風拂進，能夠減少濕氣保持浴室清爽。

夢想有個
能擁抱美景
的房間

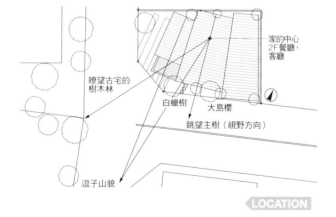

眺望古宅的樹木林
白蠟樹　大島櫻
眺望主樹（視野方向）
逗子山貌
家的中心 2F餐廳、客廳

LOCATION

玄關的植栽融入周圍別墅的樹木林

走在種植著紀念樹大島櫻以及白蠟樹的綠蔭道上，通往位於扇形住宅中央處的玄關。夏季時，庭園綠意盎然，和周圍別墅的綠林共同譜出綠色交響曲。

配置重點 考量車的動線與 生活便利性而設計的扇形配置

在座北朝南，長約40坪的角地裡，為了確保足夠三台車的停車空間，將建築物分隔成三個。以車子出入容易為考量而做了扇形的配置設計。同時這個角度也能讓在二樓的共用空間向屋外借景。另外，住宅與基地邊緣的空間形成了後庭院，綠意以及風能夠傳遞至家中每個角落。前庭院和鄰宅種植的樹木林相連接，讓這個低矮的住宅能融入街景裡而不顯突兀。

向別墅街景的綠意借景

二樓的餐廳、廚房以及隔壁的客廳，是家人聚集的場所。為了在這舞台型建築物裡把每個房間連結，將每個空間都做了些微的角度調整，使得在空間裡感受到的壁面距離會比實際來的遠。在這舞台型空間裡，從向南面展開的窗戶與逗子市的街道綠意借景，讓室內充滿綠意盎然。

LOFT

2F

將視線引導至屋外鄰宅周圍的古老樹林風景

雖然客廳只有2坪，但因為面向南側的大露台，將視線引導延伸至室外鄰宅的綠意，開放感大增。木製的建材也能裝上竹簾使用。

PLAN

1F

ARCHITECT
堀部安嗣／堀部安嗣建築設計事務所
（負責：堀部安嗣 松本美奈子）
東京都文京区小日向4-5-17-601
Tel: 03-3942-9080
URL：http://www.1.ocn.ne.jp~horibe-a

DATA
攝影：黑住直臣
所在地：神奈川縣 久世住宅
家族成員：夫婦＋小孩3人
構造規模：木造、二層樓
地坪面積：132.27㎡
建築面積：108.49㎡
1樓面積：46.26㎡
2樓面積：62.23㎡

土地使用分區：第一種低層住宅專用地區
建蔽率：51.22%（容許範圍60%）
容積率：82.02%（容許範圍100%）
設計期間：2002/5～2002/11
施工期間：2002/12～2003/5
施工：MANA Associates
施工費用：2850萬日圓

〔外部裝修〕
屋頂：鍍鋁鋅鋼板平鋪
外牆：杉板、油漆塗裝
開口部：木製、鋁製窗框

〔內部施工〕
DL、廚房、小孩房、預備房、收納間、盥洗室、更衣室、玄關
地板：唐松
牆壁：灰泥粉刷

天花板：AEP塗裝
浴室
地板：磁磚40×40
牆壁：磁磚2.5×2.5
天花板：檜木

〔主要設備製造商〕
衛浴設備：INAX、TOTO、Grohe、其他
廚房機器：星崎、東京瓦斯
照明器具：Yamagiwa照明、Panasonic
建材五金：堀商店、美和Lock、中西、Best、HAFELE

由餐廳的大面開口欣賞川景與櫻花樹

利用挑高與樓梯間將三層樓相連結

雖然這棟住宅是三層建築，但卻利用樓梯間將空間連結成為一個大空間。為了將2、3樓主要生活空間密切的連結起來，做了挑高設計，讓自然元素的光線以及風，還有人的聲音以及存在感都能互相傳達。在一樓外側的腳柱做有如浮起來一般的設計，一方面是可供車子停放，另一方面則是屋主的期望：「想提高住宅和地域的關係」。能看到因為驟雨而躲在簷下的人們的樣子。因為日漸疏遠的人際關係而有所發想，期望能拉近人與人之間的距離。

SECTION ▶

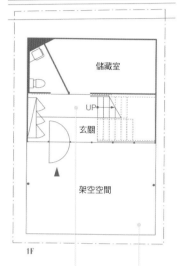

1F

躍入眼簾的綠意和具通風效果的大面開口部
二樓北側設計為全面開口，餐廳成為眺望的河川景色以及並列櫻花樹的絕佳景點。一邊用餐時有時還能看見魚在河面上跳躍。

主臥室　小孩房
客廳
樓梯平台
餐廳
架空空間　儲藏室

冬暖夏涼的輻射式冷暖空調

輻射式冷暖空調設備的面板將空間區隔。此設備為將冷水（夏天）或熱水（冬天）注入管道中循環，調節室內溫度。不會有過強的冷風或是暖風問題，是一個能製造舒適環境的系統。

鏤空的小圓孔是設計的重點

雖然住宅多用較尖銳感的顏色，但鏤空的小圓點設計能讓整體氣氛緩和。例如一樓架空部份的金屬地板（圖左），當作鞋櫃脫鞋處、廁所門的手把，另外也有空氣流通的效果（圖左下）。在樓梯的金屬踏板上也挖了小洞（圖右下）。

二、三樓隔間重點

牆壁打薄 減少隔間 實現大空間

為了在有限的基地裡確保足夠的空間寬敞度，仔細挑選了壁面的材質，極力將壁面打薄。例如將外牆的壁板直接移到室內，浴室使用玻璃牆面、盡量壓低傢具的尺寸，另外還盡量減少隔間牆面，如此一來可以避免空間的不平均感，也能讓格局顯得流暢。

一樓隔間重點

把封閉的一樓當作空間的後台

從基地選好後花了三年的時間才將這棟住宅完成。作為設計參考，用心調查了基地周圍的河川，櫻花樹，以及蟲鳥等自然生態，希望將這些自然景觀融入住宅裡。但是，因為基地靠川側的地基比道路面還要低，所以索性將視線被道路擋住的一樓封閉起來。封閉的一樓就當作空間的後台，配置了廁所和衣櫃。如此一來，二、三樓就有更多空間可以利用。

3F / 2F

藉由樓梯間和挑高
將上下樓連結成一個大空間

為了讓三層樓的住宅成為一個大空間，挑高和樓梯間的設計變得極為重要。三樓建造一部份天井，讓二樓也能得到良好採光，而使用空氣循環機的時候空氣也能徹底循環整個空間。當然聲音也能傳達至每個角落。例如三樓在曬衣服時也能聽到樓下小孩們遊玩的聲音而感到安心。

ARCHITECT

今野政彥／KMA／今野政彥建築設計事務所
東京都江東區深川 2-23-8
Tel：03-3630-0537
URL：http://www.kmarch.net

DATA

攝影：柳田隆司
所在地：東京都 今野住宅
家族成員：夫婦＋小孩1人
構造規模：鋼結構、三層樓
地坪面積：64.07㎡
建築面積：129.86㎡
1樓面積：44.82㎡
2樓面積：44.82㎡
3樓面積：40.22㎡
土地使用分區：準工業地區

建蔽率：09.95％（容許範圍70％）
容積率：202.66％（容許範圍300％）
設計期間：2001/3～2004/1
施工期間：2004/2～2004/10
結構設計：小西泰孝建築構造設計
施工：森建設工業

外部裝修
屋頂：隔熱防水布
外牆：防火板
開口部：金屬門窗框、不鏽鋼門窗框、鋁門窗框

內部施工
1F、入口處
地板：灰泥、鐵板
牆壁：防火板
天花板：鋼浪板

2F
地板：栗木
牆壁：防火板、椴木合板
天花板：金屬甲板SOP
3F
地板／天花板：椴木合板上色
牆壁：防火板

主要設備製造商
冷暖空調：PS
衛浴設備：TOTO、CERA、Tform
廚房機器：Miele、Grohe、GAGGENAU、Mohly Group
照明器具：Yamagiwa照明，Ushio Spox（Ushio），Panasonic電工
建材五金：美和Lock，UNION，大洋金物，SUGATSUNE
廚房施工：Fujimaku

樂享多彩的季節變化

夢想有個能擁抱美景的房間

用竹片裝飾天花板
琉球榻榻米和室

有如別館般裝潢的和室。為避免感到周圍鄰宅的壓迫感，配置了四方形的開口。由左邊牆壁的小窗可以看到窗外的四照花。將半透明的紙拉門（雪見障子）拉開後，能看見戶外整齊的植栽，以及低矮的圍牆。由室內無法看到室外樣貌。

將包覆區與開放區
「分離」的土間

利用旗桿型基地特性，設置了兩個出入口。土間玄關將兩個出入口的走道結合在一起，另一方面，也將和室與重視景觀性的客廳和小孩房分離，強調和室小屋的獨立感。

筆直的推出板
通風又能遮住外來視線

因為此區域住宅非常密集，因此在浴室打造一個細長的板子，避免外面窺視。另外在北側設置的開口能確保通風。舒適的通風能讓浴室保持舒適。

和室

土間

玄關　UP

大廳

更衣室

小孩房

1F

木製露台

建造出有如畫框的邊緣
將戶外景色裁下的小孩房

為了能欣賞到最喜愛的紅楓，在左側設置牆面，地板則鋪上甲板，將多餘的景色切掉。不論是在同為南側的二樓欣賞的遠近景，以及一樓的近景，都能享受眺望不同距離景色的樂趣。

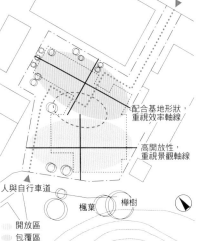

人行道

配合基地形狀，重視效率軸線

高開放性，重視景觀軸線

人與自行車道

楓葉　櫸樹

開放區
包覆區

擁有兩個空間「結合」「分離」相反意思的土間和挑高空間

基地重點
依照兩種不同基地特性分區

基地除了旗桿型之外，還有形狀不完整、鄰近周邊建築物等特徵。另一方面，南側能欣賞楓葉和櫸樹，還有能遠眺山景等優點。所以，設計師甲村利用兩個基地不同的特性而做出空間設計。住宅是由「配合基地形狀，重視效率軸線」（包覆區）與「高開放性，重視景觀軸線」（開放區）兩個區域構成。兩軸之間的距離或是將兩個空間結合，或是將兩個空間分離，打造出變化豐富的空間。

一樓隔間重點
藉由「分割」創造出每個房間的魅力
一樓位於中央部份的土間將兩個區域分開。運用借景的木製甲板開放區連接著小孩房，有客人來訪時也可以當作第二個客廳提供 B.B.Q. 的場所。位於小孩房旁的浴室空間是設置了洗臉台與廁所的三合一浴室，增加寬敞感。浴室是能夠避開外人視線享受景色的半露天設計。位於土間另一邊的和室，雖利用四面牆壁包圍與鄰宅隔絕，但配置了絕妙的開口所以能夠享受到觀景樂趣。

二、三樓隔間重點
將房間「連結」強調寬敞感
兩個區域在一樓雖然是分離的狀態，但二樓利用挑高將兩區連結。室內使用拉門隔間，客餐廳、臥室、多功能空間等這些地方都能連結成一個舒適的空間，並強調擁有大面開口客廳的寬敞感。廚房為半開放式，在廚房後面設置了食品儲藏室。廚房與客餐廳之間的隔間設計在這棟南側觀景的住宅裡有作為圍屏的功能。

將室內空間連結，製造寬敞與一體感的挑高設計
一樓是將兩個區域分離的建築中央區域。而二樓則藉由挑高將兩區各自的特性統一，將兩個區域結合在一起。各個區域使用拉門隔間，將門拉開時可以把空間結合起來。

向外展開的揚聲器型開口設計
將景色融入客廳
為能享受無限美景，將客廳的開口設計成向外敞開的揚聲器型開口。另外開口的總寬度有7米之寬，能在客廳坐享眺望全幅山景的樂趣。

精挑細選的室內裝潢
藉由一體化放大空間感
在 H 住宅裡，並沒有特別寬廣的房間。在臥室的天花板使用了一部份和走廊同樣的裝潢，收納和走廊也使用了同樣裝潢。另外，位於臥室和走廊之間裝置了隔間用的拉門，將拉門拉開，視線被引導延伸到客廳，增加視覺上的空間感。

ARCHITECT
中村健一／KEN 一級建築士事務所
神奈川県横浜市港北区新横浜 2-2-8
Tel：045-474-2000
URL：http://www.ken-architects.com

DATA
攝影：田邊陽一（※印）、松岡滿男
所在地：神奈川縣 H住宅
家族成員：夫婦＋小孩1人
構造規模：鋼結構，部份木造、二層樓
地坪面積：202.34㎡
建築面積：144.91㎡
1樓面積：76.53㎡
2樓面積：68.38㎡
土地使用分區：第一種低層住宅專用地區，第一種高度區
建蔽率：39.66%（容許範圍40%）

容積率：71.53%（容許範圍80%）
設計期間：2002/12～2003/7
施工期間：2003/8～2004/4
結構設計：秋山構造顧問事務所
施工：大明建設

外部裝修
屋頂：鍍鋁鋅鋼板
外牆：粉刷、杉板、Siding
開口部：鋁製門窗框、杉板拉門

內部施工
LD、廚房、臥室
地板：合板地板（廚房是30×30磁磚、臥室是地毯）
牆壁：壁紙、部份三聚氰胺板
天花板：壁紙
和室
地板：琉球榻榻米

牆壁：壁紙
天花板：竹片
主要設備製造商
衛浴設備：INAX
照明器具：遠藤照明、Panasonic 電工、小泉照明、MAXRAY

平面圖標示（2F）
臥室
浴室　衣帽間
多功能空間　走廊　挑高　DN
垃圾場　廚房
食品儲藏室　客餐廳
陽台

Japaneseroom

**擁有獨特氣氛
有如獨立別館
般的和室與坪庭**

一樓的和室面向坪庭，墨色的壁紙與微暗的間接照明設計讓房間充滿獨特氛圍。走廊與客房之間形成的三角形空間則作為收納間使用。收納間的入口通道，設計成有如大門一般而令人印象深刻。

利用三個中庭
將光源與風
帶入室內

將外牆、結構以及
空氣的流動做出
合理的設計

依附在二樓天花板上的管狀閣樓收納空間，具有樑柱的作用，實現LDK的無柱空間效果。裝置了具有溫度感應功能的換氣扇，有助於空調導管將夏天的熱氣排出。另外，玄關前立起的外牆形狀，是為避免由鄰宅而來的視線，以及與入口通道連接所作出的設計。被外牆所包圍的前庭與後庭成為室內外的緩衝帶。

鄰宅

收納間　坪庭　客房(2.25坪)　前庭院

臥室(5.25坪)　玄關

鄰宅

後庭院

UP

1F

0 1 2 3m

▦ …外部空間
← …室內外連結
⇦ …視線穿透

**將視線引導至後院
衍生出室內的寬敞感**

一樓的臥室藉由大幅的玻璃落地窗和後庭院相連，讓面朝北側的房間有著超乎想像的明亮感。後庭院的外牆高度有兩層樓高，不必擔心由鄰宅而來的窺視感。

Bathroom

**小巧舒適
附設坪庭的浴室**

浴室是位於住宅中央的小巧空間，但面向小庭院的配置為浴室帶來明亮開放感。雖然盥洗室沒有窗戶，但可以通過浴室看到小庭院的綠景，而另外一邊連接的走廊，則因為挑高樓梯的採光帶來明亮感，在盥洗室也不會感到擁擠。

ARCHITECT

山縣 洋／山縣洋建築設計事務所
神奈川県川崎市多摩区三田1-26-28
ニューウェル生田ビル302
Tel：044-931-5737
URL：http://www5d.biglobe.
ne.jp/〜yoy

DATA

攝影　：黑住直臣
所在地：神奈川縣 U 住宅
家族成員：夫婦
構造規模：木造、二層樓
地坪面積：144.63㎡
建築面積：104.05㎡
1樓面積：53.59㎡
2樓面積：50.46㎡(不含閣樓)
土地使用分區：第一種低層住宅專
用區
建蔽率　：40%
容積率　：80%
設計期間：2009/8〜2010/4
施工期間：2010/5〜2010/11
施工　：渡邊技建

外部裝修
屋頂：防水布
外牆：彈性壓克力樹脂

內部施工
玄關
地板：全磁化磁磚
牆壁：彈性壓克力樹脂、AEP塗裝
天花板：AEP塗裝
客廳、餐廳
地板：栗木地板
牆壁／天花板：AEP塗裝、部份
OSB
廚房、臥室
地板：栗木地板
牆壁／天花板：AEP塗裝
客房
地板：栗木地板
牆壁／天花板：壁紙
盥洗室、更衣室
地板：栗木地板
牆壁／天花板：VE塗裝
浴室
地板／牆壁：全磁化磁磚
天花板：VE塗裝
露台
地板：木質甲板

主要設備製造商
廚房施工：客製化廚房
廚房機器：Panasonic
衛浴設備：INAX
照明器具：大光電機，Panasonic

隔間重點

三角形長邊的視線延伸效果製造空間深度感

在三角形的平面上利用最長的斜邊做為移動空間，兩端則配置了前後庭院達到視線延伸的效果。通過前庭院踏入玄關後，透過通頂樓梯可看見後庭院。在二樓，視線則被引導至後庭院、以及和露台連結的前庭院上部。旗桿型基地的長型入口通道，形成往深處走入的引導動線，以及三角形基地所形成的中庭，讓這塊有如死巷般的基地，獲得良好的光線與通風，搖身一變為寬敞舒適的住宅。

被包覆的安心感與開放感兼具的前庭院

1 外壁分別在上下方做了開放設計，讓前庭院空間把玄關前的入口走道與二樓露台包圍成一體空間。 **2** 由圖可以看到和外壁相連，玄關門廊上方呈現的樣子。將外壁上方降下方的部份做開放設計，一方面也能達到遮住鄰宅視線的功能，不論在露台或是客廳，開放感以及安心感都能夠同時獲得。

Entrance　**1**

Terace　**2**

備有食物儲藏室整潔美觀的廚房

二樓開放式廚房的靠壁收納櫃與料理檯使用了同樣的材質設計。和其他傢具的融合性讓整體室內設計更加協調。在料理檯內側建造了食物儲藏室，可以將食材、日用品以及料理用家電放置在內。

Kitchen

開放的室內環境隱藏的精心設計

掛在天花板上的木製閣樓收納兼具樑柱的功能，裡面裝置著排出熱氣功能的空調導管。住宅重視環保功能，例如使用高隔熱性的雙層玻璃板、搭配太陽能發電的全電氣化系統，以及照明使用了九成的LED燈等。

食品儲藏室
坪庭挑高
前庭院挑高
露台
LDK (9.15坪)
DN
後庭院挑高

2F

LDK

希望能將
屋外空間
與室內連結

重視隱私
又能貼近光線
與風的家

享受光影的變化

因為設置了提供屋外空間的露台，提高了室內外的一體感。通過格子窗射入的陽光，上演著各種陰影的變化，成為一個沉穩的外部空間。

Terrace

LDK

享受用餐和閒聊的快樂時光
寬敞的現代空間

夫妻兩人喜歡一邊用餐一邊聊天。女主人表示：「利用廚房餐廳兼用的桌子，從調理到擺盤的移動路線變短了，非常方便」。現代和風的LDK是為了夫婦兩人而打造的寬敞空間。

2F

挑高

LDK
（8坪）

收納間

露台

DN　UP

1F

鄰宅

臥室
（2.5坪）

停車場

客餐廳
（3坪）

廚房
（2.5坪）

玄關

鄰宅　　鄰宅

UP

前方道路

0　1　2　3m

░ …半外部空間
← …室內外連結

Entrance

兩世代共有
明亮寬敞的玄關

玄關是兩個世代共用。玄關的大面開口能使光線射入室內，裸露式梯牆設計也能讓樓上的光源直達玄關。松木實木地板可以讓腳底很快地適應地板並提升舒適感。

Stairs

輕快的設計
將自然光線傳遞至樓下

將上下樓連接的樓梯，採用了裸露式梯面的輕快設計，讓光源能從上方通往下方。另外也有讓視線延伸的效果，使得空間感提升，打造出愉快閒適的空間調性。

沈浸在料理與享用美食樂趣的
獨創廚房

將廚房的調理台與餐桌合而為一，讓料理到用餐一連串的動作變得流暢。將鋪有榻榻米的平面挑高，用餐的時候可以有如坐在椅子般舒適。廚房後的牆面上設置了收納空間，可以放置餐具或是食品。

Kitchen

隔間重點

利用上下樓層將住宅
空間區分
利用露台和室外連結

一樓是母親使用的孝親空間，二、三樓則是夫婦空間。考慮到一直以來母親都是一個人居住，所以特別重視母親的生活步調。將廚房以及盥洗設施等空間分開使用，而玄關則設計為共用空間。因為緊臨著住宅街，無法做對外開口，於是設計出四面圍牆的露天中庭，打造出私人屋外空間。在保有隱私性的同時又能夠將光線與風帶入室內。孝親空間與夫婦空間的LDK藉由露台將室內外連結打造出一體感。在有限的空間內創造出寬敞感。

ARCHITECT
根來宏典／根來宏典建築研究所
神奈川県川崎市中原区新丸子町749
ハウス749-105
Tel：044-742-9646
URL：http://www.negoro-arch.com

DATA
攝影 ：齊藤正臣
所在地 ：神奈川縣 山崎住宅
家族成員：夫婦＋母
構造規模：木造，三層樓
地坪面積：99.44㎡
建築面積：127.59㎡
1樓面積 ：43.89㎡
2樓面積 ：41.41㎡
3樓面積 ：42.29㎡
土地使用分區：第一種低層住宅專用區
建蔽率 ：56.64%
容積率 ：128.31%
設計期間：2008/2～2008/10
施工期間：2008/11～2009/5
施工 ：ASJ京濱川崎スタジオ・ジャパソ（Studio）

外部裝修
屋頂：PVC防水布
外牆：壓克力樹脂塗裝

內部施工
玄關
地板：有色砂漿鏝刀
牆壁：矽藻土
天花板：椴木合板
LDK、臥室
地板：實木地板
牆壁：矽藻土
天花板：椴木合板
浴室、盥洗室
地板：十和田石
牆壁：磁磚
天花板：扁柏
露台
地板：木棧板

主要設備製造商
廚房機器：中外交易
衛浴設備：Sanwa company
照明器具：Panasonic電工

剖面重點

貫穿三層樓的屋外空間
把光線帶進室內
引導出舒適的視覺動線

基地位於住宅密集區的一角，周圍都是三層樓建築。以為了確保隱私性但又不減少明亮舒適度為設計理念，設計出牆壁包覆四周的住宅。因為這種包覆式設計，每個房間都能放心的做出開口部，實現了充滿開放感的空間。視線被引導延伸至屋外空間，抬起頭仰望藍天也是樂趣之一。

停車場｜臥室｜浴室｜盥洗・更衣室｜榻榻米室｜廚房｜露台｜浴室｜盥洗・更衣室｜收納間

⇐ …視線穿透

採光與寬敞感兼得的中庭住宅設計

在最上層配置了私人空間。在這個被壁面包覆著的中庭住宅裡，既能保有隱私，又能享受到室內外連結的開放空間。打造出充滿光線的室內空間。

※ *Bedroom*

希望能將
屋外空間
與室內連結

既能控制視線
也能和家族共享
私人戶外空間

將外壁的一部份設計成細長格子，兼具採光以及遮住外面視線的功能。為了能讓家人能夠悠閒地享受露台空間不用擔心外來視線打擾，所以設計了這個私人的屋外空間。

Exterior ※

3F

露台｜收納間｜挑高｜臥室（6坪）｜收納間｜DN

三層樓挑高
打造寬敞屋外空間

雖然房子外觀給人封閉的感覺，但為保有隱私和兼顧採光，打造了一個可將挑高的三層樓貫穿的屋外空間。二、三樓的格子壁面設計是為確保隱私以及讓光線通透至室內。

Well

利用對角線上的兩個樓梯
寬敞的住宅內
也能縮短移動距離

Y住宅建造了兩座樓梯。由玄關進入室內後，可以利用客廳後方的樓梯到達二樓。另一方面，通過中庭來到遊戲間時，小孩們可以利用另一個樓梯到達二樓臥室，縮短移動距離。

019

擁有中庭 27.5坪
的超大空間

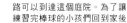

北側的浴室接續著庭院
由甲板而來的光線

位於北側的浴室面向庭院，利用庭院採光。繞過玄關旁的道路可以到達這個個庭院。為了讓練習完棒球的小孩們回到家後可以直接由玄關進入浴室洗澡，於是做了這個設計。

1F

停車場

遊戲間
（約5.5坪）

盥洗室

LDK
（約11坪）

浴室

中庭

玄關收納

和室
（約4坪）

門廊　玄關

保留回憶的庭園
創造空間寬敞度

透過和室所看到的庭園是這個住宅重建前所留下的，保留了家族共同的回憶。另一方面也可以使視線延伸，增加空間寬敞度。

玄關到走廊的
天花板壓低
製造出空間的
緩急變化

將進入玄關後的走廊天花板壓低。由走廊到客廳，視野有豁然開朗的氣氛。圖左為重建前所使用過的玻璃的再利用。

一樓隔間重點

寬敞開放的客廳與中庭
成為小孩們的遊樂場所

一樓以客廳為中心，將廚房、和室和遊戲間連結在一起。另外，根據屋主的期望，將遊戲間與客廳配置在中庭的延長線上，室內外連結，打造出寬敞的開放空間。每個房間都使用了拉門隔間，若將拉門全拉開，可以整體融合變成一個大空間。只有北側的浴室是無法連通的個人空間。

二樓隔間重點

尊重個人隱私也
重視和家人的連結性

二樓配置了三個小孩的臥室以及主臥室，是注重個人隱私的樓層。每個房間都可以利用門的開關隔出個人空間。在面積大的住宅裡，往往會因為空間被分隔成很零碎，而造成許多封閉房間的問題，而Y住宅使用了拉門隔間來避免這種情況。藉由門的開關來決定個人空間或是和其他房間連結。尊重個人隱私也能保有家庭的一體感。這種設計是可變性很高的空間結構。

通過入口通道進入室內前
的精心設計

在通過玄關進入室內時，做了許多精心設計讓客人感到賓至如歸。例如刻意壓低的門廊、或是鋪著石灰岩（travertine）的玄關、古老的大樹聳立等。向左轉之後，抬頭仰望可以看到中庭。

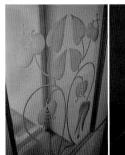

ARCHITECT

本間至／ブライシュティフト
東京都世田谷区赤堤1-35-35
Tel: 03-3321-6723
URL：http://www.22.ocn.
ne.jp/~bleistif

DATA

攝影 ：石井雅義
所在地 ：東京都 Y住宅
家族成員 ：夫婦＋小孩3人
構造規模 ：木造、二層樓
地坪面積 ：280.80㎡
建築面積 ：165.33㎡
1樓面積 ：99.75㎡
2樓面積 ：65.58㎡
土地使用分區：第一種低層住宅專
用地區
建蔽率 ：50％
容積率 ：100％
設計期間 ：2004/8～2005/4
施工期間 ：2005/5～2006/1
施工 ：榮港建設
建築施工費：約4410萬日元（外
部結構、空調、地板暖氣除外）

外部裝修
屋頂：鍍鋁鋅鋼板
外牆：特殊塗料、鍍鋁鋅鋼板、
水泥裸牆

內部施工
玄關
地板：石灰岩
牆壁／天花板：EP環氧樹脂塗裝
客廳、餐廳、廚房
地板：橡木實木地板
牆壁／天花板：EP環氧樹脂塗裝
臥室
地板：橡木實木地板
牆壁：EP環氧樹脂塗裝
天花板：構樹和紙、部份EP環氧
樹脂塗裝
盥洗室、更衣室
地板：橡木實木地板
牆壁／天花板：EP環氧樹脂塗裝
浴室
地板：花崗石
牆壁：磁磚、檜木甲板材
天花板：檜木甲板材

主要設備製造商
衛浴設備：INAX、TOTO、Fuji
Design
照明器具：Yamagiwa照明、
MAXRAY、小泉產業、Odelic

合作：The House

三個小孩房
利用閣樓連結在一起

小孩房的大小都是2.25坪。雖然
每個房間都隔著門，但閣樓設計將
三個空間相通。而閣樓也建造了拉
門，關上後就成為個人房間。

希望能將
屋外空間
與室內連結

剖面重點

客廳的挑高可將水平與垂直空間連結

在一樓，以客廳為中心，將水平方向的廚房、遊戲間與和
室互相連結起來創造出閒適空間。客廳的挑高設計則將
一樓與二樓的各房間連結，打造垂直方向的寬敞空間。另
外，在客廳的對角線上配置的兩座樓梯，不管是縱向橫向
都可以自在的移動。創造出一個活動性高的迴游空間。

**包含中庭一共
佔地27.5坪！**

中庭和室內互相連結，也藉由中庭
將一、二樓串聯在一起。小小孩可
以在中庭享受打棒球、踢足球或是
騎單輪車的樂趣。由混凝土打造的
壁面可以安心的丟球。

2F

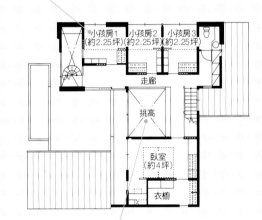

將拉門敞開LDK、
遊戲間與中庭
變成一個大空間

若將拉門全面敞開，客餐
廳、遊戲間與中庭可以形
成一個大空間。將客廳以
外的天花板壓低，藉由高
低差區分空間。另外、藉
由天花板的壓低可以強調
客廳挑高的開放感。

庭院與室內結合享受豪華空間感

二樓的小孩房面向客廳，將紙拉門拉開後，可以將空間連貫。因為開放式客廳和庭園互通連結，可以更加感到寬敞。

客廳上部挑高打造寬敞空間

開放式的挑高與空間的面積相應出最恰當的高度。為了讓室內看起來整潔不凌亂，開放式廚房使用簡單的設計。就連冰箱也放置在壁面的收納櫃裡，簡單大方。

1F

客用停車場　客用停車場

中庭3

預備房(2.6坪)UP

中庭2

玄關

室外收納

LDK(8.25坪)

坪庭

工作室(3坪)

UP

停車場

中庭1

020

享受比地坪面積更大的寬敞度

與生活空間分離的工作室

在客廳隔著坪庭的位置獨立配置了女主人的指甲美容工作室。也設置了專用的玄關。天花板挑高，光線由天井射入，打造出非居家感的空間。

妙用鮮艷色彩點綴玄關

玄關前的壁龕使用了溫暖色調。在單色調的室內中顯得醒目，壁龕裡擺飾著女主人所選的黑色人造花。進入玄關後右邊配置了鞋櫃間。

剖面重點

小孩房1　小孩房2　LDK　中庭2

中庭3　預備房

四個樓層巧妙地連結成跳躍式空間

由預備房、客廳到小孩房，連結成3個跳躍式的空間。因為將客廳設計成比平面高半層樓，因此，上下樓的房間都能連結在一起，而挑高的高度也恰如其分。另外，停車場上方的臥室包含衛浴設備，一共有四種地板高度。以樓梯為軸心，將所有房間連結的同時也能適度的保有區隔性。

ARCHITECT

柏木學＋柏木穗波／カシワギ・スイ・アソシエイツ

東京都調布市多摩川3-73-301
Tel：042-489-1363
URL：http://www.kashiwagi-sui.jp

DATA

攝影　：富田治
所在地　：山梨縣 雨宮住宅
家族成員：夫婦＋小孩2人
構造規模：木造、二層樓
地坪面積：370.32㎡
建築面積：161.79㎡
1樓面積：107.78㎡（包含停車場29.81㎡）
2樓面積：54.01㎡
土地使用分區：第一種住宅地區
建蔽率　：70％
容積率　：200％
設計期間：2005/9～2006/5
施工期間：2006/6～2006/12
施工　：ASJ甲府Studio
合作　：アーキテクツ・スタジオ・ジャパソ
建築施工費：約3450萬日元
（含稅、植栽、外部結構除外

外部裝修
屋頂：防水布
外牆：彈性壓克力樹脂噴漆

內部施工
玄關大廳
地板：磁磚
牆壁／天花板：天然素材壁紙
LDK
地板：櫻木地板
牆壁／天花板：天然素材壁紙
預備房
地板：櫻木地板
牆壁／天花板：天然素材壁紙
工作室
地板：磁磚
牆壁／天花板：天然素材壁紙
主臥室
地板：地毯
牆壁／天花板：天然素材壁紙，部份水曲柳木OP塗裝
小孩房
地板：櫻木地板
牆壁／天花板：天然素材壁紙
盥洗、浴室、廁所
地板／牆壁：磁磚
天花板：VP塗裝

主要設備製造商
系統廚房：東洋廚具
浴缸／衛浴設備：TOTO，大洋金物，WEST，Fuji Corporation
照明器具：遠藤照明，Panasonic電工，YAMAGIWA

希望能將
屋外空間
與室內連結

將配有LDK的主要空間挑高半層樓打破侷促感增加採光

若將客廳的玻璃拉門全打開，中庭1（庭院）和室內頓時融為一體。挑高的北面（照片最裡處）也設置了高窗，在晴朗的日子裡享受著青空彷彿近在眼前的閒適情趣。

一樓隔間重點

藉由中庭的連結獲得開放感

由玄關踏上樓梯後放眼一望，客廳的挑高以及中庭景色近在眼前。將室外的寬敞拉進室內，成功打造出比實際面積還要大的空間感。和玄關地板同樣高度的預備房以及二樓的小孩房，都有空間連結的相同效果。將工作室和日常生活空間分離，獨立式的工作間充滿著彷彿店鋪般的氣息。

二樓隔間重點

將隱私空間集中在一處

主臥室和客廳雖然可以透過窗戶互相看到，但保持了一些距離感。如果客廳有來客造訪時，可以讓其他家人將主臥室當作第二個客廳使用。衛浴設備配置在臥室附近，縮短洗澡→就寢的動線。「早上起床後可以梳妝完成再走入客廳」屋主很滿意這種設計。兩間小孩房也重視開放性，為了讓小房間有完整機能而下了許多功夫。

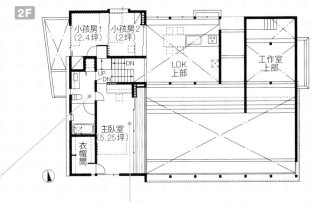

2F

小孩房1（2.4坪）　小孩房2（2坪）
LDK上部
工作室上部
DN　UP　DN
主臥室（5.25坪）
衣帽間

在臥室眺望中庭美景迎接清爽的早晨

面向東方的臥室，每天迎接著朝陽起床。因為建造了圍牆將鄰宅擋住，可以暢快欣賞美景。

設有兩個出入口的便利衛浴設備

屋主很滿意這種設計：「在臥室也設置了出入口所以動線非常便利」。在白色調的浴室裡裝上天井，並在天井內側漆上藍色，讓整體感更加清爽。

**巧妙地導入室外空間
開放的玄關大廳**

玄關的石牆以及鍍鋁鋅鋼板的壁面延伸至建築外部，製造出空間延續的錯覺。

021

將室內外融合
在都市住宅區
打造寬敞空間

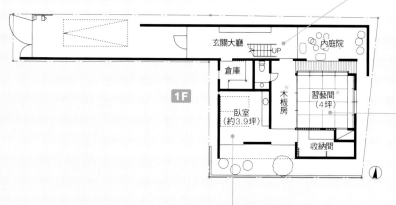

1F 玄關大廳 UP 內庭院
倉庫
木板房 習藝間（4坪）
臥室（約3.9坪）
收納間

**重視隱私
沈浸在靜謐的臥室**

在臥室角落設置了洗臉.化妝台，是女主人「超級推薦」的角落空間。天花板挑高一部份的地方，就是二樓書房地板的下部。

**藉由拉門的開關做變化
高機動性的和室**

和室鋪著琉球榻榻米，將紙拉門敞開後，和室和庭園以及走廊連結成一個空間。庭園是和風與現代感融合出的設計，從玄關大廳往此方向看也絲毫不覺突兀。

剖面重點

利用露台以及
挑高將空間引入客廳

為了能同時獲得開放感與隱私性，以及能夠挑望南側綠景，將客廳設置在二樓。將西半側屋頂往南提做成斜面，不僅能由高窗觀景，也能夠讓光線充分進入屋內。在官感上，客廳由南側的露台（圖左側）一直延長到北側玄關大廳的外牆（圖右側），能感受到比實際還要寬敞的空間。天花板最高的高度四米七處，是規模最大的空間。

書房
LDK
露台
木板房
玄關大廳

二樓隔間重點

盡量避免隔間
打造寬敞感

二樓以最大的空間LDK為基本。大廳挑高將所及的範圍都納入成一個大空間，增加視覺寬敞度。在南側設置露台，與室外的景色連結。浴室也面向露台，所以露台也具有浴室露天甲板的功能。廚房沒有設置隔間，但在不影響空間連續性的情況下配置了收納箱將廚房適度隱藏。把書房的地板挑高，保有適當的獨立感。

一樓隔間重點

創造出開放性與
隱私性的反差感

要如何將旗桿型的桿部與住宅結合與活用，是這次設計的課題。從基地入口一直到深處設置了石造牆面，創造出25m的距離優勢。玄關大廳不但能保持通道的延續性，也能作為半個外部空間，引導直線視線延伸。面向牆壁的一側配置了和室和臥室，與玄關大廳的開放性對照起來，是具有高隱私的沉穩空間。

※習藝間：（日：稽古場），可以指練習插花茶道書法等日本技藝的地方。
※木板房：指鋪著木板的房間

ARCHITECT

前田光一／包建築設計工房＋福田創／福田創デザイン事務所

神奈川県横浜市港北区篠原西町
1-16
Tel：045-513-2699

DATA

攝影　　　：富田治
所在地　　：東京都　O住宅
家族成員　：夫婦
構造規模　：木造，二層樓
地坪面積　：166.78㎡
建築面積　：132.73㎡
1樓面積　：75.49㎡
2樓面積　：57.24㎡
土地使用分區：第一種住宅區，次
要防火區，第二種高度地區
建蔽率　　：60％
容積率　　：200％
設計期間　：2002/3～2002/10
施工期間　：2002/12～2003/6
施工　　　：仲野工務店

外部裝修
屋頂：鍍鋁鋅鋼板
外牆：鍍鋁鋅鋼板、防火石

內部施工
客廳
地板：北歐松木地板
牆壁／天花板：AEP塗裝
廚房
地板：北歐松木地板
牆壁：全磁化磁磚
天花板：AEP塗裝
智藝間
地板：無邊緣榻榻米
牆壁／天花板：雁皮和紙
臥室、木板房
地板：北歐松木地板
牆壁／天花板：AEP塗裝
玄關大廳
地板：水泥粉刷
牆壁：鍍鋁鋅鋼板、防火石
天花板：鍍鋁鋅鋼板、AEP塗裝
盥洗室、浴室
地板：漆器磁磚
牆壁：全磁化陶瓷磚
天花板：VP塗裝

主要設備製造商
廚房機器：HARMAN、星崎
浴缸／衛浴設備：INAX、TOTO、Grohe
照明器具：山田照明、日本電機、MAXRAY、其他

極力減少隔間打造開放空間

客廳不但能坐擁露台的寬敞感，採光也非常良好。
向露台的綠意借景，讓客廳與戶外風景相連結。

多功能收納箱
將廚房隱藏起來

為了避免廚房凌亂的樣子被看到，在
客廳與廚房之間設置了箱型的收納
櫃。中間可以放置冰箱、洗衣機或是
其他家電，讓空間整齊美觀。

希望能將
屋外空間
與室內連結

2F

挑高
DN
UP
書房
UP
LDK
（約10.8坪）
浴室
露台

客廳一隅配置
半個人空間的書房

利用天花板高度，將地板挑高部
份作為屋主的書房。下面的半透
明部份是樓下臥室天花板挑高的
空間，夜晚可以藉由臥室的照明
將光線透出。

開放式浴室
享受露天溫泉般的氣氛

女主人非常喜歡泡澡「假日幾乎
一整天都在泡澡」。所以將浴缸
配置成可以眺望景色的設計，浴
缸旁也設置了淋浴區。

利用玻璃隔間
提升寬敞度
盥洗設備設置在一樓面向道路的位置，為了確保隱私將開口部提高。盥洗室、更衣室與浴室使用玻璃隔間，讓空間更寬敞。

活用角落房間利用窗戶的
設計打造明亮臥室
一樓的主臥室設置了兩面窗戶，取得良好採光。壁面也有設置衣櫃。因為小孩們還小，屋主是全家一起在這個房間睡覺的。

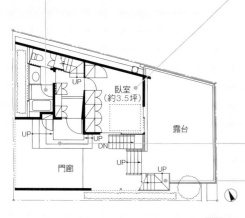

1F

毫無違和感地
誘導至二樓客廳
由入口通道引導至庭園的路線，是這個包含室外的迴游動線的起點（照片右邊）。進入玄關後，由樓梯上方照入的光線自然而然的誘導出想往上走的意識感。

B1

022
樂擁附設
屋頂的陽台

二樓、三樓隔間重點

**擁有回遊動線的LDK
藉由挑高和三樓相連結**

在二樓客廳面向斜坡的面設計了大面開口，讓斜坡景色躍入室內。另外，為了讓陽台與客廳有連續感，將陽台的地板建造成平面，並使天花板與陽台屋簷連接。陽台在靠近廚房側也配置了一個廚房入口，變成一個也能讓廚房使用的多功能陽台。三樓沒有牆面或隔間，藉由挑高和客廳連結。將來可考慮用牆壁或是傢具將空間分隔成多個房間。

地下室、一樓的隔間重點

**將必要的各種機能
濃縮結合**

因為開車上班的關係所以需要兩台車的停車空間。半地下室的停車場設置在北側讓車子能夠出入，另外設置了能夠到達玄關入口的樓梯，動線更方便。在一樓配置臥室、盥洗設施以及玄關，有效利用空間不浪費。在玄關設置可以直接上二樓的樓梯，讓通往客廳的動線順暢。不整齊的基地使廁所成為斜向配置，使盥洗室與浴室的空間增加。

希望能將
屋外空間
與室內連結

和二樓陽台
連接的露台（庭院）
因為庭院有設置屋簷，雨天也可以是小孩們的遊樂場所。前方是停車場上面的庭院，喜好風帆的屋主可以在庭院裡清洗板子，或是放置游泳池讓小孩們嬉戲。往返二樓陽台時也相當方便。

ARCHITECT

西島正樹／プライム
東京都新宿区新宿5-10-10-4F
Tel：03-3354-8204
URL：http://www.ne.jp/asahi/
prime/nishijima

DATA

攝影　：石井雅義
所在地　：東京都 S住宅
家族成員：夫婦＋小孩2人
構造規模：鋼結構＋鋼筋混凝土
三層樓＋地下一樓
地坪面積：105.56㎡
建築面積：131.17㎡
地下室面積：17.91㎡
1樓面積：42.99㎡
2樓面積：44.23㎡
3樓面積：26.04㎡
土地使用分區：第一種住宅專用地區
建蔽率　：60％
容積率　：100％
設計期間：2001/8～2002/5
施工期間：2002/6～2003/5
施工　：リデア
合作　：The House
建築施工費：約2900萬日元

外部裝修
屋頂：鍍鋁鋅鋼板
外牆：壓克力樹脂噴漆

內部施工
玄關
地板：磁磚
牆壁／天花板：AEP塗裝
玄關大廳
地板：橡木實木地板
牆壁／天花板：AEP塗裝
盥洗室、更衣室
地板：磁磚
牆壁／天花板：AEP塗裝
臥室
地板：橡木實木地板
牆壁／天花板：壁紙
LDK
地板：橡木實木地板
牆壁／天花板：壁紙
小孩房
地板：橡木實木地板
牆壁／天花板：壁紙

主要設備製造商
系統廚房：Panasonic 電工
浴缸／衛浴設備：INAX、TOTO
照明器具：Panasonic 電工、
YAMAGIWA

剖面重點

利用基地的特性
將室外打造跳躍式樓層

原本的基地由圖左往右下傾斜，具有擋土牆以及填好土的狀態。利用這個擋土牆（圖右），將已填好土的部份往下挖，建造出現在的停車場，而上部則變成庭院。再活用原本的樓層差打造出車庫、門廊、露台、陽台四種跳躍式樓層。而室內盡量避免樓層差，建造出單純的三層樓，並利用挑高增加空間的變化。

將陽台打造為
室內的延伸空間

陽台屋簷與室內天花板高度相同，增加連續感。屋頂使用部份可透光材質，確保採光。

無隔間和客廳相通的小孩房

面向挑高的三樓，可以享受不同的景色。建造了固定式的書桌，目前屋主當作書房來使用。角落放置鋼琴，成為小孩們的練琴場所。

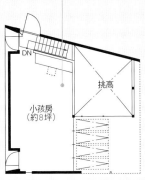

小孩房
（約8坪）
挑高
DN

3F

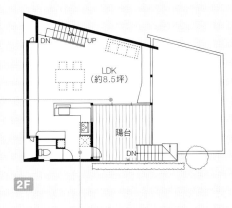

LDK
（約8.5坪）
陽台
DN
UP
DN

2F

可以丟垃圾或是曬衣服
通往廚房的便利側門

在廚房角落設置了可以直接通往陽台的側門。不但丟垃圾方便，還因為洗衣機也放置在廚房，所以從洗衣服到晾衣服的動線也十分簡短便利。

**木製百葉窗提供
安全性與防盜功能**

個人房的窗外雖然現在是
田地，但因未來有可能會
在上面蓋房子，所以加上
了防盜窗以確保空間安全
性，也能提供防盜功能。
百葉窗的樣式也成為建築
北側的外觀重點。

把基地的
高低差帶入
室內與屋外融合

多功能的悠閒和室

招待客人以及提供客人住宿的房間。在和室的兩面
都配置了可以完全敞開的落地窗，渡過通風良好且
舒適的夏天。將日式紙拉門（障子）關上，又能享
受不一樣的氣氛。

**與玄關直接連結
能登大雅之堂的樓梯**

從玄關往上可以看到梯幅寬
敞，鋪著絨毛地毯的樓梯。白
色牆壁、天花板包覆著的樓梯
彷彿被光線誘導般的往二樓的
客廳延伸上去。這個樓梯主要
是進出室外時使用。

1F

- 和室（約4.9坪）
- 房間（約2.8坪）
- 臥室（約4.3坪）
- 衣櫃
- 置物櫃
- 置物櫃
- UP
- 土間
- 玄關
- UP

**希望能將
屋外空間
與室內連結**

**車子也能進入的
混凝土土間**

將基地的落差轉嫁到室內，化身為土間和
起居室的階梯差。混凝土地板的土間也可
以作為車庫使用，但原則上還是將這個空
間當作一個房間，設置了屋主工作用收納
以及書桌。

一樓隔間重點

**玄關處刻意將
一、二樓分離**

將位於玄關通往二樓的階梯梯幅
加寬。為了不要造成一進入玄關
就往臥室移動的感覺，刻意將移
動距離加長。乍看是令人不便的
設計，其實是讓室內增加寬廣度
的重點。考量到車子數量可能增
加，將具有工作室功能的土間建
造成能夠容納小型車的空間。也
考慮到車子排氣問題而裝置了換
氣扇。住宅中央的收納、廁所及
和室兼用建築結構，建築骨架融
入空間裡自然不造作。

二樓隔間重點

**實現客廳的開放感
與順暢的家事動線**

在觀景視野良好的客廳西北側設
置大的開口，能和寬敞的露台以
及屋外風景連結。為了連雨天也
能使用，露台上方搭起了部份屋
簷。跳躍式樓層能增加天花板高
度或是視線的變化性，讓空間變
得更多樣化。這種設計也讓和一
樓臥室連結的樓梯，不會讓人感
到樓層的差異。從廚房、倉庫、
衛浴設備到餐廳所配置的迴游動
線讓家事做起來更輕鬆。

攝影：阿野太一

ARCHITECT

向山博／向山建築設計事務所
東京都世田谷区北沢 3 - 15 - 7 - 103
Tel：03 - 5454 - 0892
URL：http://www.mukoyama-
architects.com

DATA

攝影　　：石井雅義
所在地　：神奈川縣 向山住宅
家族成員：夫婦＋小孩 1 人
構造規模：木造軸組在來工法、
　　　　　二層樓
地坪面積：219.62㎡
建築面積：156.03㎡
1樓面積：86.13㎡
2樓面積：69.90㎡
土地使用分區：第一種低層住宅專
用區，第一種高度地區，宅地造
成工事等規定區
建蔽率　：40%
容積率　：80%
設計期間：2004/5～2006/12
施工期間：2006/12～2007/6
施工　　：くらし建設
建築施工費：3870萬日元（含稅）

外部裝修
屋頂：板岩
外牆：板岩、美西側柏

內部施工
土間
地板：砂漿鏝刀、彩色水泥
牆壁／天花板：AEP 塗裝
臥室
地板：地毯
牆壁／天花板：AEP 塗裝、部份杜
卡木（Makore）
房間
地板：緬甸柚木
牆壁／天花板：AEP 塗裝、部份杜
卡木
和室
地板：榻榻米
牆壁：和紙壁紙
天花板：柳安木合板
客廳、餐廳、廚房
地板：緬甸柚木
牆壁／天花板：AEP 塗裝
雜物間
地板：椴木合板
牆壁／天花板：結構合板外露
浴室
地板：磁磚
牆壁：玻璃馬賽克磁磚
天花板：VP 塗裝

主要設備製造商
系統廚房：NORITZ
浴缸／衛浴設備：INAX、TOTO
照明器具：Panasonic 電工、
YAMAGIWA

位於家事動線上
倉庫化身為萬能
雜物間（Utility room）

雜物間將廚房與盥洗室連結，可
以放置食品或調理器具，也可以
利用拉門將雜物間隱藏。洗衣機
放置在此，也有架置桿子可以用
來曬衣服。

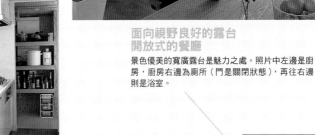

面向視野良好的露台
開放式的餐廳

景色優美的寬廣露台是魅力之處。照片中左邊是廚
房，廚房右邊是廁所（門是關閉狀態），再往右邊
則是浴室。

剖面重點

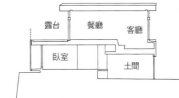

將基地的高低落差帶入室內做出變化

按照構想，活用基地原本的90㎝高低差設計出現在的
住宅。為了讓土間可以當作車庫來使用，將高度設計
成和前面道路相同。而二樓則是客廳較低的跳躍式樓
層。另外，充分利用高低差設計出家電的放置與物品
收納空間。因為西北側（剖面圖左）的鄰地比這棟住
宅的地基低3m，就算將來可能會蓋房子也不會影響到
景觀與開放性。

大餐桌以及
跳躍式樓層的客廳

可變換使用的正方形桌子，除了用餐以
外，還能當作家事或是工作桌，全家可以
一起使用。地板比餐廳低90㎝的客廳，
與開放感的餐廳相較之下，有著截然不同
的安穩氣氛。

每個房間都能
享受私人庭園景色

北側為露台。位於一樓的客廳、廚房、浴室以及臥室全都面向這個庭院。白色牆壁將屋外的視線阻絕，同時能反射光線，有助於提升室內明亮度。

在通風良好的
臥室內渡過
舒適的夏天

為了能安心的休息，將臥室配置在最遠離道路的位置。在南側裝置了有紗網的平開窗，而北側則面向庭院。通風良好就連夏天也都很舒適。

從外到內再到外
被包覆的私人庭園

由正面可以看得到北側的露台，從右邊轉入則是客廳。打開玄關的門，以為正要進入室內時，又看到敞開的戶外空間，體驗不可思議的空間感。

024

將陽光與涼
風導入室內
兩種半屋外
空間

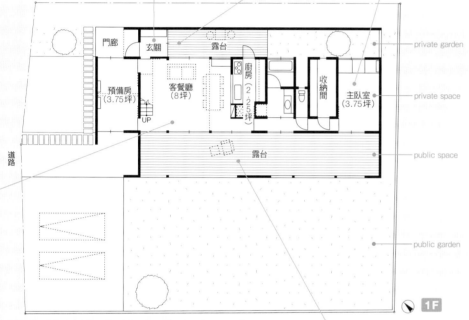

門廊　玄關　露台　　　　　　　　　　　　private garden

預備房
(3.75坪)　　客餐廳
(8坪)　　廚房
(2.25坪)　　收納間　　主臥室
(3.75坪)　　　private space

UP

露台　　　　　　　　　　　　　public space

道路

public garden

1F

希望能將
屋外空間
與室內連結

用半戶外露台將共用
空間與私人空間串連

藉由甲板露台將室內外串連起來。露台的牆面把客廳與廚房區隔開，將位於一樓道路旁以及隱私性高的房間封閉起來。在平房部份設置走廊做為緩衝，確保隱私。

ARCHITECT

直井克敏＋直井德子／直井建築
設計事務所（負責：新井さやか）
東京都千代田区外神田5-1-7 五
番館4F
Tel：03-6806-2421
URL：http://www.naoi-a.com

DATA

攝影	：石井雅義
所在地	：埼玉縣S住宅
家族成員	：夫婦
構造規模	：木造、二層樓
地坪面積	：454.66㎡
建築面積	：110.06㎡
1樓面積	：85.79㎡
2樓面積	：24.27㎡
土地使用分區	：第一種低層住宅專用地區
建蔽率	：60%
容積率	：200%
設計期間	：2006/1～2006/10
施工期間	：2006/11～2007/4
施工	：三澤屋建設

外部裝修
屋頂：鍍鋁鋅鋼板
外牆：Jolypate噴漆

內部施工
玄關
地板：砂漿鏝刀
牆壁／天花板：壁紙
LDK
地板：實木地板
牆壁：壁紙
天花板：室內用落葉松木
臥室
地板：木地板
牆壁／天花板：壁紙
盥洗室、更衣室
地板：木地板
牆壁／天花板：壁紙
浴室
地板／牆壁：FRP防水
天花板：碳酸鈣板

主要設備製造商
廚房機器：Sunwave
衛浴設備：Tform，TOTO
照明器具：遠藤照明，Panasonic
電工，MAXRAY

斜面屋頂
享受各種舒適感

閣樓連接著開放空間，而屋頂的造型設計有如身在小木屋的沈靜感。風會從南側沿著屋頂的形狀吹拂至二樓，在炎熱的夏天也能讓空氣對流順暢。

2F

書房（2.5坪）

和室（2.25坪） DN

挑高

一、二樓 隔間重點

從共用區域到私人空間
不刻意連結的四種空間

S住宅的主題是敞開的自然派生活。雖然地坪面積廣大，但是南側有公寓鄰接，必須要阻絕視線。將住宅往北側挪，蓋在離公寓較遠的位置，而基地南側則配置庭院。基本上將房間以東西向配置在平房裡，並建造部份二樓。為了能讓空間面向外側打開視野，同時兼顧隱私性，在居住空間兩側建造了露台。不刻意區隔四種不同調性的空間，並打造出開放的室內空間。

剖面重點

利用傾斜的屋頂
將風導向二樓避免熱氣集中

因為佔地廣大，所以設計了移動效率高的平房為主體。生活以客廳的挑高為中心，坐擁露台的風景以及陽光。不過，因為南側接鄰著公寓，所以將經常性敞開的開口高度壓低，再將北側的天花板挑高。從南側吹來的風會順著斜面屋頂到達二樓，讓室內流通著舒適的微風。

書房

露台 客餐廳 露台

增加空間開放感
自然系室內設計

使用白色牆壁以及木材，不做多餘的裝飾，呈現出簡單明亮的室內設計。面向北側的斜面屋頂讓挑高的空間增加開放感。

猶如漂浮在空中般的箱型玄關

住宅整體高架1m，因此建造了往上的階梯當作入口通道連接玄關。有如一個小箱子附在建築旁邊一樣，打造獨特的建築外觀。進入玄關後左邊即是展開的客廳。

在挑高的斜面天花板設置典雅的柴火暖爐

把丹麥製的柴火暖爐置放在客廳一隅。往內走是臥室。是一個可以從各個窗戶欣賞綠意的角落。

把為數眾多的衣物歸類整齊的衣帽間

面向走廊，面積約2坪的衣帽間。設計了折門讓室內可以放置很多活動式的架板，可收納大量的衣物。離衛浴設備和臥室都很近，使用起來非常方便。

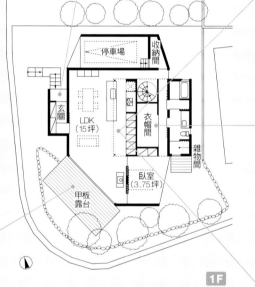

1F

（圖中標示）
停車場
收納間
玄關
LDK（15坪）
衣帽間
雜物間
臥室（3.75坪）
甲板露台

025

感受四季
充滿清爽
陽光的空間

希望能將
屋外空間
與室內連結

高度或面積都十分寬闊的LDK

圖右／在寬敞大空間的LDK裡用餐、看電視或是享受柴火暖爐的樂趣，依用途自然的將每個角落區分開來。圖左／格子造型的收納裝飾兼用櫃子，風格獨創的廚房。

ARCHITECT

駒田剛司＋駒田由香／駒田建築設計事務所

東京都江戸川区西葛西 7-29-10
西葛西 apartments#401
Tel：03-5679-1045
URL：http://www.komada-archi.info

DATA

攝影 ：黑住直臣
所在地 ：群馬縣 A住宅
家族成員 ：夫婦
構造規模 ：鋼結構、二層樓
地坪面積 ：270.83㎡
建築面積 ：161.20㎡
1樓面積 ：118.37㎡
2樓面積 ：43.83㎡
土地使用分區：第一種中高層住宅
專用地區
建蔽率 ：70％
容積率 ：200％
設計期間 ：2004/11～2005/6
施工期間 ：2005/6～2005/12
施工 ：安松託建
合作 ：OZONE住宅支援

外部裝修
屋頂：彩色不鏽鋼板
外牆：美國杉板

內部施工
LDK
地板：山毛櫸木地板
牆壁：椴木板、EP環氧樹脂塗裝
天花板：EP環氧樹脂塗裝
臥室、書房
地板：山毛櫸木地板
牆壁／天花板：EP環氧樹脂塗裝
預備房
地板：山毛櫸木地板
牆壁：EP環氧樹脂塗裝、PC浪板
天花板：EP環氧樹脂塗裝
盥洗室
地板：山毛櫸木地板
牆壁／天花板：EP環氧樹脂塗裝
浴室
地板：磁磚
牆壁／天花板：EP環氧樹脂塗裝

主要設備製造商
廚房施工：中山 Product
廚房機器：CELA、AEG、三菱電機
衛浴設備：CELA、Grohe、AEG、TOTO、INAX
照明器具：遠藤照明、MAXRAY

剖面重點

面積與天花板高度的高低起伏根據空間不同而變換氣氛

斜面屋頂的關係，使得客廳挑高兩層樓，最高處挑高7米。反之則將二樓書房的天花板壓低，製造出空間的抑揚頓挫，打造能夠讓工作有效集中的沉穩空間。因為冬天會積雪，所以將建築地基架高1m，在住宅地下設置暖氣設備。這個暖氣的設計不只能讓地板下的空間提高溫度，暖氣也能從地板的空隙輸送到室內空間裡。

大量書籍也能整齊收納設有實用書架的書房

夫婦的工作場所是這間書房。照片左邊是固定式的書架，收藏了大量的書籍。正前方開了一個橫長型窗戶，與客廳的挑高設計做連結。

一樓 隔間重點

以核心為中心的迴游路線打造生活便利的隔間

以廚房、衣帽間、螺旋樓梯為核心，配置迴游路線的隔間設計。將臥室與衛浴設備和衣帽間的距離拉近，梳妝打扮時的動線縮短。盥洗室、雜物間、露台和衣帽間也集中在一個區域，提升洗、曬、收衣服的動線效率。在廚房內側的壁面設置收納空間，可用來放置家電以及雜物收納。

二樓 隔間重點

和一樓的大空間不同適度縮小的小空間

在書房裡，因為工作需要使用電腦的關係，所以設置了長形工作檯桌。只要增加椅子數量就可以供多人一起使用。在桌子背面建造了大量的書櫃。越過小橋樑後是客人過夜用的預備房，將折門打開後能將空間分隔成兩個房間。來訪的客人可以使用二樓廁所以及檔桌角落的洗臉台。

設置兩個預備房客人可以毫無拘束的使用

預備房是客人投宿用的房間。折門能將兩個房間區隔，因為是斜面天花板的關係，一個房間的天花板較高，而另一個則是小巧雅致的房間。

2F

預備房1
（3.5坪）
預備房2
（2坪）
書房
（3.75坪）
挑高
挑高

因為建築的不整齊形狀反而顯得外部空間寬敞

走出甲板，回頭往客廳一望。因為客廳空間並非整齊的形狀，這不僅讓空間變得柔和，也能夠感到屋外更加寬敞。

**明亮的客廳與南側的
露台、中庭連貫**

天花板挑高的客廳一眼望去能夠看到小孩房，讓兩個空間有一體感。屋主一家人經常在露台舉行最喜歡的烤肉活動。

客廳、露台、
中庭相連
流暢的開放空間

**配置出入中庭的門
便利性高的玄關**

在主要玄關的對面設置了通往中庭的門。將地板壓低並鋪上磁磚，讓兩個玄關流暢地配置在一個空間。

**療癒效果絕佳的土牆
在臥室享受安穩睡眠**

一樓內側的臥室相較於其他房間的開放感，是一個獨立性高的空間。可以在安靜舒緩的氛圍下好好休息。

1F

道路

停車場

UP
UP

玄關

衣櫥

鄰地

主臥室
(4.7坪)

中庭

UP

收納間 衣櫥 工具間

鄰地

鄰地

**希望能將
屋外空間
與室內連結**

工作室（原有）

**被L型建築物包圍的
明亮中庭花園**

利用圍牆與建築圍出一個中庭花園。因為正面就是客廳，「不必擔心周圍視線，感覺天空近在咫尺」，這種設計深受屋主喜愛。左邊為浴室露台。

二樓 隔間重點

**不做隔間
大膽追求開放感**

在LDK與小孩房之間盡量不做隔間，追求連續感與開放空間。在將來也能把小孩房設置隔間成為私人空間。另外，屋主N先生期望有個明亮的浴室，所以將浴室配置在日照良好的南端。浴室露台不僅能增加浴室寬敞感，在白天時還能晾衣服、棉被等當作曬衣台使用。

一樓 隔間重點

**導向主要空間的動線
讓臥室獨立在住宅深處**

除了從玄關之外，另外設置了通往中庭的出入口，可以順暢的通往南側鄰地的工作室（studio）。進入玄關後，自然地將動線導引至樓上。將主臥室配置在深處，確保安穩的睡眠品質。為了避免使用衣櫥發出的聲響傳到臥室，使用了兩層門設計。

ARCHITECT

**金子智子／金子智子建築設計室＋
寺坂久美**

東京都江戸川区西葛西 7 - 3 - 8
#601
Tel：03 - 5879 - 2911
URL：http://www.satokane.com

DATA

攝影　　　：黑住直臣
所在地　　：東京都 N住宅
家族成員　：夫婦＋小孩1人＋犬1隻
構造規模　：木造、二層樓
地坪面積　：220.36㎡
建築面積　：127.77㎡
1樓面積　：49.19㎡
2樓面積　：78.58㎡
土地使用分區：第一種低層住宅專
用區，法22條指定區域
建蔽率　　：40%
容積率　　：80%
設計期間　：2006/1～2006/9
施工期間　：2006/12～2007/6
施工　　　：相陽建設、巧左官工業

外部裝修

屋頂：防水隔熱布
外牆：鍍鋁鋅鋼板、Jolypate 噴漆
塗裝

內部施工

入口大廳
地板：全磁化磁磚
牆壁：壁紙、部份版築
天花板：壁紙
主臥室、LDK、小孩房
地板：紅水曲柳實木地板
牆壁：壁紙、部份版築
天花板：壁紙
盥洗室、更衣室
地板：硬質 PVC 磁磚
牆壁／天花板：壁紙
浴室
地板：半獨立式浴缸
牆壁：全磁化磁磚
天花板：矽酸鈣板

主要設備製造商

廚房：IKEA
衛浴設備：INAX，TOTO
照明器具：遠藤照明

與客廳和廚房緊密連接的小孩房

小孩房與客廳廚房連結形成一體感。為方便將來
的隔間，刻意將面積配置的大一點。照片最裡面
是廚房。

`剖面重點`

使立體的空間容量和
高度充滿豐富的變化

將基地一部份下挖，並將室內車庫設計成和前方
道路同樣的高度。而樓上就是二樓的LDK，並配
置跳躍式樓層將　樓玄關與小孩房串連。雖然小
孩房與LDK的天花板是平坦的，但根據地板的
高度差而打造空間的差異性。樓梯是沒有梯面的
裸露式樓梯，空間不會因為上下樓而分開，保有
了連續性。

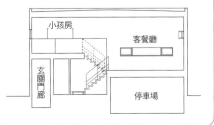

挑高兩層樓的天花板及
寬敞是客廳的魅力之處

圖左／LD是開放且富有生氣的空間。藉由跳躍式
樓層讓風景有豐富的變化。靈活運用土牆與白牆壁
配置，根據所見的角度不同空間所展示的表情也都
不盡相同，新鮮感源源不絕。圖上／考量到家的隔
熱性，將沒有太陽直射的北側窗戶減少。為了能在
餐桌坐擁田園風光與公園綠意，設置了橫長形的窗
戶。

`2F`

廚房（3.25坪）
客餐廳（7.25坪）
DN
小孩房（7.5坪）
客廳露台
DN
衣櫥
盥洗、更衣室
浴室　　浴室露台

依據料理順序配置的
寬敞廚房

根據屋主的期望建造了空間寬敞的廚房。女主
人表示：「動線沿著料理的順序而設計，餐具
就收納在背面十分方便呢！」

光線由高窗射入室內
明亮的挑高將客廳與
小孩房連接

從二樓小孩房的書桌角落往下
看，可以看到圍繞著柴火暖爐的
沙發區。藉由此處的挑高，使家
人在上下樓也能感受彼此氣息。

寬敞的露台
擁有
家族空間的家

PLAN

工作室
（5坪）

玄關

機器設備
放置間

客廳

土間遊戲間

（12.5坪）

UP

餐廳

露台

廚房

食品儲藏室

菜園

1F

將家族空間連結，
有如戶外客廳的露台

寬敞的露台內側就是客廳。將落
地窗的段差減少，加強內外空間
的連結感。道路在把客廳包圍起
來的另一側，就算身在庭院也不
必擔心外來的視線。

希望能將
屋外空間
與室內連結

獨立廁所

女主人說：「想讓小孩們愉悅地享
受空間」而使用了多色彩的馬桶
設備。雖然受限於空間，但氣氛
和雅致的起居室截然不同，打造
成繽紛具有個性的空間。

利用室內塗裝的
變化以及石灰岩牆壁
將空間柔和地區隔

進入玄關後，正面迎來的是以白
色調打造的廚房和餐廳的寬敞空
間。此外，運用石灰岩與柚木實
木的地板和石灰岩的隔間壁隔
間，在開放空間內緩和隔間的線
條。

二樓隔間重點 沒有限定用途的豐富空間
讓生活方式的變化多采多姿

位於二樓中心位置的小孩房，只有和盥洗設施之間設置了隔間牆，
寬敞有如大廳一般佇立在通道上。若將拉門關上可以變成獨立的空
間。若保持這樣寬敞的隔間，在將來也能改造為展示廊或是第二個
客廳。另外，浴室造景區也能當作臥室的坪庭使用，而走廊則設置
了圖書角落。將一個場所賦予多種用途，有效利用有限的空間，也
能因應生活方式的不同可以隨時變化。

一樓隔間重點 將面向正南方的牆壁切割成三角形區分
為露台和室內，增加空間的變化與深度

在限制建蔽率40%的平面裡，實現了屋主的工作間、寬廣露台，
與舒適的起居室都兼具的住宅。家庭空間（LDK、土間遊戲間）是
面向正南方有如三角形的一個平面。在室內，視野被引導至斜面方
向，讓空間與空間的距離感增加。另外，在擁有開放感的空間裡藉
由石灰岩壁隔間，或是設置讓人放鬆休憩的角落，建築師長谷川打
造出一個「寬敞與沉穩共存」的空間。

擁有浴室造景區
有如南國渡假村般的
衛浴空間

根據女主人的期望，設置了可以從臥室通往浴室的浴室造景區。牆壁上裝飾的石頭與浮雕，都是女主人精心挑選的。有如飯店的洗手台襯托了這間充滿南島度假村氣氛的浴室。

開放空間與祕密基地般
閣樓兼具的小孩房

小孩房是個幾乎沒有隔間牆的開放空間，利用天花板與屋頂的空隙設置了閣樓。彷彿隱藏小屋一樣，深受小孩們喜愛的空間。此外，面向走廊與挑高的書桌角落可以利用拉門隔間。

浴室造景區　臥室(4.5坪)

陽台　浴室　挑高　DN

小孩房(2.5坪)

和室(2.6坪)　衣帽間

2F

配置重點　在正方形基地裡擁有
三角形庭院的建築配置

C住宅所位於的住宅區，是受限於住宅街道協議不可以蓋高圍牆的區域。於是在這個以西南、東北軸為方向的道路上，將牆壁轉向45度面向正南方，是此次建築的平面計畫。避開由道路而來的視線感，打造出保有隱私性的庭院。另外，將空間往正南方敞開後，與周邊建築的軸線分離，視線被引導至鄰宅的庭院樹木而不是正面朝向窗戶。同時也創造出可拉開鄰宅距離的三角形庭院。

二樓和室的外側是
建築南面的環繞陽台

和室是為了來訪的客人而設計的。平時可以在這裡摺衣服或是安靜地看書。透過窗戶往外望去，看到的是從二樓東側的和室開始到西側的浴室造景區為止的環繞陽台。

ARCHITECTS
長谷川順持＋吉澤輝／長谷川順持建築デザインオフィス
東京都中央区新川2-19-8
第2杉田ビル7F
Tel：03-3523-6063
URL：http://www.interactive-concept.co.jp

DATA
攝影：黑住直臣
所在地：神奈川縣　C住宅
家族成員：夫婦＋小孩1人
構造規模：木造、二層樓
地坪面積：226.60㎡
建築面積：158.61㎡
1樓面積：84.04㎡
2樓面積：74.57㎡

土地使用分區：第一種低層住宅專用地區
建蔽率：40％
容積率：70％
設計期間：2005/2～2005/11
施工期間：2006/1～2006/7
施工：創建舍

外部裝修
屋頂：鍍鋁鋅鋼板
外牆：粉光、部份不燃Siding
露台：全磁化磁磚45×45

內部施工
1F
牆壁：自然系粉刷材料、環保壁紙
天花板：環保壁紙
地板：柚木、石灰岩

2F
牆壁：自然系粉刷材料、環保壁紙
天花板：環保壁紙
地板：松木、無邊緣榻榻米
浴室、盥洗室
地板／牆壁／洗手間：磁磚
主要設備製造商
廚房：Poggen Pohl
衛浴設備：INAX，CERA，Tform，其他
溫熱環境設備：どまだん系統※
（Interactive Concept Inc.）

合作：The House

※どまだん系統為長谷川設計師研發之住宅系統。設計當初為防止牆壁中或是地板下的壁癌（結露）發生，在天花板、牆壁、地板與建材之間的空隙讓暖空氣流過，減少黴菌的繁殖，而目前改良成為輻射暖氣系統。

**陽光灑落
北側的玄關也顯得明亮**
走廊地板的一部份使用了木棧板。開口部的光線通過木棧板空隙到達樓下，即使位於北側的玄關大廳也能成為明亮的場所，還能達到空氣流通效果。

將室內外與
生活空間連結的
土間通道

**週末的預備房屬於父母
或是客人的空間**
擁有客廳、臥室以及迷你廚房的能接待訪客的預備房，原來是為了父母而建造的。「父母沒有來住的時候，也能當作客房使用，非常的便利」屋主說。

二樓隔間重點　將來也能成為二世代住宅 緩和的區隔出世代間的空間

二樓是家人的私人空間。主臥室和小孩房在LDK的上方，此外還配置了供父母週末使用的預備房。主臥室與小孩房藉由挑高連接，若將拉門打開，可以透過挑高欣賞屋外美景。將夫婦、小孩的臥室和父母的預備房這兩個空間藉由中間的樓梯往東西兩側分開，柔和的將空間區隔。打造出兩個世代能一起舒適生活的住宅。

一樓隔間重點　將活潑的家族客廳與沈靜 的和室相連的土間通道

一樓的主角是擁有18坪寬廣面積的LDK。客廳朝南側的庭院敞開，並往甲板延伸。客廳的對面是餐廳和廚房。寬敞的開放式廚房很適合用來開派對。和熱鬧氣氛的客廳相較之下，位於東側的茶室則充滿安靜閑雅的氛圍。而土間通道則將這兩個空間連結起來。看到這個茶室猶如來到一個奢華的地方。但沒想到能藉由土間通道將兩個氛圍迥異的空間以巧妙的距離連結起來。

PLAN

在精巧的浴室裡享受開放景色
浴室的牆壁以及天花板使用了日本花柏（翠柏），打造充滿著清爽木頭香氣的舒適空間。在面向後庭院側設置開口，讓小巧的空間也能擁有開放感。

**將北側的玄關與南側出入口連接
精緻的空間打造出生活的舒適感**
一家平常都在西側空間活動，而父母則是使用東側，土間通道夾在兩個空間中，調整出適當的距離感。茶室位於住宅西側，有如一個附帶、分離的空間。土間除了可當作客人來訪時的接待空間，也能當作曬衣場使用。

井然有序的開放設計
L型廚房使用便利

廚房為簡單的L型設計。將廚房→廚房側門→食品儲藏室的動線連結，不論是倒廚房垃圾、或是食材採購後的收納都很便利。在餐廳後方設置了壁面收納櫃，可用來放置餐具或是電鍋等器材。

和客廳、陽台、閣樓相連結
充滿樂趣的小孩房

小孩房和大陽台相鄰，並與客廳的挑高相通，而上方就是閣樓。對一個小男生而言是個再好不過的空間。閣樓上方設置天井，兼具採光、換氣與通風的機能。

挑高與開口創造出
縱向與橫向的視覺寬敞感

客廳藉由挑高和二樓的臥室連接。另外，客廳與土間之間的隔間牆設置了窗戶，有客人來訪時可以立即察覺，也有助於視線延伸，增加視覺寬敞度的效果。

希望能將
屋外空間
與室內連結

◀ SECTION

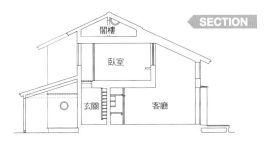
閣樓
臥室
玄關　客廳

剖面重點 利用天花板高低以及空間大小
在寬敞的空間裡打造高低起伏感

擁有49坪建築面積的保坂住宅，可算是擁有寬敞空間的住宅。設計師伊禮考慮到大面積住宅往往會模糊空間焦點，淪為散漫的空間住宅，於是在設計裡加入了巧思。大房間與小房間、天花板高的客廳與低的餐廳等等，配置了各種不同容量的空間，製造出抑揚頓挫的感覺。而土間通道則將每個場所做連結。在捕捉到家的整體感同時，又能感受到空間的寬敞。

ARCHITECT
伊礼智／伊礼智設計室
東京都豊島区目白3-20-24
Tel：03-3635-7344
URL：http://irei.exblog.jp

DATA
攝影：牛尾幹太
所在地：東京都 保坂住宅
家族成員：夫婦＋小孩1人
構造規模：木造、二層樓
地坪面積：227.20㎡
建築面積：161.94㎡
1樓面積：94.19㎡
2樓面積：67.75㎡
土地使用分區：第一種低層住宅專用地區、第一種高度地區
建蔽率：60％

容積率：100％
設計期間：2004/7～2005/9
施工期間：2004/10～2005/4
施工：相羽建設
建築施工費：4140萬日元

外部裝修
屋頂：鍍鋁鋅鋼板
外牆：Jolypate噴漆、部份鍍鋁鋅鋼板
開口部：木製門窗、鋁製門窗框

內部施工
玄關、土間
地板：窯變瓦
牆壁：薩摩中霧島壁
天花板：EP環氧樹脂塗裝
LDK
地板：日本產赤松

牆壁：薩摩中霧島壁、部份磁磚
大花板：EP環氧樹脂塗裝
和室
地板：榻榻米
牆壁：薩摩中霧島壁
天花板：EP環氧樹脂塗裝
主要設備製造商
衛浴設備：INAX、TOTO
照明器具：Panasonic電工、MAXRAY、YAMAGIWA、山田照明
暖氣設備：OM Solar

活用挑高
空氣的自然對流
打造出舒適的溫熱環境

俯視一樓中庭的樣貌。這裡的挑高是為了利用空氣自然對流，打造一年四季舒適的溫熱環境而設計的。夏天從小孩房進入的風經由這個挑高往上昇，直到接近二樓天花板時，累積的熱空氣會被往外排出。

029

擁抱遼闊天空、流雲以及皎潔月光的家

希望能將
屋外空間
與室內連結

和中庭連結彷彿漂浮在玻璃箱子中的客廳

由露台望向室內的景色。面朝中庭的敞開客廳，宛如在玻璃箱裡漂浮著。白天時採光良好，到了夜晚也能沐浴在皎潔的月光中。

◀ **PLAN**

（平面圖標示）
入口
入口中庭
小孩房（3.3坪）
臥室（2.9坪）
書房（3.15坪）
置物櫃
中庭1
中庭2
1F
UP

想要靜謐的睡眠空間將臥室遠離中庭並完全遮光

一樓是主臥室。將主要的空間面朝中庭，而主臥室則是遠離中庭配置在住宅深處，也沒有設置開口。女主人希望在沒有光線干擾的環境中睡眠。再往主臥室的內部走去，可以看到面向中庭2的書房。

面向中庭1擁有露天澡堂般氣氛的浴室

浴室也面朝中庭1，若將門敞開，泡在浴缸裡就能欣賞庭院的四照花樹。因為四周有高牆圍著，不必擔心外來視線，放心地享受有如露天澡堂般的閒情逸致。

◀ **SECTION**

（剖面圖標示）
客餐廳
中庭1
小孩房
大廳

剖面重點 將上下樓串連的中庭與大廳創造出環保以及效率優良的溫熱環境

南側的中庭1與窗邊的挑高不僅能帶來室內的開放感，也能打造出舒適的溫熱環境。因考慮到夏天的直射日照，做出了能遮擋直射光並具有庇蔭效果的設計，讓光線只能從中庭進入室內。涼風經由小孩房的小窗吹入再經過挑高往上對流。靠近天花板處又能將空氣排出到室外。另一方面，在日射角度較低的冬天，光線也能確實地射入住宅深處。溫暖的空氣藉由中庭流向至二樓。靠近天花板的熱氣則經由導管傳送到地板下的儲藏空間，而積蓄的空氣在夜晚排出。

二樓隔間重點 只將必要物品納入視野
不浪費的度假感空間

在二樓配置了面向中庭1敞開的客餐廳，是住宅的中心樓層。在這充滿度假村氣氛的空間裡，享受中庭的四照花隨著四季變化的樂趣，以及透過牆壁與屋頂間的隔窗欣賞日出日落的美景。北側設置了壁面收納，北、西兩側壁面的上部也能透過狹長的小窗來採光。為了不破壞擁有渡假村氛圍的客廳，將廚房完全分離。擁有收納空間與良好視野、把會影響客廳視野的元素排開，享有放鬆悠閒的空間。

一樓隔間重點 坐落於牆壁內外的三個庭院
賦予空間深度感與變化性

○住宅擁有三個庭院。其一是兼具入口通道功能的入口中庭，適度拉開與北側鄰宅的距離。另外，位於一樓的個人房和衛浴設備等隱私性較高的樓層，則使用了圍牆和牆壁的雙層包覆設計，提高防盜機能。其二為將光線引入室內的中庭1，小孩房與浴室都面朝此中庭。而主臥室內部的書房則通往建築物外部的中庭2。活用建築內外的庭院打造出具有豐富變化性的室內空間。

為讓客廳充滿度假村的氣氛
將廚房藏在隔間牆後面

為了不要破壞度假村風格的客廳，而將會讓人感到現實生活的廚房分離。雖然利用隔間牆分隔成兩個空間，但上部的空間相通，能聽到其他房間的聲音，在廚房料理的時候也不會有被孤立的感覺。

客廳面向位於南側的中庭坐擁寬敞的開放感

在客廳的南側配置中庭。視線延伸至窗外庭院，在客廳坐擁寬敞的空間感。將住宅的圍牆高度調整到剛好只看得到鄰宅屋頂的高度。遮住外部視野的同時也享有寬敞的開放客廳。

**將壁面收納櫃集中在北側
盡可能的將居住空間擴大**

客廳北側的壁面設置了收納櫃。省去不必要的擺設以確保居住面積。隨時將不必要的物品收納是保持寬敞客廳的鐵則。但是收納壁面上部則留有對外空間，藉由上部的小窗採光。

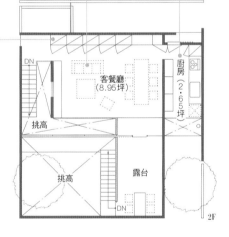

2F

ARCHITECT

岡部亨一
千葉縣流山市加4-11-11
Email：okabe.kouichi@takenaka.co.jp

DATA

攝影：石井雅義
所在地：千葉縣 ○住宅
家族成員：夫婦＋小孩2人
構造規模：鋼筋混凝土＋鋼結構、二層樓
地坪面積：162.38㎡
建築面積：110.40㎡
1樓面積：67.02㎡
2樓面積：43.38㎡
土地使用分區：第一種中高層住宅專用區

建蔽率：60%
容積率：200%
設計期間：2003/12～2005/7
施工期間：2005/8～2006/6
施工：赤羽建設
建築施工費：2600萬日元（不含住宅設備、外部結構）

外部裝修
屋頂：防水布
外牆：水泥裸牆、防水塗裝
開口部：鐵門窗框

內部施工
LDK
地板：樺木實木地板
牆壁：水泥裸牆聚氨樹脂塗裝、部份水泥裸牆
天花板：EP環氧樹脂塗裝

小孩房、臥室
地板：砂漿鏝刀
牆壁：水泥裸牆聚氨樹脂塗裝、部份水泥裸牆
天花板：水泥裸牆、EP環氧樹脂塗裝

主要設備製造商
廚房：NORITZ
衛浴設備：INAX
照明器具：YAMAGIWA，大光電器，Ushio Spax
建築五金：Union

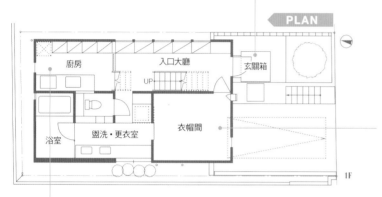

030

由屋頂露台
灑落的陽光
充滿整個箱子

依偎在白色箱子旁
兼具房簷的黑色箱型玄關

將玄關配置在比住宅前方道路高一段的平面上。而樓梯下方則打造成可以用來放置車用雜物的收納空間。黑色的箱子就是箱型玄關，兼具房簷的作用。另外裝置了照明設施，在夜晚也能將玄關箱照亮。

PLAN

```
廚房    入口大廳    玄關箱
               UP
       衣帽間
浴室  盥洗・更衣室
                        1F
```

浴室、盥洗室
使用清水混凝土牆壁
包圍不讓濕氣散播

緊臨浴室旁邊，打造早晚盥洗的便利動線。雖然衣帽間接近高濕氣的衛浴設備，但因為使用了混凝土打造壁面，不會讓濕氣散播到浴室外面。圖左上方的小窗和臥室相通。

二樓隔間重點 利用各種「箱子」
打造出跳躍式樓層

二樓的中心為客廳，在這裡配置了數個「箱子」。於東北側懸吊著的書房、南側的木製臥室。除此之外，在比客廳半層樓高的地方配置了一個玻璃箱型的屋頂露台。箱子根據場所的不同而調整地板高度，打造出猶如跳躍式樓層般的空間。在客廳，可以藉由書房下方、露台旁的樓梯間、以及屋頂露台等空間，將視線引導至戶外的景色。利用露台將光線導入室內，打造出具有開放感的空間。

一樓隔間重點 浴室→盥洗室→衣帽間→玄關
實用便利的生活動線

一樓的隔間是為打造便利的生活動線而設計的。早晨起床後先到浴室淋浴，接著使用洗臉台後往衣帽間走去，著裝完畢後可以直通玄關。沿著相鄰的空間移動，沒有多餘的動線。回家後則和早上的動線相反，在衣帽間更衣、使用洗臉台、接著到浴室。在洗臉台旁放置了洗衣機，替換後的衣服可以立即清洗，非常便利。

根據使用頻率
將廚房面積最小化

夫婦平日幾乎不在家裡煮飯，所以將廚房做了最簡單精巧的設計。而省下的空間則分給客廳利用。要使用廚房的時候，將料理檯上的蓋子打開；將蓋子蓋上時則變身為餐桌。

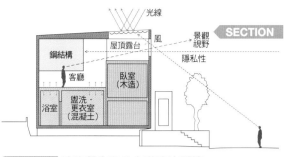

SECTION

光線
風
景觀視野
隱私性

鋼結構
客廳
臥室（木造）

浴室
盥洗、更衣室（混凝土）

希望能將屋外空間與室內連結

將光傳遞至室內的屋頂露台
附有手動開關的頂篷

將光線導入至客廳的屋頂露台。裝設了手動式開關的頂篷。在日照強的夏天將頂篷拉開，防止熱源進入客廳的混凝土構造。

剖面重點 **遮住鄰宅和前方道路的視線**
並享有明亮採光空間的屋頂露台

基地位於住宅密集區，要如何保有隱私性和享有明亮開放的家是這次設計的課題。將生活中心的客廳配置在二樓北側，在南側比客廳高半層樓的地方配置屋頂露台，以遮住外來視線。另外，客廳與露台採用了玻璃隔間達到採光效果。在建築內部使用了各種素材的「箱子」，例如玻璃的露台、木造臥室、鋼結構書房，混凝土造客廳等，再將其賦予高度變化，讓住宅充滿了豐富的樣貌。

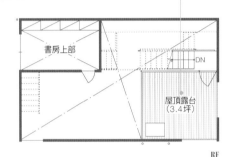

書房上部
DN
屋頂露台（3.4坪）
RF

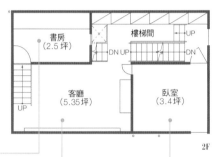

書房（2.5坪）
樓梯間
DN UP
UP
DN
客廳（5.35坪）
臥室（3.4坪）
UP
2F

混凝土地板打造
冬暖夏涼的客廳

具有蓄熱作用的混凝土地板，在冬天可將由露台射入的陽光所產生的熱保存。在夜間將熱氣釋放，有輔助暖氣使室內溫暖的作用。在夏天則將露台的頂篷拉上，減少直射入室內的光線。冷氣打開後，地板可以迅速地降溫，打造舒適有效率的空間。

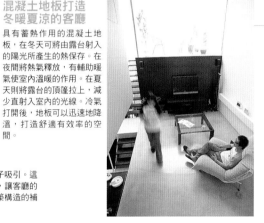

屋頂露台的光線
藉由天井灑落至臥室

從外觀看起來，臥室是一個完全封閉的箱子。天花板上方即是露台，在天花板設置了部份天井，白天陽光由天井射入臥室。而夜晚則藉由露台的照明設備採光。

增加空間的寬敞度
有如漂浮在宇宙的鐵製書房

來到二樓後目光立刻被漂浮在廚房上方的箱子吸引。這箱子是間書房。箱子下方並沒有將空間封閉，讓客廳的空間感順利地延伸。鐵板製的箱子也具有建築構造的補強功能。

ARCHITECT

森清敏＋川村奈津子／MDS 一級建築士事務所
東京都港区南青山5-4-35-907
Tel：03-5468-0825
URL：http://www.mds-arch.com

DATA

攝影：石井雅義
所在地：神奈川縣 S住宅
家族成員：夫婦
構造規模：木造＋鋼筋混凝土＋鐵板、二層樓＋地下一樓
地坪面積：94.34㎡
建築面積：114.10㎡
地下室面積：11.55㎡
1樓面積：49.69㎡
2樓面積：49.69㎡

屋頂面積：3.17㎡
土地使用分區：第一種中高層住宅專用地區
建蔽率：60％
容積率：200％
設計期間：2005/6～2005/12
施工期間：2006/1～2006/7
施工：仲野工務店
建築施工費：2800萬日元

外部裝修

屋頂：鍍鋁鋅鋼板
外牆：Jolypade 粉刷

內部施工

玄關
地板：磁磚
牆壁：椴木合板、水泥裸牆、AEP塗裝、PVC地板磁磚

天花板：AEP環氧樹脂塗裝

客廳
地板：砂漿UC
牆壁：AEP塗裝、椴木合板、亞鉛鐵板塗裝
天花板：AEP塗裝

主要設備製造商
廚房機器：INAX，National，Miele
衛浴設備：TOTO，Grohe
照明器具：日本電機，YAMAGIWA，Ushio Spax，遠藤照明，其他

讓人感受到「前方」的迴遊
設計打造出橫向的空間感

在二樓中央配置了彷彿被箱子圍住的空間，並設計了迴遊動線。在沒有隔間的大空間裡享受視覺的寬敞感。因為客廳面向著道路，所以將客廳的玻璃開口貼上霧面貼紙，瞬時柔和的陽光充滿室內。客廳和鋼琴室的地板有 20cm 高度差，可將使用區域分別。配置固定式的收納櫃。在鋼琴室也有建造箱型的收納櫃，箱子和箱子之間也可變成收納架來使用。減少壓迫感卻又打造出豐富的收納空間。

二、三樓隔間重點 從下往上的通風道
常保室內空氣新鮮

二樓是家族的生活中心樓層。在二樓配置了客廳和鋼琴室。平常也會將鋼琴室的隔間門打開，保持寬敞的生活空間。但是，根據女主人的期望「用餐和鋼琴練習都在同一個空間裡，所以希望保持空氣流通」，除了採光的大開口之外，另外在客廳角落設置了通風用的窗戶。從這裡流入的風會通往三樓，再從三樓的窗口排出室外，如此，便可常保室內空氣的流通。

一樓隔間重點 把屬於生活後台的
空間做為中心

在一樓配置了室內停車場、盥洗室、浴室和臥室。和生活的中心：客餐廳相較之下，將比較不重視採光的空間配置在一樓。雖然屋主基本上是希望臥室都能開放且明亮，但也要求配置一間擁有隱蔽感的房間。因為基地面向道路的關係，只能使用高處採光。原本計畫在此設置臥室，但後來將臥室移到舒適的三樓。而現在的空間則成為預備房。

PLAN

希望能將
屋外空間
與室內連結

有如一個光之筒將
三層樓連貫裸露式純白階梯

沒有梯牆的樓梯，扶手也採用簡單的框架設計。光線也能從樓梯間灑落至樓下。對於滿兩歲的小孩來說是一個遊樂的場所，不停地來回上下跑著。

確保採光與
通風的北側浴室

浴室位於北側，在包圍浴室的牆壁上設置一個側門，光線與風藉由小空隙傳入浴室。浴室和洗臉台之間使用玻璃隔間。讓人在有限的空間裡不會感到狹小。

具有大容量收納功能
的簡易廚房

廚房的天花板和客廳同樣是 2 米 3。為能創造出沉穩的家事空間，採用了非開放式的設計。不只收納整齊美觀，使用起來也十分便利。所有大型物品的收納空間都是量身打造的。

剖面重點 為了獲得自然光線
採用立體構造的設計

因為受限於基地面積，勢必要將樓層往上建造，三層樓建築就成為此次的設計。以採光為要點的H住宅，看了剖面圖想必一目瞭然。頂樓露台的地板與三樓相通、二樓鋼琴室的天花板也和三樓相通、藉由地板位置的挪動，成功將光線由住宅上方引入室內。二、三樓則藉由玻璃隔間將空間連結。不只有光線將樓層連結，也打造出視覺的連續感。

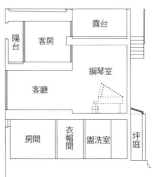

SECTION

保有隱私性
和戶外連接的閒適露台
屋頂露台除了採光的功能之外，也是一個能不必擔心外部視線，享受室內外空間連接的場所。假日在此享用早餐，或是招待朋友開個烤肉派對等，是個具有多用途的空間。

RF

天井
露台
煙囪　天井

3F

UP
DN
臥室
（3.5坪）
客房
（2.75坪）
陽台

2F

DN
UP
鋼琴室
（3.25坪）
廚房
客廳
（4坪）
餐廳
（1.75坪）

在對角線上配置挑高
將二、三樓連接
在西北側露台的斜對角是餐廳的挑高。這個設計也能把二、三樓互相連結。餐廳的天花板挑高5米2，由上方落下的光線以及道路側的採光能讓餐廳成為明亮的空間。

內外空間同時存在的三樓
享有非日常感的空間
臥室的左邊是餐廳挑高的上部，而正面則看得到部份鋼琴室和屋頂露台。戶外的景觀存在著室內，令人感到不可思議。另外還在臥室打造陽台與天井，讓空間充滿明亮光線。

ARCHITECTS
石原健也＋中野正也／デネフェス計画研究所
東京都千代田区神田須田町1-32
福原ビル2F
Tel：03-5297-5741
URL：http://www.denefes.co.jp

DATA
攝影：石井雅義
所在地：東京都　Ｈ住宅
家族成員：夫婦＋小孩1人
構造規模：鋼結構、三層樓
地坪面積：66.37㎡
建築面積：138.30㎡
1樓面積：56.30㎡
2樓面積：51.58㎡
3樓面積：30.42㎡

土地使用分區·都近商業地區
建蔽率：84.83%（容許範圍100%）
容積率：183.92%（容許範圍400%）
設計期間：2003／1～2003／6
施工期間：2003／7～2004／1
施工：TCC建設

外部裝修
屋頂：防水布
外牆：押出成型水泥中空板（只有道路側施用彈性板聚氨脂塗裝）

內部施工
玄關
地板：櫻木實木地板
牆壁／天花板：壁紙
LDK
地板：櫻木實木地板
牆壁／天花板：壁紙

臥室
地板：室內用落葉松合板、蜜蠟塗裝
牆壁／天花板：壁紙
浴室
地板／牆壁：全磁化磁磚
天花板：矽酸鈣板VP粉刷

主要設備製造商
衛浴設備：TOTO
照明器具：訂製照明器具，YAMAGIWA

032

將室外空間拉進室內具有開放感的中庭住宅

可遮蔽位於圍牆上方公寓視線的百葉窗

就算在中庭,也可將原本視野一清二楚的後方公寓完全遮擋。百葉窗的間隔經過設計,具視線遮擋效果的同時也能保留開放感。

在客廳悠閒團聚的小林一家人。將拉門敞開後,客餐廳與甲板連成一體,成為涼風輕拂的愜意空間。

兼具開放感與隱私性的閒適中庭

中庭位於屋外但能確保隱密性。上方所架設的百葉窗,可加強與客廳及臥室的連續感。

1往二樓階梯的中間平台部份打造成屋主的書房。雖然是只有約兩坪的小巧空間,但壁紙選用黑色而製造出空間深度感,另外在書桌上方設置開口,消除壓迫感,成為舒適的私密小空間。 2將小孩房往上架高半層樓,浴室、主臥室則是往下降低半層樓的跳躍式樓層設計。

令人舒爽的通風設計
每天的生活閒適自在

用「內」把「外」包起的無境空間

從入口通道進入室內後又能到達另一個室外。來訪的客人邊往室內走著,往往因為又到達一個開放空間而感到意外及驚訝。

二樓隔間重點
即使是男孩的房間也保有適當的距離感
在二樓配置了男孩的房間、客人用的預備房以及屋主的書房。雖然在小林住宅任何一處都能夠感受到彼此的氣息,但也設置了可以享受個人時光的場所。雖然將客廳和小孩房設置在看得見彼此的位置,但半層樓的差距減少了視線範圍。在做自己喜歡的事情同時也能感受到彼此的存在。兼具了家人間的安心感與適當的距離感。

一樓隔間重點
省去不必要的設計擁有最大寬敞度
為了打造出開放性住的住宅,首先將家人聚集場所-客廳與中庭的面積劃分出來。為將建築物打造出更大的使用面積,將北側與西側的牆面做成斜角。而臥室、浴室、洗臉台等個室部份則盡量減少空間利用。另外也把非必要的走廊空間省下。設計師柏木表示:「在各個房間設置了開口,並調整天花板高度,使人不會有空間侷促感和壓迫感」

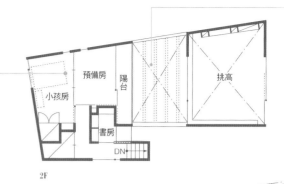

2F

在有限空間內
做最大利用的設計

1為了讓客廳更寬敞，將中庭的空間增加，其他房間則做最低限度的縮小。小孩房平時可以和預備房互相連貫，必要時可拉上活動隔間。 2從預備房遠眺山景，春天時可以欣賞美麗的櫻花。

1F

剖面重點

考量到道路斜線與採光
的立體結構設計

「將基地連同高度做了最大限度的使用」設計師柏木說。因為基地的前方道路有斜線限制※、另外，這棟建築的基地位於其他並排住宅的西側。這也成為了不得不將客廳往低層壓低的原因之一。再加上為了能讓室內有良好採光，比起在平地蓋兩層樓，往地下挖掘，做出有段差的跳躍式樓層則成為了最佳方案。讓所有房間都能面向中庭並呈現立體連貫，打造出充滿陽光的明亮空間。

SECTION

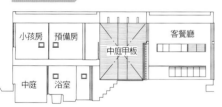

第二個中庭
將視線往外延伸

1.由客廳往下走半層樓會到達主臥室。主臥室的深處則設有第二個庭院，也就是「中庭」。是一個小巧的坪庭空間。2.浴室也面向「中庭」，在浴室的前後方都設置庭院，並用玻璃隔間，所以也能感受到比實際面積還大的寬敞度。

ARCHITECTS
柏木學＋柏木穗波／カシワギ・スイ・アソシエイツ
東京都調布市多摩川3-73-301
Tel：042-489-1363
URL：http://www.kashiwagi-sui.jp

DATA
攝影：石井雅義
所在地：神奈川縣 小林住宅
家族成員：夫婦＋小孩1人
構造規模：木造、二層樓
地坪面積：175.29㎡
建築面積：119.03㎡
1樓面積：73.69㎡
2樓面積：29.84㎡
其他面積：既有車庫 15.50㎡
土地使用分區：第一種低層住宅專用地區

建蔽率：42.48％（容許範圍50％）
容積率：59.06％（容許範圍80％）
設計期間：2003/10～2004/6
施工期間：2004/6～2005/1
結構設計：井上建築構造設計室
施工：キクシマ

外部裝修
屋頂：防水布
外牆：壓克力樹脂噴漆

內部施工
LDK、臥室、小孩房、預備房
地板：紅松木地板（只有預備房部份鋪無邊緣榻榻米）
牆壁：矽藻土壁紙
天花板：矽藻土壁紙
浴室、盥洗室、更衣室
地板：漆器磁磚20×20

牆壁・壁紙・馬賽克磁磚2.5×2.5
天花板：EP環氧樹脂塗裝
主要設備製造商
系統廚具：FORM ASH＋BARN
衛浴設備：TOTO
照明器具：Panasonic 電工，東芝照明，遠藤照明，ODELIC
傢具製作：二口木工所

※斜線制定：一種為了保護市街環境而訂定的建築物高度、位置的一種限制法規。其中的【道路斜線限制】是限制建築高度，以確保道路上空部一定角度的法規。

設置浴室中庭
放鬆享受沐浴時間

在浴室面向浴室中庭的方向設置大面窗戶。早晨邊泡澡邊享受徐徐涼風與陽光，到了夜晚藉著靜謐的照明與綠意將一天的疲憊都消除。是一個能享受多種變化樂趣的空間。

033

大開口與甲板的連續空間成為小孩們的遊樂場

開放式廚房
講究動線與收納力

擁有大型工作台的中島型廚房，在廚房側放置了餐桌，打造機能性動線。考量到了整理的便利性，在全開式設計的廚房裡，配置足夠的食品櫃收納空間。而藉由挑高，廚房也能和上方的小孩房相連。

大開口與甲板
創造出一體感

讓LDK滿載陽光與微風的大開口，是打造出K住宅舒適空間的重點之一。為能讓甲板與客廳延續，將開口敞開讓室內外的境界感模糊，小孩們更能隨心所欲的來回在甲板上奔跑著遊玩。

屋主K夫婦的期望

- 充滿光線與涼風的LDK
- 能時常讓家人聚集的客廳
- 可以看見餐廳.客廳的開放式廚房
- 將室內外連接 木製拉門的大開口

建築師是這麼想的！

K夫婦對於理想中新家的生活方式抱有明確的想法，對於我提出的計畫：「很期待建築師的提案」，於是空間的架構很順利的決定。首先在基地的南側配置庭院，通過大開口確保LDK的光源與通風。在廚房的北側也設置開口兼具採光與通風。而在客廳旁配置了樓梯間，讓客廳將所有空間相連，並設計了能讓家人與自然共存的隔間。另外餐廳上方的挑高不僅能享受開放感，也打造了上下一體的空間。因此，在廚房料理的女主人也能隨時注意到二樓的小孩房中小孩們的狀況。此外，女主人也希望在廚房能夠看見客餐廳，所以採用了開放式中島型的廚房設計。因為採用全開式設計，收納部份也十分足夠，讓廚房兼具了整理的便利性與機能性。（高野保光）

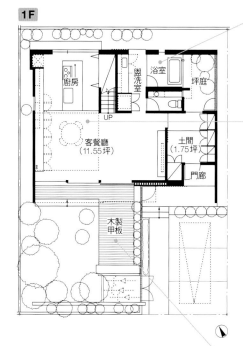

希望能將
屋外空間
與室內連結

**挑高和玻璃
將空間適當地連接**
小孩房面向挑高，藉此和一樓空間連結。屋主夫婦表示：「能隨時注意到小孩情況的隔間設計很令人安心」。兩間小孩房都設置了玻璃拉門，增加視線的延伸感。

2F

小孩房1
(2.9坪)　　大廳　　小孩房2
(2.6坪)　　挑高

挑高

陽台

自由間(1.65坪)　　主臥室
(2.75坪)

衣帽間

1F

廚房　　盥洗室　　浴室　　坪庭

UP

客餐廳
(11.55坪)　　土間
(1.75坪)

門廊

木製甲板

**作為緩衝帶將空間
柔和相連的大廳**
大廳介於兩個小孩房之間，可做為個人房的緩衝帶。大廳與屋外的陽台連續，經由陽台可以到達彷彿被設置在主屋之外的自由空間。這個大廳具有將空間之間的連接緩和的效果。

**適度地保持獨立感
又和空間相連的自由空間**
兼用書房的自由空間，是要通過屋外的陽台才能到達的分離空間。是一個獨立卻又不會感到孤立的絕妙設計。

ARCHITECT
高野保光／遊空間設計室
東京都杉並区下井草1-23-7
Tel：03-3301-7205
URL：http://www.u-kuukan.oo.jp

DATA
攝影：山下智靖
所在地：千葉縣K住宅
家族成員：夫婦＋小孩2人
構造規模：木造、二層樓
地坪面積：172.408㎡
建築面積：110.60㎡
1樓面積：60.89㎡
2樓面積：49.71㎡
土地使用分區：第一種低層住宅專用區
建蔽率：50％
容積率：100％
設計期間：2005/12～2006/6
施工期間：2006/7～2007/1

結構設計：渡邊建工
合作：The House

外部裝修
屋頂：鍍鋁鋅鋼板
外牆：耐水低污染型彈性壓克力樹脂、部份硅藻土粉刷

內部施工
土間
地板：磁磚
牆壁：珪藻土粉刷
天花板：AEP塗裝
客廳、餐廳
地板：橡木地板＋紫蘇油塗裝
牆壁：矽藻土粉刷
天花板：AEP塗裝
浴室
地板：磁磚
牆壁：磁磚＋耐水合板FRP防水塗裝
天花板：矽酸鈣板

小孩房
地板：橡木地板＋紫蘇油塗裝
牆壁／天花板：土佐和紙※

主要設備製造商
廚房機器：Cleanup
衛浴設備：CERA，Interform，INAX，TOTO，Reliance，其他
照明器具：遠藤照明，Panasonic，小泉照明，Yamagiwa照明，其他

※土佐和紙：是一種日本的傳統工藝品，主要產於高知縣。原料由構樹、黃瑞香和雁皮的樹皮所製造而成。

Court

Entrance

室內也使用了和外牆同樣的石材

為了要加強內外空間的延續性，玄關的牆壁用和外牆相同的花崗岩，並使用布積※這種讓表面看起來比較粗糙的堆砌方式。而玄關地板也選擇了能和花崗岩相互呼應、素材感強烈的石磚。

閒適的中庭彷彿露天客廳

中庭是以寬敞甲板藉由立體構成的。在這個可說是露天客廳的中庭享受愉悅的戶外生活。另外備有洗手槽，可以在這裡進行便利輕鬆的烤肉派對。

034

把庭院帶入室內
將室內延伸至甲板

Freespace

品味清水模魅力的多功能房間

在與主屋分離的小屋的半地下空間配置了一個房間，做為屋主的個人房。壁面掛飾的吊櫃是屋主Ｈ先生自己購入的傢具。清水模牆壁與天花板的簡約設計讓空間充滿個性俐落的男性氛圍。

鄰宅

車棚　　入口通道　　迴車空間

大廳　玄關　　人車通用口

中庭　外部倉庫　　接待入口

建築下倉庫　　　露天庭園

露天餐廳甲板下部　自由空間（7.3坪）

客廳（7.65坪）　露天客廳甲板

鄰宅　　　　　　　　　　　　　　　　鄰宅

庭院

1F

▨ …半外部空間
← …室內外連結
⇦ …視線穿透

0 1 2 3m

將道路側封閉而面對庭院開放彷彿身在另一個世界

基地的北側是交通流量較多的道路，住宅基地屬於由道路通過桿型通道而連接的旗桿型基地。藉由牆壁將道路的噪音遮蔽，而面對南側充滿綠意的庭園則做了敞開式隔間。為能拉近庭園與室內的距離感，所以向東南側鄰宅高聳的櫸樹借景。為了提高庭院的隱私感，在主屋與小屋之間建造了連通的橋，讓建築以ㄈ字型圍繞庭園，並設置了能讓三個小孩自由奔跑玩樂的寬敞甲板。小孩房配置在和家族聚集的空間相通的位置，避免造成孤立感。而主臥室則配置於獨立性高的小屋。

Living

在室內眺望基地內外的高聳樹木

從客廳眺望露天客廳的景色。牆壁使用木板張貼，將保持建築強度的結構材料隱藏。「若隱若現」的景色讓室內外的連結感更增風味。

※布積：石牆堆砌的一種方法。將加工後被切割成長方體的石頭直接疊砌成石牆。江戶城的天守閣就是使用布積堆砌而成的。

ARCHITECT

**田邊惠一＋中村哲生／田辺計画
工房**

東京都目黒区鷹番 2 - 16 - 12 3F
Tel：03 - 5678 - 2878
URL：http://www.td-atelier.co.jp

DATA

攝影　　　：黑住直臣
所在地　　：東京都 H 住宅
家族成員　：夫婦＋小孩 3 人
構造規模　：鋼筋混凝土、部份剛
結構、二層樓
地坪面積：711.00㎡
建築面積：239.80㎡（含倉庫）
1樓面積：126.00㎡
2樓面積：113.8㎡
土地使用分區：第一種低層住宅專
用地區、第二種高層住宅專用地
區
建蔽率　：43.97％
容積率　：103.84％
設計期間：2005/6～2006/9
施工期間：2007/10～2008/6
結構設計：山中工務店

外部裝修

屋頂：鍍鋁鋅鋼板
外牆：RC 裸牆、Jolypate 噴漆、
鍍鋁鋅鋼板、花崗岩、木板

內部施工

玄關
地板：石磚
牆壁：Jolypate 噴漆
天花板：壁紙
盥洗更衣室
地板：栗木實木地板
牆壁：Jolypate 噴漆
天花板：壁紙
LDK
地板：栗木實木地板
牆壁：Jolypate 噴漆、木板
天花板：壁紙
預備房
地板：無邊緣榻榻米、椴木合板
牆壁：Jolypate 噴漆
天花板：天然板
主臥室、小孩房
地板：磁磚地毯
牆壁／天花板：壁紙

主要設備製造商

廚房施工：Linea Talara
衛浴設備：Panasonic（系統浴室）
照明器具：DAIKO，YAMAGIWA，
MAXRAY，ENDO

預備房將來
也能改造
成小孩房

在小孩房旁邊配置了做
為預備房的和室。和開
放感的客廳相反，是一
個被牆壁包圍的空間。
可以在這裡午睡或是當
作訪客的臥室等，是具
有多用途的空間。未來
有需要的話也可以改建
成小孩房。

Japaneseroom

Bedroom

隱私性高
位於小屋的主臥室

主臥室位於小屋的二樓，擁有高獨立
性，在室內也能欣賞庭園的美景。牆壁
部份貼上英國風的植物圖案壁紙，也盡
量減少窗戶的數量，打造出一個能讓人
安穩休息的空間。

斷面重點

將內外景觀呈現
豐富變化的
跳躍式樓層

將住宅面朝庭園，並配置跳躍式
樓層，依照場所不同而產生視野
的高度變化，而天花板也設計了
多種不同的高度。客廳天花板的
高度、南北方向的距離感以及面
朝開放的庭園等，都增加了寬敞
度，打造出舒適寬大的空間。此
外，為了配合室內的三種段差，
露天甲板也設置了三種跳躍式樓
板。不僅讓人感覺露天甲板就是
室內的延伸之外，也讓室內外都
擁有多采多姿的景觀變化。在北
側的二樓建築裡，活用了因跳躍
式樓層設計產生的地下空間，建
造成倉庫使用。

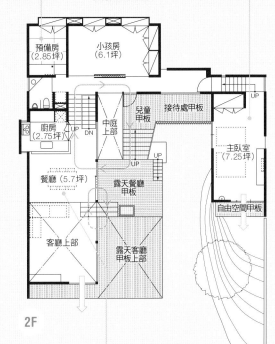

預備房
(2.85坪)

小孩房
(6.1坪)

廚房
(2.75坪)

兒童
甲板

接待處甲板

中庭
上部

UP
DN

UP

主臥室
(7.25坪)

餐廳 (5.7坪)

露天餐廳
甲板

UP

自由空間甲板

客廳上部

露天客廳
甲板上部

2F

想擁有一間
能親近大自
然的家

水平、垂直
方向都寬敞
是LDK的魅力

客廳和餐廳因為跳躍式樓板的
設計，透過大面玻璃讓人有屋
內空間與室外庭園相連通的視
覺感。反映了空間的寬敞，玻
璃面積也特別寬大。為此，裝
置了地板暖氣讓全家擁有暖和
舒適的冬天。

Dining

Kitchen

**和家人邊聊天邊
欣賞庭院美景**

定製廚房的人造大理石料理檯讓空
間充滿清潔感，在廚房作業的時候
也能享受庭院綠意。採用抽屜式的
收納櫃，讓廚房使用更便利。

**往庭院延伸的
視線是令空間
寬敞的重點**

坐在沒有放置電視的客
餐廳時，視線總會被引
導至屋外的綠景。坐在
Marenco沙發這個特等席
上，視線被延伸至庭院，
坐擁水平方向的無限寬敞。

Living-Dining

035

藉由上下階的
兩個庭院
讓大自然更親近

隔間重點

**「觀賞得到」的中庭
與「接觸得到」的
屋頂花園
打造出具特色的隔間**

說起I住宅的中心，絕對非「能坐
擁中庭美景的客廳」莫屬了吧。
中庭被南北側建築與走廊包圍，
在中庭邊緣設置了環繞式的圍
廊，藉由地板到天花板的落地窗
將庭院與室內的緊密性提高。庭
院中種植了祖父母時代就開始細
心栽培的櫻花樹，並將樓梯間設
定為欣賞此樹的最佳觀賞點。和
以欣賞風景為重點的中庭相比，
二樓的屋頂花園有讓人身在其中
的趣味性。無法直接從房間進
出，要走到陽台的入口才能到達
的屋頂花園，彷彿到了一個非日
常生活的空間般。

1F

廚房
（3.35坪）

西庭院

客餐廳
（7.65坪）

玄關

主庭院

入口通道

停車場

衣帽間

臥室
（4坪）

鄰宅

鄰宅

鄰宅

道路

0 1 2 3m

… 半外部空間
← 室內外連結
⇦ 視線穿透

**面向庭院的大面開口
在家裏任何一處
都能欣賞庭院美景**

由客廳越過中庭所看到的臥室有如身在小
屋般的氣氛。中庭種植了四照花當作主要
的植栽，下方的灌木叢是霧島杜鵑、以及
吸引鳥兒前來的藍莓樹。

**環繞式陽台拉近
與庭院的距離**

從樓梯平台可以俯視中
庭美景。平台下方被靜
謐的氣氛圍繞著，而平
台上則因為日照充滿著
晴朗涼爽的風情。根據
天候與日照時間不同讓
庭院充滿多彩多姿的樣
貌。

ARCHITECT
村田 淳／村田淳建築研究室
東京都渋谷区神宮前2-2-39
外苑ハウス127
Tel：03-3408-7892
URL：http://murata-associates.co.jp

DATA
攝影　　　：黑住直臣
所在地　　：東京都 I 住宅
家族成員　：夫婦＋小孩2人
構造規模　：鋼筋混凝土、二層樓
地坪面積　：189.23㎡
建築面積　：133.31㎡
1樓面積　：74.84㎡
2樓面積　：58.47㎡
土地使用分區：第一種低層住宅專用地區
建蔽率　　：50％
容積率　　：100％
設計期間　：2006/12～2008/12
施工期間　：2008/12～2009/9
結構設計　：オカダコーポレーション

外部裝修
屋頂：鍍鋁鋅鋼板、砂漿鏝刀、柏油防水＋綠化系統
外牆：水泥裸牆

內部施工
玄關
地板：磁磚
牆壁：水泥裸牆
天花板：EP環氧樹脂塗裝
客廳、餐廳、小孩房
地板：軟木地板
牆壁／天花板：EP環氧樹脂塗裝
書房
地板：軟木地板
牆壁：水泥裸牆、部份EP環氧樹脂塗裝
天花板：EP環氧樹脂塗裝
臥室
地板：軟木地板
牆壁：EP環氧樹脂塗裝
大化板·柳安木塗裝
浴室
地板／牆壁：磁磚
天花板：浴室內裝合板
盥洗更衣室
地板／牆壁：磁磚
天花板：EP環氧樹脂塗裝

主要設備製造商
廚房：Panasonic
衛浴設備：S-Tech Associate（木製浴缸）、Hansgrohe、TOTO、CERA
照明器具：YAMAGIWA、MAXRAY、小泉照明、山田照明、遠藤照明、Panasonic

斷面重點

利用上下樓層
為空間的水平、
垂直延伸帶來變化

將擁有不同調性的屋頂花園和中庭連結，形成一個大庭院。將主臥室配置在靜謐的一樓，小孩房則配置在光線良好的二樓，提供小孩們一個明亮舒適的空間。一樓擁有水平方向的寬敞度，而二樓則藉由樓梯間的挑高以及北側的斜面屋頂，讓垂直方向的視線空間大增。在盥洗室設置高窗，讓陽光直射入室內。

屋頂花園　陽台　小孩房
臥室　主庭院　甲板　客餐廳

← ⋯室內外連結
⇐ ⋯視線穿透

想擁有一間能親近大自然的家

Children's room

寬敞的空間讓兩個
小孩們自由地區分使用

為性別相同的兩個小孩配置了一個7.5坪大的小孩房。為了隨時都能改變室內擺設，用桌子和床做了簡單的隔間。從小孩房也能眺望中庭景色。

2F

浴室中庭
小孩房（7.5坪）
挑高
陽台
書房（4.5坪）
屋頂花園
花園
水景

Sanitary

將重視隱私性
的浴室配置
在住宅深處

在灰色調統一的浴室裡設置了兼用掛毛巾的散熱片式暖氣。利用斜面天花板設置的光窗採光，確保浴室明亮度。另外也配置了浴室中庭。

在書房眺望
綠意盎然的屋頂花園

1 書房配置在稍微遠離日常生活空間的位置。透過橫長型窗戶，坐在書房前就可以享受屋頂花園的綠意盎然。窗台可以用來放置藝術作品或是書籍。 2 不必擔心外來視線，可以安心享受美景的屋頂花園。藉由調整圍牆的包覆範圍與鄰宅借景，坐擁更豐富多樣的景觀。

Rooftop Garden

Study room

將綠意與光線導入室內
打造出開放空間的中庭

將建築南北隔開，在中間配置了中庭。種植了高大的光臘樹，不論身在室內的何處都能眺望綠景。另外，陽光從中庭照入室內，打造明亮的室內空間。

遮住外來視線也讓
二樓擁有綠景

往南側延伸出的甲板下方是停車場。在下方種植著日本白松與四照花，不但能遮住由道路往停車場方向的視線感，也能讓二樓的甲板充滿綠意。

面向中庭
明亮舒適的浴室

衛浴間是一樓唯一面朝中庭的場所。將洗臉台、廁所以及浴室全都納入衛浴間，打造出明亮寬敞的空間。隔間使用了玻璃，邊泡澡可以邊享受中庭的自然美景。

1F

平面圖標示：
預備房（約3.5坪）、鞋櫃間、大廳UP、玄關、收納間、衣帽間、盥洗室、浴室、主臥室（約3.5坪）、入口通道

想擁有一間
能親近大自
然的家

036
將中庭與遠景
結合宛如
渡假村的空間

剖面重點

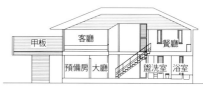

剖面圖標示：甲板、客廳、餐廳、預備房、大廳、盥洗室、浴室

樓梯的挑高設計讓縱向空間連結

利用樓梯的挑高將建築物中央貫穿起來。H住宅是屬於向南北延長的細長型基地，本身就擁有水平方向的寬敞空間優勢，再利用挑高將上下樓串連，也增加了垂直方向的寬敞感。以挑高和中庭為中心，將所有房間都連結在一起。進入玄關的門後，迎面而來的是明亮的中庭綠意，接著被引導至二樓。將縱橫向的寬敞感交錯，構成了具有立體感的空間。

利用變形基地
打造出具引導
作用的入口通道

基地的東側是不規則形狀，從道路側看起來就像是凹陷下去一樣。在這裡鋪上石板，打造成一個引導人走入玄關的入口通道。在通道上撒些水，讓通道充滿濕潤寧靜的氣氛。

二樓隔間重點

利用中庭將LDK
大空間柔和地區隔

在二樓配置了客餐廳和廚房。LD以中庭當作隔間，柔和地將空間劃分開。往對向眺望時能將綠意帶入室內。把客廳與露台的活動隔間門敞開後，會變成一個完全開放沒有階差的空間。餐廳面對西側敞開，可以盡情遠眺川邊的櫻花樹，而透過餐桌旁的窗戶也能享受中庭的櫻花美景，綠意讓餐廳產生視覺的連貫效果，成為彷彿被大自然擁抱般的空間。

一樓隔間重點

活用變形基地創造出
富有趣味的入口通道

基地是屬於南北向細長形狀，另外加上東側凹陷的變形基地。從道路側看向住宅會有向內凹陷的感覺，所以打造了一條引人走入室內的入口通道。沿著通道進入，會看到位於建築中央側的玄關。將玄關門打開後，視線被面向中庭的挑高吸引，視野完全敞開。一樓是以臥室、預備房和浴室為中心的樓層。除了面向中庭的玄關大廳和樓梯部份，其他的房間都隔間設計將空間區隔。

ARCHITECT

赤板曉子（現為：住工房 あかつき設計室）／
結設計
東京都中央区日本橋堀留町2-5-
7-1005号
Tel：03-5651-1931
URL：http://aakatuki.exblog.jp

DATA
攝影　：黑住直臣
所在地　：千葉縣 H住宅
家族成員：夫婦
構造規模：木造＋鋼結構、二層樓
地坪面積：142.86㎡
建築面積：111.40㎡
1樓面積：56.25㎡
2樓面積：55.15㎡
土地使用分區：第一種低層住宅專
用區
建蔽率　：40％
容積率　：80％
設計期間：2003／10～2004／5
施工期間：2004／7～2005／5
施工：岩瀨建築
建築施工費：約3500萬日元（廚
房、外部構造除外）

外部裝修
屋頂：鍍鋁鋅鋼板
外牆：內包骨架彩色砂漿

內部施工
玄關
地板：柚木實木地板
牆壁／天花板：矽藻土粉刷
LDK
地板：柚木實木地板
牆壁：矽藻土粉刷
天花板：花旗松細條（吸音天花板）
臥室
地板：柚木實木地板
牆壁／天花板：矽藻土粉刷
盥洗室、更衣室
地板：柚木實木地板
牆壁：AEP塗裝、磁磚、矽藻土
天花板：浴室專用板
浴室
地板／牆壁：磁磚
天花板：浴室專用板

主要設備製造商
廚房：LiB contents
衛浴設備：INAX、Y-collection、
Grohe
照明器具：Panasonic電工、
MAXRAY、ENDO、NIPPO、其他
中央除塵系統：Panasonic電工

讓視線延伸
將室內寬敞度增
加的客廳

客廳兩端最窄的地方只有
不到3米6寬。將甲板、
客廳、中庭和餐廳連結，
利用南北向基地的特點將
橫向的空間擴展。

用木材將鐵骨
造的柱子包覆
與中庭綠意
相輔相成

雖然基本的構造為木造，但將中庭挑
高的部份是鋼結構。如果這部份也設
計為木造的話，勢必要在開口處建造
斜支架，但這樣一來就會破壞中庭
的景觀。若是將鐵骨柱暴露在外又會產
生違和感，所以使用柚木材將骨架包
住，讓整體感更和諧。

在廚房與餐廳
同時享受遠近景

圖下／從餐廳可以透過中庭看
到深處的客廳。天花板使用狹
長的花旗松以留有間隙的方式
張貼，令人賞心悅目。在天花
板裏側也裝置了吸音材質，避
免生活噪音干擾。圖上／從廚
房右側的窗戶可以眺望川邊的
櫻花樹，左側則為中庭。在廚
房可以擁有遠近綠景成為一體
的視覺享受。廚房為訂製的，
料理台使用了花崗石。

藉由和中庭的連續感增加寬敞度的小巧LDK

小巧的LDK雖然只有7.5坪大小，但因為和中庭連結，所以能夠補足空間過小的問題。右邊的門是通往屋頂花園的樓梯。配置地板暖氣讓冬天也很舒適。而夏天因為屋頂花園讓涼風可以吹入室內保持涼爽。

037

中庭綠景與屋頂庭園享受無限寬敞感

浴室中庭
浴室
盥洗室
停車場
UP
玄關
中庭
小孩房（約4坪）
1F

玻璃的開口設計和中庭連結的透明玄關

在中庭四周建造圍牆，讓人安心不必在意屋外視線。白天將滑動式落地窗敞開，悠閒享受開放空間。

將中庭的隱私性提高讓室內成為開放空間

和天花板同高的開口以及內外一致的混凝土牆壁，增強了中庭和玄關的連續感。來訪的客人紛紛表示：「寬敞的空間讓人感到舒適愉快」。

小孩房視野和樓上相連令人安心

目前為女主人工作室，將來預定改造為小孩房。面向中庭開口的高度和天花板同高，增加開放感以及與室外的連續性。在這裡也能看到客廳的樣子，使安心感提升。

二樓 隔間重點

利用細長型基地打造出距離感

在二樓中庭的南側配置臥室，而LDK則配置在採光良好的北側。往中庭延伸的陽台讓室內與中庭自然地融為一體。在基地北側附近有幾棵櫻花樹，為了借景而在客廳北側設置了大幅的橫長型窗戶。將中庭包圍的開口全都使用玻璃材質。透過玻璃可以看到在中庭另一側房間，增加了橫向的距離感。

一樓 隔間重點

增加玄關寬敞度成為一個開放的接待空間

將南北向長形基地做出最有效的空間利用，把中庭配置在建築中心。在建築物外圍只設置了小窗戶，內部則面朝中庭設置了大面開口。因為在前方道路側設置了停車場，進入停車場深處後會看見玄關門。打開門進入玄關，視野透過眼前的玻璃望向中庭，將內外的界線模糊，打造出具有開放感的空間。

ARCHITECT

村田 淳／村田淳建築研究室
東京都渉谷区神宮前2-2-39
外苑ハウス127
Tel：03-3408-7892
URL：http://murata-associates.co.jp

DATA

攝影　　：黑住直臣
所在地　：東京都 K住宅
家族成員：夫婦＋小孩1人
構造規模：鋼筋混凝土、二層樓
地坪面積：108.54㎡
建築面積：94.24㎡
1樓面積：41.61㎡
2樓面積：52.63㎡
土地使用分區：第一種低層住宅專用區
建蔽率　：50%
容積率　：100%
設計期間：2003/3～2004/2
施工期間：2004/3～2004/12
施工　　：葛工務店
建築施工費：約3200萬日元

外部裝修

屋頂：柏油防水＋水泥鏝刀
外牆：水泥裸牆

內部施工

玄關
地板：磁磚
牆壁：水泥裸牆
天花板：EP環氧樹脂塗裝
客廳、餐廳、臥室、小孩房、走廊
地板：栗木地板塗裝
牆壁／天花板：EP環氧樹脂塗裝
廚房
地板：栗木地板塗裝
牆壁：EP環氧樹脂塗裝、部份磁磚
天花板：EP環氧樹脂塗裝

主要設備製造商

廚房：東芝＋固定式傢具
衛浴設備：TOTO
照明器具：YAMAGIWA、MAXRAY、Panasonic

**混凝土建築才能享受的
屋頂園藝生活**

在屋頂上鋪有保濕性高的土壤。夫婦剛開始種植的時候植物總是枯萎，現在已經是能打造美麗花園的綠手指了。在屋頂上還能欣賞到多摩川的煙火。

**敞開式廚房讓小巧的
LDK更寬敞**

廚房為面對餐廳的L型設計，能一邊享受屋外風景一邊愉快地洗碗。為了遮住廚房內部，在流理台前面設置一面牆。

> 剖面**重點**

室內停車場讓基地立體化

LDK的下方是停車場。室內停車場的設計成功地讓二樓的地板面積加大。一樓的玄關與二樓LDK在夏天的時候藉由屋簷和陽台將直射的日光遮住。在屋頂鋪上了30cm高的土層，搖身變成空中花園。並且種植了藤蔓類植物往下垂吊，打造出住宅被綠意包覆的印象。

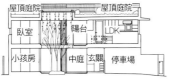

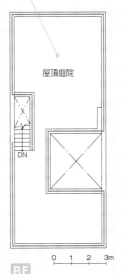

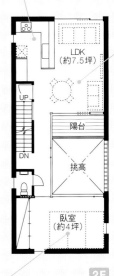

**和客廳連結
方便照顧小孩的臥室**

在客廳的一側配置臥室。女主人說：「讓小孩在臥室睡覺時，從客廳也能看到房間的樣子十分安心」，在臥室能感受到和中庭連結的一體感，因為朝向北面採光也非常充足。

想擁有一間
能親近大自
然的家

從一樓屋主的書房也能
夠欣賞光庭。鋪上白色
的細石頭讓庭院充滿和
風氣息。三個庭院都各
自擁有不同的氛圍,讓
空間的調性也隨之不同。

**和屋外空間連結的
寬敞衛浴空間**

和光庭連接的衛浴空間。保持敞開和屋外
連結可以讓人感到舒適愉快。在光庭周圍
設有圍牆可以避開外來視線,所以可以在
這裡曬衣服等活用屋外空間。

**迎接白色挑高與
明亮綠意庭院的
入口通道**

圖右/將灰色的玄關門打開
後,入口通道的白色挑高
空間在眼前展開,還能眺
望前方庭院綠意。圖左/
在石灰岩地板上以及壁面
收納櫃的門上塗裝三聚氰
胺(Melamine)。讓單色調
的設計也能呈現不同的素材
感。

**和庭院一體化
讓心情沈澱擁有舒適睡眠的空間**

以棕色調統一的主臥室,因為設置在住宅深處,往下掘
1m深的地方,所以呈現出安穩沈靜的空間調性。光庭的
圍牆也因配合室內所以使用了木板設計。

（平面圖標示）
鄰宅
道路
光庭2
浴室
盥洗室
書房(3.1坪)
光庭1
主臥室(6.25坪)
鄰宅
車庫
UP
收納間1
衣櫥
玄關
門廊
道路
1F

038

將三個庭園連結
創造寬大空間感

一樓 隔間重點

在私人空間裡享受
庭院樣貌的豐富變化

將基地分割成六個區域,藉由
庭院與建築的組合,將室內與
外部以各種方式連結,打造出
充滿不同個性的空間。設計出
不同氛圍的庭院,再利用圍牆
圍繞,保護隱私。可以從兩個
不同位置欣賞同一個庭院。利
用入口通道將基地的變形部份
吸收,讓室內的形狀變得整齊。

二、三樓 隔間重點

將草皮露台圍起
開放的客廳與DK

將車庫的上方露台種植草皮,
成為屋頂花園。在LDK設置
大面玻璃,加強室內與露台的
連結感。從客廳或是餐廳都能
清楚看到通往小孩房的樓梯,
促進親子間的交流。而位於三
樓的小孩房能夠看到客廳的樣
子,不會造成孤立或是閉塞感。

ARCHITECT
伊藤博之／伊藤博之建築設計事務所＋OFDA
東京都新宿区荒木町14
Tel：03-3358-4303
URL：http://www.ofda.jp

DATA
攝影 ：石井雅義
所在地 ：東京都N住宅
家族成員：夫婦＋小孩2人
構造規模：鋼結構、三層樓
地坪面積：165.29㎡
建築面積：203.08㎡(包含車庫)
1樓面積：106.85㎡(包含車庫)
2樓面積：65.45㎡
3樓面積：30.78㎡
土地使用分區：第一種低層住宅專用區、第一種高度地區
建蔽率 ：70％
容積率 ：150％
設計期間：2005/11～2006/9
施工期間：2006/11～2007/3
施工 ：TH-1
建築施工費：6550萬日元（包含外部結構約200萬日元、含稅）

┃外部裝修┃
屋頂：防水布
外牆：混合材粉刷
┃內部施工┃
玄關
地板：石灰岩
牆壁：塗裝
天花板：集成材合板
主臥室
地板：地毯
牆壁：塗裝（部份壁紙）
天花板：塗裝
書房
地板：柚木地板
牆壁／天花板：壁紙
客廳
地板：磁磚
牆壁：塗裝
天花板：壁紙
餐廳、廚房
地板：柚木地板
牆壁：塗裝
天花板：集成材合板
小孩房
地板：聚氨脂板
牆壁／天花板：塗裝
┃主要設備製造商┃
廚房施工：e-kitchen
衛浴設備：TOTO，CERA
照明器具：Panasonic電工，YAMAGIWA

**在露台鋪上草皮
宛如另一個露天客廳**

將客餐廳、廚房和草地露台三個平面連結，利用些微的地板高度差創造出豐富的空間調性。

3F

客廳
(8.3坪)

餐廳
(5.7坪)

露台

廚房 (3.65坪)

收納間2

2F

**往下看就是客廳
不會感到孤立的小孩房**

小孩房目前是一個寬敞的大房間，考慮到未來能夠隔成兩間房給兄妹使用，在房間裡設置了兩個門。透過窗戶可以看到客廳和露台的樣子令人感到安心。

想擁有一間能親近大自然的家

┃剖面重點┃

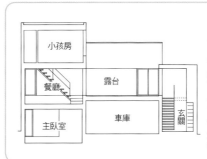

**避開北側斜線制限產生的段差
讓庭園的景色多樣化**

北側比南側高出一層樓，容易使南側住宅產生壓迫感，所以將車庫上方的露台鋪上草皮變成一個面向南側的庭院，如此一來就可以避免壓迫感產生，並打造出一個明亮的庭院。因為北側斜線規制，為了要建造出三層樓的住宅，將西側基地部份往下挖掘。因為此原因造成的房間的地板高度差，反而讓每個室內空間所欣賞的庭院都呈現出不同的風貌。

039

感受微風擁抱綠樹
享受用餐時間的
中庭住宅

想擁有一間
能親近大自
然的家

PLAN

露台

客廳
（4.25坪）

中庭
（2坪）

廚房
（2坪）

UP

餐廳
（3坪）

土間
（1坪）

玄關

入口通道

1F

兩面敞開的開放式客廳

客廳分別面朝中庭以及南側的露台。光線從中庭與南側照射至室內。鋪有磁磚的部份都裝置了地板暖氣，本間住宅最溫暖的場所應算是客廳了。

不只空間寬敞
中庭也讓視覺上的
空間感增加

餐廳、廚房和客廳並排，並以ㄈ字型將中庭圍繞。廚房具有將兩個空間連結的作用。LD夾繞著2坪大的中庭，讓視覺的寬敞度大增。

享受四照花果實
春綠、夏白、秋紅的
變化樂趣

從餐廳往客廳望去的樣子。享用完晚餐後，女兒們移動至客廳。而屋主夫妻則透過中庭邊看著女兒們的身影邊繼續享用著晚餐。

剖面重點　對於北側的三層樓是將南側壓低至一層樓利於採光

原本的計畫是要建造二層樓，但是考慮到採光問題，所以改成了最適當的計畫:將南側成成低層的建築，而北側則建造成三層樓。如此一來，把中庭設置在住宅中心，一樓也不會像口井般有下沈的感覺，而光線也可以順利照射至北側的餐廳。為增加一樓客廳的明亮度，將開口面向露台直接採光，另外在面向中庭的牆壁也使用了白色的材料讓光線也能反射至室內。

二樓隔間重點　附有明亮露台的浴室
充滿個人感的空間

在二樓配置屋主夫妻的臥室、角落書房、以及附有明亮露台的浴室，採光良好。臥室對於採光的要求不大，所以配置在北側，並設置換氣窗保持通風。而書房則面向中庭，使用電腦的時候可以邊享受家庭院綠景。在書房的長桌台一端設置了洗臉台，浴室被其他人使用的時候，屋主可以在這裡盥洗。為了讓浴室與露台連接，將小孩房設置在三樓。

一樓隔間重點　包含中庭的LD
連接二個房間的廚房

配合細長型的基地，將餐廳、中庭與客廳沿著直線配置。踏入玄關後就到達餐廳。餐廳與土間連接，空間圍繞著居酒屋般的氣氛，讓人可以輕鬆愉快的用餐。經由土間繼續往前走來到廚房，在通道兩側的長形工作台上設置了收納櫃以及系統廚房，是一個兼具廚房與通道功能的空間。因為廚房介於兩個空間之間，不論在哪個空間裡都能享受用餐樂趣。

光　　光

露台

小孩房

露台

角落書房

衣櫥

主臥室

客廳

中庭

餐廳

停車場

光

SECTION

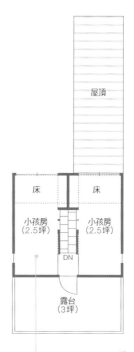

3F   2F

屋頂

露台
(2.75坪)

浴室
(1.75坪)

盥洗室

床   床

小孩房
(2.5坪)

小孩房
(2.5坪)

角落書房   UP

衣櫥
(1坪)

DN

DN

露台
(3坪)

主臥室
(3.5坪)

衣櫥

將能眺望中庭美景的 露台當作浴室中庭 泡完澡可以坐長椅上乘涼

浴室配置了令人期待的浴室中庭，泡完澡還能在長椅上休息。水龍頭的檯面使用粉色系、而洗臉台則使用了藍色的磁磚。屋主本身擁有各種鮮艷色彩的衣服，配合屋主個性而打造出二樓的主色調。

打造通風舒適的睡眠空間

屋主夫婦是鋪棉被睡地板的，所以主臥室沒有放置床。雖然這個房間沒有光線直接射入，但考量到通風性，設置了窗戶，微風從小窗拂進室內。

往三樓的樓梯是充滿 童趣的踏面差異設計

三樓是兩個女兒的房間。樓梯設計成不同踏面並使用了粉色調設計。房間約五坪大，兩個房間都面向中庭對稱並排。在北側也配置了露台。

ARCHITECT

西久保毅人＋原由美子／二コ設計室
東京都杉並區上荻1-16-3
森谷ビル5F
Tel：03-3220-9337
URL：http://www.niko-arch.com

DATA

攝影：石井雅義
所在地：東京都 本間住宅
家族成員：夫婦＋小孩2人
構造規模：鋼筋混凝土＋木造、三層樓
地坪面積：100.00㎡
建築面積：100.00㎡
1樓面積：41.07㎡
2樓面積：41.34㎡
3樓面積：17.59㎡

土地使用分區：弟一種住宅地區
建蔽率：50％（容許範圍50％）
容積率：100％（容許範100％）
設計期間：2004/3〜2004/10
施工期間：2004/10〜2005/5
施工：小松建設
建築施工費：2800萬日元

外部整修
屋頂：鍍鋁鋅鋼板
外牆：鍍鋁鋅鋼板、水泥裸牆

內部施工
玄關
地板：磁磚30×30cm
牆壁／天花板：水泥裸牆
LDK
地板：磁磚30×30cm
牆壁：水泥裸牆

天花板：水泥裸牆，結構合板外露
臥室
地板：松木地板
牆壁：壁紙
天花板：結構合板外露

主要設備製造商

衛浴設備：AGAPE、INAX、TOTO
照明器具：遠藤照明、MAXRAY、Yamagiwa照明
廚房：Cleanup

040

想擁有一間能親近大自然的家

一樓隔間重點

將平坦的大空間緩和的區分開

每個房間都保持敞開，地板、牆壁以及天花板都使用相同材料，形成一個大空間。再利用中庭的設置創造曲線、格柵的設置限制視線方向、以及讓人上下移動的樓梯，緩和地將空間區隔開來。另外，因為整間住宅全使用了沉穩的色調，使空間每處都產生許多陰影，讓視線沒有盡頭般延伸，打造出寬敞舒適的空間。

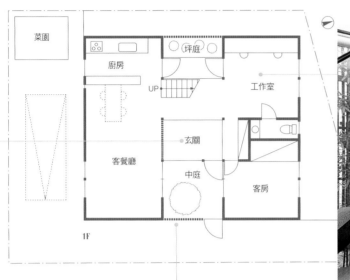

圖中文字：菜園、廚房、坪庭、UP、工作室、玄關、客餐廳、中庭、客房、1F

大名竹（唐竹）通過樓梯將綠意映入眼簾

全家人使用的工作室。女主人為了要在親手作的瓷器上繪畫，所以特地設置了窯。在樓梯面向的中庭設置了格柵窗並種植大名竹（唐竹），能夠適度地遮擋西曬的陽光，這也是抑制光線的一種方法。

對外關閉對內敞開

因為周邊都是高樓層住宅區，所以無法建造出完全開放的家，但為了實現屋主夫妻的希望，建築師彥根提議用圍牆將建築物全體圍起。外牆的窗口也盡量縮小。另一方面將內部的所有房間都面朝中庭製造出開放感。

剖面重點

往縱向穿透的中庭和樓梯傳遞人的動態和氣息

中庭從一樓貫穿建築，雖然幾乎算是外部空間，但因為建築物完全被牆壁包圍著，在室內只能從中庭享受景色，所以決定將中庭配置在建築內部。然而，若要讓光線與涼風進入室內，除了和外部打通之外別無他法。對於家人來說，室內的這一抹綠意，說是最高級的裝潢也不為過。另外，樓梯也將上下樓空間連接，扮演了傳達家人彼此間氣息的重要角色。

彷彿京都的町家建築充滿光與影的美

從工作室到玄關、客廳，視野有如一個大空間般地敞開。透過玄關與客廳間的格子讓視野空間根據視覺角度變得若隱若現。這種模糊感正是透過隔間設計所達到的效果。

SECTION ▶

圖中文字：露台、玄關

部份關閉部份敞開

和一樓的暗色調空間相較之下，二樓是以白色為
基調的明亮空間。另外用牆壁將每個空間做間
隔，注重空間的隱私性。但是，將主臥室、小孩
房以及盥洗設施都圍繞著中庭，讓每個空間都面
向同個庭院，所以不管在哪裡都能越過庭院感受
到家人的氣息。種植在庭院中的姬紗羅則扮演著
守護家人間隱私的角色。

順暢動線打造空間寬敞感

以樓梯為中心，由洗臉台（圖左）
開始到浴室（圖右）、走廊再到曬衣
間剛好環繞一圈，動線不受限制，
在有限的空間裡創造出寬敞感。不
管是哪個房間的採光都十分足夠。

2F

**不論在哪都能欣賞
中庭種植的姬紗羅**

走上階梯到達二樓的樓梯平台後，
迎面而來的是中庭綠意。女兒們在
自己的房間看看書，休息的時候回
頭一瞥，中庭與露台的風景躍入眼
簾。在面向中庭的露台設置了休憩
空間，雖然看似可有可無，但家族
經常聚集在此閒話家常。

ARCHITECT

**彥根明、鴨田裕人／彥根建築設計
事務所**
東京都世田谷区成城7-5-3
Tel：03-5429-0333
URL：http://www.a-h-architects.com

DATA

攝影：柳田隆司
所在地：東京都 U 住宅
家族成員：夫婦＋小孩1人
構造規模：木造、二層樓
地坪面積：164.45㎡
建築面積：134.15㎡
1樓面積：69.56㎡
2樓面積：64.59㎡
土地使用分區：準工業地區
建蔽率：42.29％（容許範圍60％）

容積率：81.57％（容許範300％）
設計期間：2003/5～2004/8
施工期間：2004/9～2005/2
施工：浅野工務店

外部裝修
屋頂：防水布
外牆：砂漿上 Jolypate 噴漆
開口部：鋁製門窗框、雙層玻璃
露台：風鈴木（ipe）
中庭：玄昌石
停車場：土間水泥

內部施工
1F
地板：玄昌石
天花板：柳安木合板 OS 塗裝
2F
地板：椦木 OS 塗裝

木工傢具：椦木、水曲柳
內部隔門：椦木

主要設備製造廠
冷暖氣：空調、蓄熱型地板暖氣
照明器具：遠藤照明、YAMAGIWA、
小泉照明
廚房施工：CRED

將中庭以ㄈ字型圍繞的中庭住宅，能巧妙地兼具開放感與隱私。不用在意外來視線，輕鬆悠閒地享受屋外環境。

041
北側客廳將陽光
與微風帶入室內

藉由面向中庭的大開口與挑高，將縱橫向的空間擴展開來。藉由矽藻土與橡木地板等自然系材質的搭配，柔和色調也令人印象深刻。

內外結合為一體生氣勃勃的空間。透過客廳的高窗眺望山櫻花、或是欣賞中庭的植栽，利用各種自然素材讓室內變得多彩多姿。

084

通過彷彿橋的走廊
來到猶如漂浮在宇宙的和室

在一樓迴廊挑高的上方一部份架設了走廊，連接著和室，而且在走廊上就能看見和室端莊的樣貌。利用日式拉門的開關自由決定隔間。

沉穩的空間配置
打造私人空間

抑制開口面積，創造出輕鬆自在的空間。藉由臥室接鄰的屋頂甲板將陽光與微風導入室內，營造出舒適的臥眠空間。

能盡興地享受愛好的空間
充滿大人的講究

依照屋主期望配置了室內車庫和書房。使用了玻璃隔間，讓屋主在書房的時候隨時都能欣賞自己的愛車。

2F

書房　和室（約2.5坪）　挑高　既有樹（櫻花）
挑高　紫薇
臥室（約4坪）　屋頂甲板

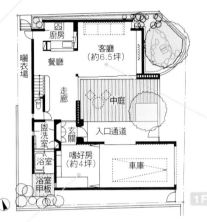

1F

廚房　客廳（約6.5坪）
餐廳
曬衣場　走廊　中庭
盥洗室　玄關　入口通道
浴室　嗜好房（約4坪）　車庫
浴室甲板

PLAN

將中庭圍住引入光線與微風的ㄷ字型中庭住宅

屋主希望打造出一個採光良好又能確保隱私的住宅。建築師杉浦提案將建築物採用ㄷ字型把中庭環抱。所有面向中庭的空間能夠不必擔心外來視線，安心享受陽光與微風，和觸手可及的綠意盎然。二樓的臥室也和屋頂甲板連接，能夠得到充足的光線。另外，保留了原本就在基地內的五穀神（稻荷）以及基地外的櫻花，實現了住宅與原有環境的共有性。「杉浦先生提出了這個愛護地域環境的妙案」屋主夫妻都很滿意這個設計。

縱橫向連結明亮且寬敞舒適的大空間

和挑高與中庭連為一體的客廳，讓人感到無限開放。淡雅色調的室內設計讓寬敞的空間顯得更閒適優雅。

ARCHITECT

杉浦英一／杉浦英　建築設計事務所
東京都中央区銀座1-28-16
杉浦ビル2F
Tel：03-3562-0309
URL：http://www.sugiura-arch.co.jp

DATA

攝影：牛尾幹太
所在地：神奈川縣I住宅
家族成員：夫婦
構造規模：木造、二層樓
地坪面積：205.20㎡
建築面積：139.50㎡
1樓面積：99.81㎡
2樓面積：39.69㎡
土地使用分區：第一種低層住宅專用區
建蔽率：60%

容積率：100%
設計期間：2004/12～2005/6
施工期間：2005/7～2006/1
施工：本間建設

外部裝修
屋頂：鍍鋁鋅鋼板
外牆：彈性樹脂噴漆

內部施工

LDK
地板：橡木複合地板
牆壁／天花板：矽藻土粉刷

主要設備製造商
衛浴設備：INAX、GROHE
照明器具：YAMAGIWA、MAXRAY、Panasonic電工

為讓光線都能進入室內，將中庭的牆壁都塗上白色使自然光產生反射。
使用甲板製造出高低差來種植植栽，而甲板也能當作椅子使用。

042

將自然光柔和地導入室內

從玄關正面望去，彷彿
是一幅畫的中庭映入眼
簾。根據所在空間不
同，所看到中庭的景色
也不同，能呈現各種樣
貌正是中庭的特色。

想擁有一間
能親近大自
然的家

1 甜甜圈狀的空間設計能確保採
光、寬敞度以及動線。根據窗戶
的位置和大小，將一個庭院打造
出多采多姿的樣貌。 2 從浴室望
去，中庭化身為浴室造景區。姬
紗羅樹的枝葉伸展倚近窗邊，讓
人覺得身心放鬆。

能感受到樓下的氣息 開放的小孩房

把預備給小孩的房間設計成敞開空間，確保和一樓的連結感。左邊的開口面向中庭的挑高，而裡面的開口則和露台連結。

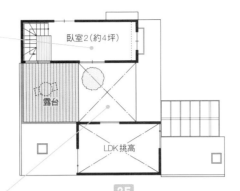

2F

臥室2(約4坪)

露台

LDK挑高

藉由甜甜圈狀建築計畫 確保開放感與連結感

所有的空間都面向中庭，創造出舒適空間，且適切地將每個空間連結。從二樓的小孩房能夠看到LDK的動態。

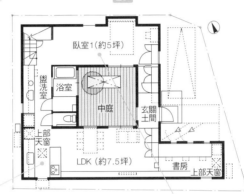

1F

臥室1(約5坪)

盥洗室　浴室

中庭

玄關土間

上部天窗

LDK(約7.5坪)

書房　上部天窗

PLAN
甜甜圈狀建築 計畫打造出 機能性動線 以及良好採光

建築師高安提案利用建築將庭院以口字型圍住，讓本身日照條件不佳的基地能夠得到良好採光。藉由中庭的白牆壁反射陽光，使光線能夠進入每個空間。「將中庭配置在住宅中心，使得採光佳通風良好、又能因所在位置不同而能欣賞到不同景色」建築師高安先生說。也能將LDK、臥室、浴室這些空間配置在1樓，創造出機能性動線。

在白色調空間裡 加入自然感的材質 令人安穩沈著

建築師高安考量到：「想在白色調空間裡加入沉穩感」，將中庭側的牆壁設計為褐色。帶有自然感的材質使空間顯得溫暖。

柔和光線打造出 寧靜的私人空間

雖然臥室也面向中庭，但為了創造出讓人放鬆的空間，將開口縮小。淡色調的室內設計給人典雅的印象。

ARCHITECT

高安重一／アーキアクチャー・ラボ
東京都台東區雷門2-13-2-2F
Tel：03-3845-7320
URL：http://www.architeture-lab.com

DATA
攝影：黑住直臣
所在地：千葉縣 小柳住宅
家族成員：夫婦
構造規模：木造、二層樓
地坪面積：132.27㎡
建築面積：84.38㎡
1樓面積：71.86㎡
2樓面積：12.52㎡
土地使用分區：第一種低層住宅專用區
建蔽率：60%
容積率：160%

設計期間：2006/11～2007/8
施工期間：2007/9～2008/3
施工：田中工務店
建築施工費：1980萬日元

外部裝修
屋頂：鍍鋁鋅鋼板
外牆：外牆板上彈性材料噴漆

內部施工
LDK、臥室1、臥室2
地板：橡木合板上塗裝
牆壁：壁紙、裝潢用柳安木板
天花板：壁紙

主要設備製造商
衛浴設備：GROHE，INAX，TOTO，其他
照明器具：Panasonic 電工，MAXRAY，koizumi，其他

043

擁有三種不同樣貌的庭院將家族與空間連結

想擁有一間能親近大自然的家

顧慮到自宅與鄰宅的採光，採用建築南側二樓往後退（set back）※的設計，打造出「白磁磚庭院」。也能和鄰宅所種植的白蠟樹借景。

1「光葉石楠庭院」將客廳寧靜地包圍起來，高圍牆與光葉石楠樹能夠確保屋內隱私。 2 從客廳望向三個庭院，讓人有庭院也成為室內空間的感覺。創造出小巧但能感到寬敞舒適的空間。

與餐廳連續的「木甲板庭院」，是一個凝聚家人情感的空間。在這裡享受用餐或是喝茶等悠閒樂趣。

※ 二樓建築後退（set back）：將建築物的樓上部份往後退，造成如樓梯般的外觀。也能藉此得到採光與通風。

寧靜高雅的光與綠意
營造療癒身心的空間

「光葉石楠庭院」與浴室鄰接，讓放鬆身心的空間擁有更寬敞的視野。將蠟燭點燃後，更能助於一日疲勞舒緩。

住宅的基地條件限制非常嚴苛，建蔽率40％且地坪面積只有35坪。建築師淺香利用增加外部空間的豐富度，打造出舒適的室內空間。因為北側緊臨其他住宅，所以設置了庭院讓兩個家都能擁有良好採光。在南側配置了兩個庭院，以保有適度隱私性以及維持地域共生性，再由這三個庭園連結成LDK。空間雖小巧，但卻打造出一個光線充足、通風且寬敞的新家。

明亮簡單
親子共同使用的空間

將光線大量引進家人共同使用的閱讀室。透過窗戶挑望的「木甲板庭園」景緻，成為簡單裝飾空間內的一個亮點。

2F
- 小孩房（約3坪）
- 臥室（約4.5坪）
- 閱讀室（約4坪）
- 陽台

1F
- 盥洗室
- 玄關
- 白磁磚庭院
- 廚房
- 浴室
- 餐廳（約3坪）
- 客廳（約3坪）
- 木甲板庭院
- 莢果蕨

增加寬敞感以及傳達
家人間氣息的庭院

室內與三個庭院連結，打造出開闊空間感。庭院能夠傳達彼此的氣息，能創造出將家族間最舒適的距離感。

具有機能性且能眺望
窗外綠景的舒適廚房

簡單大方附有收納機能的廚房。利用小窗與鄰宅的綠意借景，營造出溫馨可愛的白色空間。

ARCHITECT
淺香信太郎／淺香信太郎デザイン
東京都渋谷区代々木2-23-1-1138
Tel：03-6413-5510
URL：http://www.asaka-design.com

DATA
攝影：黑住直臣
所在地：東京都 淺香住宅
家族成員：夫婦＋小孩1人
構造規模：木造、二層樓
地坪面積：115.25㎡
建築面積：90.56㎡
1樓面積：45.28㎡
2樓面積：45.28㎡
土地使用分區：第一種低層住宅專用區
建蔽率：40%
容積率：80%

設計期間：2005/10～2006/7
施工期間：2006/9～2007/3
施工：沖島工業
造園：藤倉造園設計
建築施工費：2250萬日元（外部結構除外）

外部裝修
屋頂：裝飾石棉水泥瓦
外牆：砂漿上樹脂噴漆

內部施工
客廳
地板：地毯
牆壁／天花板：AEP塗裝

主要設備製造商
廚房機器：Rosieres，Hearts
衛浴設備：TOTO，GROHE，其他

Entrance

光影變化營造出
戲劇效果的
玄關大廳

與暗色系的地板和天花板
對照之下，白色壁面與白
色木製鏤空式樓梯讓樓上
光線的投射效果增加。在
走廊最深處配置能看見庭
院的衛浴間，左邊則是臥
室。

044

漂浮的 "低窪"
是最舒適的空間

Privateroom

這個家是這樣
使 用 木 材 的

和結構材料的素材質感協調
營造出多采多姿的空間

「好不容易使用了木製的結構，所以
盡量讓結構能被看見。另外，如果使
用具有份量的木材，也能產生優質的
素材感以及增加空間的豐富性。M住
宅2樓的花旗松木樑，使用了雙層板
讓原本厚度較薄的樑產生了空間的韻
律感。而幅面的寬度也能增加份量
感。將樑的位置壓低，如此一來，產
生了樑與天花板之間若隱若現的空
間，強調視野的延伸感，根據所在位
置不同，能享受到不同視野變化的樂
趣」(建築師森清敏＋川村耐津子)

玄關大廳
(3．45坪)

房間
(3.9坪)

UP

1F

配置多個出入口
具有可變化性的房間

考慮到將來可能將臥室改變用途，於是在走廊與房
間之間使用收納櫃做隔間，並設置了三個出入口。
目前有將近⅓的空間用屏風隔起來當作衣櫥使用。

想住在
美麗木材
裝飾的家

Sanitary

和庭院連成
一體的開放式浴室

在浴室設置了一面落地窗，面
向能當作曬衣場的內庭院。在
內庭院種植植栽，並用細縫小
的木格柵圍起，成為一個具有
隱私感的浴室造景區。

Bathroom

寬敞舒適的衛浴間
是放鬆身心的場所

將廁所設置在有如個室般的1.5
坪空間裡。這種舒適感是小面
積住宅的一種奢侈。利用隔間
設計，讓人感到空間的寬敞與
舒適。

ARCHITECT
森清敏＋川村奈津子／MDS
東京都港区南青山5-4-35-907
Tel：03-5468-0825
URL：http://www.mds-arch.com

DATA

攝影　　　：黑住直臣
所在地　　：東京都　M住宅
家族成員　：夫婦＋犬
構造規模　：木造、二層樓
地坪面積　：82.79㎡
建築面積　：65.30㎡
1樓面積　：32.20㎡
2樓面積　：33.10㎡
土地使用分區：第一種低層住宅專用區
建蔽率　　：40%
容積率　　：80%
設計期間　：2008/3～2008/10
施工期間　：2008/11～2009/4
施工　　　：キューブワンハウジング

外部裝修
屋頂:彩色鍍鋁鋅鋼板
外牆:天然無機質塗料

內部施工
餐廳、廚房
地板:白橡木實木地板
牆壁:AEP環氧樹脂塗裝
天花板:AEP塗裝、花旗松樑外露
客廳、工作間
地板:全磁化磁磚
牆壁:AEP塗裝
天花板:AEP塗裝、花旗松樑外露
浴室
地板:全磁化磁磚
牆壁:FRP防水＋塗裝
天花板:VP塗裝
盥洗室
地板:全磁化磁磚
牆壁:VP塗裝
天花板:結構用合板OSCL塗裝、
花旗松樑外露
臥室
地板:梣木複合地板
牆壁:AEP塗裝
天花板:結構用合板OSCL塗裝、
花旗松樑外露
玄關大廳
地板:全磁化磁磚
牆壁:AEP塗裝
天花板:結構用合板OSCL塗裝、
花旗松樑外露

主要設備製造商
廚房機器:東京瓦斯、AEG、Haaz
衛浴設備:Tform、Grohe
照明器具:Ushio Spax、MAXRAY、
YAMAGIWA、遠藤照明

隔間重點

在有限的面積內
創造出最大空間感
的隔間設計

在二樓地板的兩處往下挖，一個是客廳，另一個則是工作室，創造出兩個低窪場所。在低窪處放置傢具，使視野的壓迫感減少，營造出大套房般的寬敞舒適空間。將一樓的玄關與樓梯間統合成一個空間，廁所和盥洗室設置在同一處等方法，將空間以大區域分割，克服了面積狹小的問題。

剖面重點

確保收納
多層地板設計
讓空間能夠有效利用

如何在只有83㎡的小面積土地營造出寬敞室內空間以及確保收納，是這次的設計原點。在一樓與二樓之間設置了70cm高的夾層收納設計，在一樓臥房也配置了地板下收納。外觀顯著的斜面屋頂在室內也保持斜面原貌，客廳天花板最高處挑高5米。在小而巧的空間裡賦予寬敞的開放感。

Workspace

加入設計巧思讓廚房與
工作間看起來不會狹窄

1 廚房統一使用能融合室內設計的暗色調。瓦斯爐配置在牆壁側，而流理台則設置在瓦斯爐對面，洗東西的時候能透過窗戶欣賞美景。　**2** 地板被挖空的部份是工作室，而工作室的地板則鋪上磁磚。櫃子、桌子、椅子等等傢具看起來像是往下潛伏的樣子，令視野的寬敞感大增。

Kitchen

2 **1**

2F

工作室
(1坪)
DN

廚房

餐廳

LDK
(7.6坪)

客廳

DN　DN

陽台

0　1　2　3m

下陷的地板為
客廳增添沉穩感

往下沉的沙發讓人有被守護的安心感。將沙發這種具有份量的傢具往下降一階，能夠大幅增加面積的寬敞感。

Living

Kitchen

**人造石台面與
木頭結合的廚房**

廚房的台面使用和浴缸同樣的
光面人造石材質,而面材使用
楢木。建築師井上說:「將木紋
橫向設計,如此一來能減少木
材的氛圍讓空間更具現代感」。
另外還結合了鋼製材料讓設計
更銳利。

**簡單俐落的樓梯間
將上下樓連接**

被灰泥牆壁包圍的地下樓梯
間,挑高部份將三層樓貫穿,
把每層空間連結起來。面向樓
梯間的門,左前方是小孩房,
左後方是臥室,正前方是盥洗
室、浴室。鋼製的門把是特別
定做的。

Hall

045

經典設計
重視素材使用的家

1F

- 上部天井
- 鞋櫃
- 玄關
- UP
- 玄關大廳
- 廚房
- DN
- DN UP
- 客餐廳 (約12.5坪)
- 露台

B1F

- 坑槽 (pit)
- 收納間
- 小孩房 (約3.5坪)
- UP
- UP
- 小孩房 (約3.5坪)
- 衣帽間
- 臥室 (約7坪)
- 露台

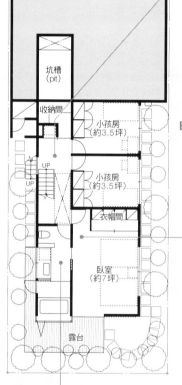

這個家是這樣
使用木材的

感受到厚度與輕盈的
「線條」設計

天花板與隔間的實木板,是使用有溝
縫的設計,營造出材質的厚度與深度
感。天花板使用厚度20mm的水曲柳
板、深度為10mm的等間距溝縫。溝縫
的深度所造成的陰影,為天花板增添
風情,營造出空間的安穩沈謐感。而
閣樓的隔間牆與收納櫃的拉門則是使
用縱向的格柵板,能帶來輕快感以及
具有通氣性。雖然兩種皆具有日式元
素,但簡單的條紋狀溝縫以及透光格
柵設計卻能營造出俐落大方的空間。
(井上洋介)

Sanitary

2 **1**

Bedroom

**臥室直通浴室
有如飯店的隔間設計**

1 臥室的隔門與天花板使用了和客廳同樣的水曲柳板
格柵。透氣性良好的格柵門裡面是衣帽間。 **2** 洗臉
台與浴缸使用令人感到溫暖的光面人造石。天花板是
羅漢柏(hiba),而牆壁是玻璃製的馬賽克磚。在盥
洗室設置了內門能直接和臥室相通,起床或就寢時可
以立刻梳洗,營造出有如飯店般的便利動線。

ARCHITECT
井上洋介／井上洋介建築研究所
東京都中野区江古田2-20-5-3F
Tel：03-5913-3525
URL：http://www.yosukeinoue.com

DATA
攝影　　：多田昌弘
所在地　：東京都 A住宅
家族成員：夫婦＋小孩2人
構造規模：鋼筋混凝土、二層樓
　　　　　＋地下一樓
地坪面積：198.69㎡
建築面積：172.60㎡
地下1樓面積：70.80㎡
1樓面積：78.20㎡
2樓面積：23.60㎡
土地使用分區：第一種低層住宅專
用區
建蔽率　：40%
容積率　：80%
設計期間：2006/3～2007/1
施工期間：2007/2～2007/9
施工　　：アイエスエー企画建設

外部裝修
屋頂：防水布
外牆：EX塗裝、柏林頓板岩

內部施工
玄關、大廳
地板：柏林頓板岩
牆壁／天花板：灰泥
客廳、餐廳
地板：椣木地板＋蜜蠟塗裝
牆壁：灰泥
天花板：天花板材OS塗裝
廚房
地板：椣木地板＋蜜蠟塗裝
牆壁／天花板：灰泥
臥室、小孩房、閣樓
地板：地毯
牆壁：灰泥
天花板：天花板材OS塗裝
地下樓大廳
地板：椣木地板＋蜜蠟塗裝
牆壁／天花板：灰泥
盥洗室、浴室
地板：風鈴木
牆壁：玻璃馬賽克磚
天花板：阿拉斯加扁柏甲板＋OS
塗裝

主要設備製造商
廚房施工：CRED
廚房機器：Meico enterprise、富
士工業、GAGGENAU
衛浴設備：CERA、TOTO、
Hansgrohe
照明器具：YAMAGIWA，MAXRAY
空調設備：三菱電機（全空調系統）

隔間重點

東西軸與南北軸的通風設計簡易的箱型房子

面向道路的低矮玄關內側，延續著四方形的住宅。一樓是擁有閣樓的LDK立體大空間。南側設有大面落地窗，而北側則設置通風用的狹縫小窗。在東西軸，為了能眺望庭院綠意所設置的窗戶也讓通風效果增加。另外，從二樓閣樓貫穿到地下一樓的樓梯也能讓空氣流通不阻塞，並將上下樓連接。

剖面重點

天花板高度賦予大空間變化性

從道路側看起來像是一棟兩層樓建築，將基地南側往下掘一層樓，使得建築擁有三層樓高的空間。擁有兩層樓挑高的1樓LDK、閣樓以及下方的廚房等，這些具有不同份量感的場所連接成一個立體大空間。父母與小孩們大多數的時間都聚集在LDK，感受家人氣息並各自渡過閒適自在的時光。

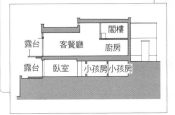

Loft

利用格柵隔間將客廳與閣樓連接
面向客廳上部大面積挑高的閣樓，是全家人的大套房。移動式的縱向格柵隔間具有通透性，在閣樓也能感受到客廳的氣息，另外也是空間設計的亮點之一。

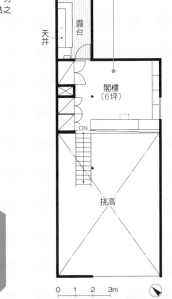

2F

想住在美麗木材裝飾的家

`0 1 2 3m`

家族聚集的溫暖開放客廳
隔熱與全空調系統能讓挑高的大空間保持舒適的溫暖環境。另外，捨棄使用清水模牆，實施牆面塗裝讓隔熱性能增加。

Living&Dining

這個家是這樣
使用木材的

住宅內外使用的木材將街道、家和人連結

雖然基地位於充滿綠意的住宅街裡，但因為鄰宅遮擋視野，無法直接眺望美景。在這種都市環境下，如何創造出能感受到大自然的空間是這次設計的主題。為能與 T 住宅周邊的綠意相呼應，建築外壁使用實木板包圍。另外，為了將樹木的素材感也帶進室內，在內部也使用了與外部建材相同材質的各種木材張貼。但不單單只是用木材裝飾，另外也加入了銳利的設計元素。對於 T 住宅而言，木製材質不只是「木頭」這種材料而已，也是讓居住的人擁有多采多姿日常生活的重要夥伴。

鄰接著玄關土間的多用途和室

1 將拉門拉開後，和土間連接的和室也能變身成為接待空間。平時是小孩們睡午覺的地方，小孩的朋友來訪時的玩樂間等，讓和室成為一個多用途的熱鬧空間。 2 準備了一間約四個榻榻米大小的和室，做為父母或友人來訪時的客房。採光拉門外計畫要建造一個小巧的觀景庭院。

Japaneseroom & Entrance

暗色系的木材營造出靜謐安穩的氛圍

LDK的地板使用深褐色系的胡桃木。天花板使用相同材質的片狀木板張貼，選用了美麗且不明顯的木紋。橡木材的固定式傢具也使用了深色系的塗裝，營造出充滿安穩靜謐氛圍的起居室。

Livingroom

1F

玄關

和室
(2.2坪)

大廳

UP

餐廳、廚房
(4.5坪)

客廳
(3.9坪)

甲板露台

046
木板裝飾讓
住宅內外都被
優雅地包覆著

壁板裝飾的廚房是 LDK 的主角

1 從餐廳可以藉由樓梯挑高看到二樓的小孩房。 2 貼付與外壁同樣材質的美國松。室內外使用同樣的材質，能讓人意識到內外的連結感。另外，吧檯上的吊櫃和壁面收納的把手使用鋼製材質與實木板的組合，添加了設計的現代感，避免造成彷彿住在山中小屋的錯覺。

ARCHITECT
**竹內 巖／ハル・アーキテクツ一級
建築士事務所**
（負責：竹內巖、上原麻美、森田大輔）
東京都港區南青山5-6-3
Maison Blanche II 2A
Tel：03-3499-0772
URL：http://www.halarchitects.com

DATA
攝影　：黑住直臣
所在地　：東京都 T住宅
家族成員：夫婦＋小孩2人
構造規模：木造、二層樓
地坪面積：122.33㎡
建築面積：95.06㎡
1樓面積：49.54㎡
2樓面積：45.52㎡
土地使用分區：第一種低層住宅專用區
建蔽率　：45%
容積率　：100%
設計期間：2009/1～2010/4
施工期間：2010/5～2010/10
施工　：和田工務店

外部裝修
屋頂：鍍鋁鋅鋼板
外牆：花旗松板（銀胡桃木外牆木板有節）

內部施工
玄關
地板：磁磚
牆壁：椴木合板塗裝
天花板：銀胡桃木不燃木片
客廳
地板：銀胡桃木地板
牆壁：PVC壁紙
天花板：銀胡桃木不燃木片
餐廳、廚房
地板：銀胡桃木地板
牆壁：PVC壁紙、花旗松板
天花板：銀胡桃木不燃木片
和室
地板：榻榻米
牆壁／天花板：PVC壁紙
臥室、小孩房、盥洗室
地板：木地板
牆壁／天花板：PVC壁紙

主要設備製造商
廚房施工／機器：Panasonic
衛浴設備：INAX
照明器具：Yamagiwa、KOIZUMI、其他
空調設備：大金空調
地板暖氣系統：TES

Hall

Loft

明亮的樓梯間
將空間連結

1 在二樓臥室能透過樓梯平台望向小孩房。寬敞的二樓大廳以ㄈ字型圍住挑高，在此設置固定式書架與工作室。登上有如工作梯的樓梯能到達閣樓。**2** 利用小屋頂空間所創造的閣樓，能由此到達屋頂露台。

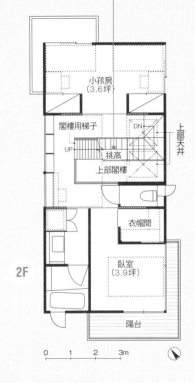

小孩房
(3.6坪)

閣樓用梯子

DN

上部天井

UP

挑高

上部閣樓

衣帽間

臥室
(3.9坪)

2F

陽台

0　1　2　3m

剖面重點

大空間挑高將上下樓
與房間連接
成為住宅的中心

為能傳達上下樓家人彼此的氣息，所以將樓梯平台配置在住宅中心。設有天井的樓梯挑高，能將光線傳達至細長型住宅的每個角落。登上客餐廳旁的樓梯後，以ㄈ字型將挑高包圍的二樓大廳在眼前展開。藉由這個大廳，將房間以南北方向分開。另外，活用小空間所配置的閣樓，成為屋主的大容量收納空間。

閣樓　　屋頂露台　　陽台
小孩房　挑高　盥洗室　浴室
玄關　　　　　　　甲板露台
　　　餐廳　　客廳

隔間重點

一樓的客廳能
促進家人間的交流

屋主T先生希望的動線是能經由客廳到達小孩的房間，所以將客廳配置在一樓。在狹窄的長條型基地上，為確保停車空間，一般會將客廳配置在二樓，但是將緊臨鄰宅的T住宅往南側移動之後，便多出了停車場與一樓客廳的空間。住宅中心的大挑高，再加上基地比南側土地來得高，使得一樓也能擁有明亮的採光。

想住在
美麗木材
裝飾的家

利用與外部的連續感及挑高天花板增加視野寬敞度

有如附屬空間般的客廳，也是通往二樓的中繼站。窗戶外側的陽台與室內的地板材顏色統一，製造出內外空間連續感。挑高的天花板也能讓空間感更為開放。

Living

047
土間與台階打造美麗的餐廚空間

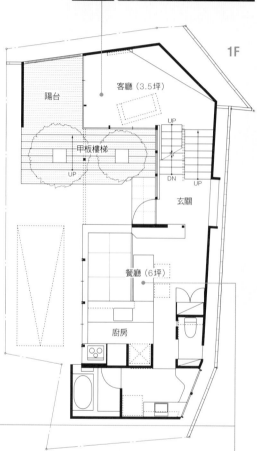

1F
客廳（3.5坪）
陽台
甲板樓梯
UP
UP
DN
UP
玄關
餐廳（6坪）
廚房

想住在美麗木材裝飾的家

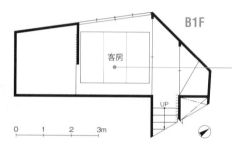

B1F
客房
UP
0　1　2　3m

Japaneseroom

多用途的半地下和室

當初計畫是將地下室全部當作收納空間，但後來變更為鋪有榻榻米的客房。雖然在地下室，但採光與通風性兼具，所以能夠打造出適合居住的空間。

土間與榻榻米台階組成的餐廳

將從玄關延續而來的土間砂漿地板與挑高的榻榻米小空間組合成餐廳廚房。餐桌、廚房料理台以及窗台都使用了黑色系塗料木板，強調水平空間感。廚房與餐桌呈現流暢的連續性。流理台配置在面向餐廳的位置，而瓦斯爐則背向餐廳。

隔間重點

**中庭住宅＋
跳躍式樓層
賦予豐富的變化性**

將入口通道延長，並導向設有玄關的中庭，打造出中庭住宅。以玄關為中心將兩個區域隔開，並加入跳躍式樓層設計。客廳能透過中庭與餐廳廚房對望，同時獲得距離感與連續感。土間與挑高的榻榻米小空間所組成的餐廳，是一個富有新鮮趣味的設計。

ARCHITECT
岸本和彦／acaa
神奈川縣茅ヶ崎市中海岸4-15-40-403
Tel：0467-57-2232
URL：http://www.ac-aa.com

DATA
攝影　　：黑住直臣
所在地　：神奈川縣 M住宅
家族成員：夫婦＋小孩2人
構造規模：木造、二層樓
地坪面積：108.81㎡
建築面積：101.49㎡
1樓面積：54.05㎡
2樓面積：47.44㎡
土地使用分區：第一種中高層住宅
專用區、鄰近商業地區
建蔽率　：66.22％
容積率　：177.95％
設計期間：2009/6～2010/2
施工期間：2010/3～2011/4
施工　　：大同工業

外部裝修
屋頂：鍍鋁鋅鋼板
外牆：鍍鋁鋅鋼板、磁磚
木製格柵：側柏＋防腐塗裝

內部施工
餐廳、廚房
地板：砂漿鏝刀粉刷、部份榻榻米
牆壁：Runafaser塗裝壁紙
天花板：EP環氧樹脂塗裝
客廳
地板：杉板OF
牆壁：Runafaser塗裝壁紙
天花板：EP環氧樹脂塗裝
書房、小孩房
地板：杉板OF
牆壁：Runafaser塗裝壁紙
天花板：EP環氧樹脂塗裝

主要設備製造商
廚房設備機器：Panasonic、INAX
廚房料理檯：家具製作品／廚房流
理台：SUS製作品
浴室衛浴設備：INAX、SANWA、
KAKUDAI
照明器具：Panasonia電工、
MAXRAY、DAIKO、YAMADA

剖面重點

多樣化的地板高度
創造出多采多姿的
戶外景色

兩棟建築將庭院包圍並採用了半層高度差的跳躍式樓層設計。將餐廳.廚房配置在一樓，客廳在一二樓之間，各個臥室則配置在二樓，隨著高度與深度增加，空間的隱密性也隨之增加。在中庭也配置與客廳連接的露台與甲板階梯，賦予空間的高度變化。客廳下方的半地下室空間則設置了收納間與客房。

位於小孩房隔壁
家族共享的書房

在面向光線安定的北側通道上設置固定式書桌，巧妙地打造出一個讀書角落。期待看到兩個小孩並肩坐在這裡唸書的溫馨光景。屋主夫妻也能在此使用電腦。

Studycorner

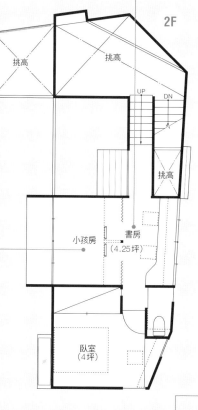

2F

挑高　挑高
UP　DN
挑高
小孩房　書房
(4.25坪)
臥室
(4坪)

Children'sroom

自然系的木紋
營造出柔和的
小孩房

能夠隔成兩個房間使用的小孩房。目前和書房之間沒有用門簾等隔間，讓兩個空間成為一體。另外也設置了寬敞的閣樓，可以當作收納或是睡覺的地方。

這個家是這樣
使用木材的

塗裝顏色增加高低起伏效果

「位於中庭的甲板階梯是木材使用的特色。利用階梯將客廳挑高半層樓，和餐廳、廚房能保持連接感的同時，也能創造出一個渡過悠閒時光的舞台式庭院。地板木材是杉板。根據場所的不同，將杉板染上深茶色，或是保持原色等利用顏色操作空間，明確地區分出空間調性。樑柱和格柵等木材也依照空間選擇將素材感顯露或是隱藏，打造出視覺的高低起伏效果」（岸本和彥）

Studio

048
無柱空間的大屋頂
彷彿防空洞般
將家族包覆

**與日常氣氛截然不同
能夠集中注意的
錄音室**

錄音室是身為專業音樂人的屋主平時利用的場所，擺放了許多吉他和音箱。設置了側門能讓機材在車內與錄音室之間直接移動，部份地板鋪有磁磚供愛犬活動。

1F

停車場

UP

UP

玄關

UP

影音工作室（4坪）

臥室
（5.35坪）

收納間

**想住在
美麗木材
裝飾的家**

0 1 2 3m

Sanitary

**玻璃隔間
增加寬敞性與採光度**

盥洗室與浴室之間使用了玻璃隔間製造出連續感，並克服了狹窄面積的限制打造出舒適空間。另外，衛浴設備與走廊之間沒有裝設耐震壁的需要，所以選用了玻璃材質。

Bedroom

**被珪藻土牆壁包圍
能讓心情平靜的臥室**

臥室位於一樓南側。考量到耐震性與隱私，將開口面積減少。被具有吸排濕性的珪藻土壁包圍的空間，呈現著靜謐的氛圍，提升睡眠品質。

隔間重點

**和一樓的機能性空間區分
將二樓打造成
自在閒適的客廳**

這次設計的重點為，如何欣賞基地南側敞開的景色與錄音室的配置。因為在一樓錄音室周圍設置了其他空間，所以將隔音性提高。二樓則是沒有柱和隔間牆的大空間。為了確保空間的寬敞，將廚房與樓梯往客廳方向的動線合併。在南側設置了大面開口坐擁絕美風景。

**這個家是這樣
使用木材的**

**利用木製的樑創造出
極具視覺效果的空間**

「將二樓天花板的結構當作設計要素帶入空間。將樑設計成優美綿密的造型。天花板塗上深咖啡色以凸顯樑的原木材質，不僅能將視線導向天花板頂部，也能營造出有如家一般堅固不搖的印象。到了夜晚，深色的天花板融入黑夜，又能表現出與白天截然不同的氛圍。另外，為了加強錄音室的隔音功能，利用了木造結構特徵，在柱與柱、樑與樑之間的空隙裡，添加了隔音性高的木質纖維材料（Cellulose insulation）」（廣部剛司）

ARCHITECT
廣部剛司／廣部剛司建築研究所
神奈川縣川崎市高津區諏訪1-13-2 広佐ビル2F
Tel：044-833-9798
URL：http://www.hirobe.net

DATA
攝影　：黑住直臣
所在地　：神奈川縣　石川住宅
家族成員：夫婦＋小孩1人
構造規模：木造、二層樓
地坪面積：100㎡
建築面積：92.74㎡
1樓面積：46.37㎡
2樓面積：46.37㎡
土地使用分區：第一種住宅區
建蔽率　：60%
容積率　：200%
設計期間：2010/2～2011/3
施工期間：2011/4～2011/9
施工　：榮港建設
施工費用：約2700萬日元

外部裝修
屋頂／外牆：鍍鋁鋅鋼板
內部施工
玄關
地板：磁磚
牆壁／天花板：矽藻土噴漆
影音工作室
地板：胡桃木複合地板、部份磁磚
牆壁：矽藻土噴漆
天花板：吸音毯
臥室
地板：胡桃木複合地板
牆壁／天花板：矽藻土噴漆
LDK、預備房
地板：胡桃木複合地板
牆壁：矽藻土噴漆
天花板：裝飾樑外露
浴室
地板／天花板：磁磚
天花板：浴室用合板

主要設備製造商
廚房設備機器：林內（Rinnai）、Panasonic
廚房施工：M-FURNITURE
浴室衛浴設備：TOTO、INAX、T from KALDEWEI、CERA、KAWAJUN
照明器具：MAXRAY、DAIKO、ODELIC、TOSHIBA

剖面重點

將屋頂形狀帶入室內延續的二樓大空間

為了提高錄音室的隔音效果，在牆壁、天花板裡填入了隔音性佳的木質纖維材料。除此之外，還在鄰宅側與臥室的牆壁裡加裝防震橡膠阻絕振動。建物本身的牆壁和防震牆等兩層的設計可將聲音造成的影響壓到最低。二樓的LDK沒有設置閣樓，上部空間的挑高營造出寬敞的室內。由天窗投射下來的光線帶來光影交錯的視覺享受。

家人聚集的溫馨客廳

考量到光線的平衡與預算，將開口的面積與數量減少，但是選擇設置在更具效果的地方。屋主表示：「和錄音室的包覆感相較之下，客廳挑高的天花板呈現了舒暢的開放感。氛圍也跟著空間的高低落錯產生改變」。

Living-Dining

使用合理的空間設計

為了確保其他空間的面積，將通道與廚房空間合併。「這種合併設計，能讓做家事的動線縮短，幾乎不用移動就能完成所有家事，非常便利」女主人道。

Kitchen

2F

預備房（2.25坪）
DN
LDK（10坪）
露台

和客廳的連續空間以拉門隔間成為小孩房

在二樓的一隅配置的預備房，目前是小孩使用的房間。在屬於自己的小空間裡隨時能感受到家人的氣息，是女兒最喜歡的場所。將拉門關上後可以成為一個獨立性高的空間。

Child's room

049

被木造框包覆的明亮住宅

Japaneseroom

多功能的榻榻米臥室

榻榻米臥室緊臨在玄關旁。因為一樓的地板高度比玄關土間高，所以能拉出與室外的距離感，令人安心自在。白天將拉門敞開後，搖身變成接待來訪客人的玄關大廳。

Entrance

玄關大廳是將每個場所連結的隔間基準點

進入玄關後正面就是盥洗設施。深處是小孩房的門，左邊則是榻榻米臥室。在玄關土間與一樓地板建造了一段鏤空階梯，玄關也能藉由這個鏤空階梯和地下室連接，光線經由玻璃窗戶射入地下室。

1F

0 1 2 3m

BF

半地下空間
（11.55坪）

小孩房
（3.3坪）

榻榻米室、臥室
（3.7坪）

衣帽間

UP 玄關

這個家是這樣使用木材的

細長型集成材所打造出的結構支撐著大套房空間

因為屋主E先生顧慮到壁紙剝落問題不想貼壁紙，所以決定將木製的結構材外露。但是巨大的樑可能會營造出農家氣氛，所以使用了與室內設計相稱的細長型集成材。集成材的樑柱寬幅（從正面看到的寬幅）是60mm，並使用間隔600mm的連續特殊結構設計。將樑柱之間的接合五金部份隱藏、細心地處理底部合板接縫等，經由工匠的巧手打造出完美的木造空間。

外露結構體與白色牆壁融合的臥室

將外露的結構體與白色牆壁、天花板結合，打造出小巧明亮的小孩房。在柱與柱之間配置窗戶或是收納，營造出實用舒適的空間。在臥室和臥室之間配置了衣帽間，讓兩邊都能方便地使用。

隔間重點

打造出寬敞的LDK高低錯落的空間配置

為了能有效率地使用有限空間，在一樓採用與相鄰場所共用空間的配置方式。玄關大廳兼用樓梯間、相鄰的榻榻米臥室也能當作與大廳連結的客房。另一方面，二樓則是全開放式的LDK。另外，在地下室設置收納櫃，而起居室的柱與柱之間則設置了架子，豐富的固定式收納空間讓家裡隨時保持整潔美觀。

Child'sroom

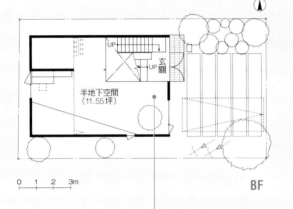

Hall

採光通風兼具的舒適地下空間

將整棟建築物往下掘而構成的寬敞地下室，可以當成多功能廳或是收納間。將一樓的地板往上架高900mm，並在地下南側設置了高窗。另外，光線也能透過玄關土間和一樓之間的鏤空樓梯照射至地下室。

ARCHITECT
若松 均／若松均建築設計事務所
東京都世田谷区深沢7-16-3-101
Tel：03-5706-0531
URL：http://www.hwaa.jp

DATA
攝影　　　：黑住直臣
所在地　　：東京都　E住宅
家族成員　：夫婦＋小孩1人
構造規模　：木造、部份鋼筋混凝土
　　　　　　二層樓＋地下一樓
地坪面積　：108.34㎡
建築面積　：123.40㎡
地下室面積：37.46㎡
1樓面積　：42.97㎡
2樓面積　：42.97㎡
土地使用分區：第一種低層住宅專用
　　　　　　區
建蔽率　　：40％
容積率　　：80％
設計期間　：2006/12～2007/6
施工期間　：2007/8～2008/3
施工　　　：澤深工務店

外部裝修
屋頂：鍍鋁鋅鋼板
外牆：外牆板VP塗裝

內部施工
玄關、大廳
地板：砂漿鏝刀粉刷、磚合板
牆壁：柱外露、西洋唐松合板＋OS塗裝
天花板：托樑外露＋CL塗裝
半地下室空間
地板：松木地板
牆壁：水泥裸牆、EP環氧樹脂塗裝
天花板：托樑外露＋CL塗裝、EP環氧樹脂塗裝
和室
地板：榻榻米、磚合板＋OS塗裝
牆壁：柱外露＋CL塗裝、磚合板＋OS塗裝、灰泥
天花板：托樑外露＋CL塗裝
小孩房
地板：水曲柳木地板
牆壁：磚合板＋OS塗裝、柱外露＋CL塗裝、EP環氧樹脂塗裝
天花板：托樑外露＋CL塗裝
LDK
地板：栗木地板
牆壁：西洋唐松合板、柱外露＋OS塗裝、EP環氧樹脂塗裝
天花板：托樑外露＋CL塗裝
閣樓
地板：西洋唐松合板
牆壁／天花板：西洋唐松合板、樑柱結構外露
盥洗室、更衣室
地板：水曲柳木地板
牆壁：磁磚、EP環氧樹脂塗裝
天花板：VP塗裝
浴室
半獨立式浴缸

主要設備製造商
廚房：Miele
衛浴設備：TOTO
照明器具：MAXRAY、遠藤照明、其他

曬衣場、賞月台
便利性高的閣樓
單斜面屋頂的最頂部被構造體切割出來一個空間，活用此空間打造成閣樓。朝南的寬幅度空間最適合當作室內曬衣場。到了夜晚可以坐在長椅上，倚著斜壁板欣賞熠熠星光。
Loft

選擇和木材搭配性高的
白色廚房
白色調系統廚房是女主人親自挑選的。捨棄用頭上方的排油煙機，而採用了在瓦斯爐旁加裝強制排氣口的便利設計。將往閣樓的階梯隱藏在面向餐廳的白色牆壁裡面。

Kitchen

Sanitary

小巧集中
具有清潔感的衛浴設備
將盥洗室、更衣室、廁所和浴室集中成一個衛浴空間。浴室的牆壁與天花坂使用浴室塑膠合板。而盥洗室、更衣室的地板則採用堅固的水曲柳木板。

想住在
美麗木材
裝飾的家

LOFT　　　小閣樓(1.65坪)

2F　　LDK(11.85坪)

剖面重點

提高建築強度的方杖擴大空間

在支撐單斜面屋頂、由北側往上斜的樑上加裝了從南側柱搭起的斜角撐（方杖）做為補強結構。這個方杖架構能使細長集成材組成的結構體強度增加。屋頂上部保持原樣，挑高天花板不僅營造出舒適的LDK，使暖氣循環良好、也打造了能夠曬衣服的小閣樓。另外，將一樓地板挑高900mm，能讓地下空間設置高窗採光並獲得良好通風。

小閣樓
方杖
LDK
南側　　北側
臥室
半地下空間

Living&Dining

木材和白牆壁的組合
營造出自然派氣氛
從廚房望向這個沒有樑柱、約24坪大空間的樣貌。在住宅南北側以結構體的木板完成內裝。而東西側則使用白色牆壁取得設計平衡。地板則是使用了堅固的栗木。

將正方形的平面 分割成三份 打造多樣化的空間

此次建築計畫是將正方形做平面切割。為了增加空間的多樣性，將玄關與內土間之間做成斜角、廚房與客廳的設計深度與天花板高度做出差異，以及打造不同的開放性與使用不同內裝材質等。為了讓細長型的客廳不要變成通道，依據生活動線而做區隔。在各處配置引導視線延伸的窗戶，使視野不會停留在某處，增加空間寬敞感。

Sanitary

藤編置物籃與磁磚 營造出自然風盥洗室

盥洗室的收納櫃使用訂做的藤編籃當做抽屜。浴室磁磚的凹凸有如鋪上一層紗布般細緻，和藤編籃的質地完美結合。

Kitchen

不鏽鋼與木材的絕妙組合 典雅的廚房設計

為了不要從玄關直接被看見，採用了半開放式的廚房設計。女主人非常喜歡雜貨，將廚房設計成宛若都會中的咖啡廳。染上茶色的柳安木合板製作了料理台與收納。

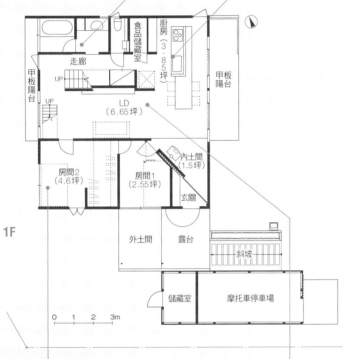

廚房（3.85坪）
食品儲藏室
走廊
甲板陽台
甲板陽台
UP
LD（6.65坪）
UP
內土間（1.5坪）
房間2（4.6坪）
房間1（2.55坪）
玄關
1F
外土間
露台
斜坡
儲藏室
摩托車停車場

0 1 2 3m

050

戶外的綠樹與內裝 木材共譜出迷人景色

屋外綠意和室內 木材連結的挑高

在客廳設置了實木厚杉板樓梯，與窗外森林絕景互相呼應。另一方面，張貼在牆壁上木板的木紋能夠強調空間的垂直性。能感受到視線被延長至二樓深處，或是往水平方向延展。

Bedroom

女主人的房間由 各式各樣的小物裝飾而成

一樓舒適大方的臥室擺設，反映出女主人的愛好。地板使用染上深色的柳安木材。樑和天花板則使用白色調塗裝，襯托了色彩繽紛的裝飾小物。

Livingroom

ARCHITECT
玉井 清／タマイアトイエ
東京都町田市森野 1 - 33 - 15 - 703
Tel：042 - 851 - 7116
URL：http://tamai-atelier.com

DATA
攝影　：黑住直臣
所在地　：埼玉縣 S住宅
家族成員：夫婦＋小孩 2 人
構造規模：木造再來工法※、二層樓
地坪面積：489.62㎡
建築面積：138.25㎡（車庫除外）
1 樓面積：84.08㎡
2 樓面積：54.17㎡
土地使用分區：第一種低層住宅專用區
建蔽率　：50%
容積率　：80%
設計期間：2009 / 2 ～ 2009 / 9
施工期間：2009 / 10 ～ 2010 / 4
施工　：坂上工務店
合作　：OZONE家づくりサポート
施工費用：2768 萬日元

外部裝修
外牆：杉板、鍍鋁鋅鋼板、Jolypate 噴漆
屋頂：鍍鋁鋅鋼板

內部施工
內土間
地板：磁磚
牆壁：AEP 塗裝
天花板：杉板窄幅 OS
客餐廳、廚房
地板：木瓜木地板※
牆壁：AEP 塗裝
天花板：杉板窄幅 OS
房間 1
地板：水泥、鏝刀粉刷
牆壁：AEP 塗裝
天花板：西洋唐松合板 AEP 塗裝
房間 2、小孩房 1.2
地板：柳安木合板 OS 塗裝
牆壁：AEP 塗裝
天花板：西洋唐松合板 AEP 塗裝
盥洗室
地板：磁磚
牆壁／天花板：AEP 塗裝
和室
地板：無邊緣榻榻米
牆壁：和紙
天花板：柳安木合板 AEP 塗裝
閣樓
地板：西洋唐松合板
牆壁：AEP 塗裝
天花板：杉板窄幅 OS

主要設備製造商
廚房設備：TOSHIBA、Z SINK
衛浴設備：TOTO、CERA
TRADING、UNION
照明器具：遠藤照明、MAXRAY、
Panasonic、YAMAGIWA

Japaneseroom

普普風設計增加
和室的趣味性
1 和其他空間氣氛不同的和室。拉門的方格花紋是仿造屋主 S 先生喜愛的桂離宮※所使用的拉門樣式。入口處使用了染上色的柳安木板。**2** 將透光拉門（障子）打開後就能和挑高互相連接。

將機能集中的
小巧小孩房
在四坪多的空間分割成兩個房間，配置了床、衣櫃、書桌等生活必要的機能。另外在走廊設置共用的書櫃，將空間做最大限度的活用。

Child's room

這個家是這樣
使用木材的
追求樸質與現代感的平衡點

在內外裝潢都使用木材，卻又要保持住宅現代感，所以設計了部份的白牆壁，另外也避免使用體積過大的木材。牆壁與天花板使用 9cm 寬幅較窄的木板。另外，為了避免住宅充滿森林小木屋的氣氛，選用了沒有節的堅固地板材。雖然盡可能地不讓住宅整體感太過於樸實，但為了能和背景的綠意相互呼應，通往閣樓的樓梯使用了厚實的實木杉板構成。此外，適當地露出樑與柱，取得樸素和現代之間的平衡。

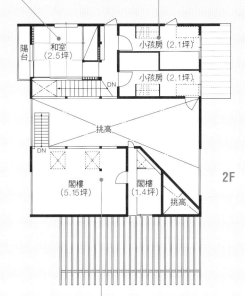

陽台　和室（2.5坪）　小孩房（2.1坪）　小孩房（2.1坪）　DN

挑高

DN

閣樓（5.15坪）　閣樓（1.4坪）　挑高

2F

剖面重點

木板內裝
打造出寬敞的立體空間

將屋外聳立樹木的垂直特性也帶入室內，將客廳挑高打造出垂直空間感。強調木頭質感所以大部份使用了木板內裝，另外也設計部份白色牆壁，加入現代感。為了減低預算將地板面積減少，但打造出寬敞的立體空間。挑高設計能透過開放閣樓看見斜屋頂延伸到深處的樣子，也能將視線距離拉長。

閣樓　和室
房間2　客廳　盥洗室

想住在美麗木材裝飾的家

有如藏在森林中能激發
創作感性的工作室
在低矮的閣樓裡，只有在天花板最高的地方才能完全站立。透過窗戶可以眺望屋外一片綠野，是令人心情舒暢的空間。以造型師為職業的女主人，有時候在這裡燙整衣服或是為工作做準備。

Loft

※木造再來工法：又稱 "軸組工法"，是從日本傳統建築所演變而來的一種工法，也是現代建築中常見的工法。
※木瓜：Chinese quince 是一種學名為 pseudocydonia sinensis 的薔薇科落葉性樹木，並非水果的木瓜。
※桂離宮：位於日本京都市西京區的一個離宮。

Kitchen

Entrance

051

白灰泥與古材的
組合營造出
時光交錯的氛圍

使用古建材的側門
打造出魅力廚房

側門門的門是使用將近100年前的古建材所建造而成的。門的存在感讓懷舊氣氛圍繞著廚房。「物品一旦注入了魅力，就會令人小心翼翼的使用」建築師安井說。透過狹縫窗能夠眺望庭園的綠意。

優雅的木造大門
素材感豐富的玄關周圍

順著鋪著十和田石地板的玄關門廊走，木製的大門迎面而來。大門兩旁使用古材點綴，充滿復古的氛圍。在玄關內部配置大型的玄關收納，能夠放置鞋類以及上衣等。

這個家是這樣
使用木材的

根據人的移動方式
賦予木材價值

「我想打造出一個『不論是動線或是心理層次都令人不自覺地倚近』的住宅。在安藤住宅裡，木製結構材料的顯露方式就是以此為出發點而設計的，例如由玄關延續到客廳粗大的樑，具有將人引導至室內的效果、刻意將二樓托樑突出挑高空間，誘導視線往上移動等。同時也在許多地方使用了老舊材料與老舊隔間建材。消去古與新之間的違和感、並打造出便宜的量產品所無法賦予的獨特價值，是這次的設計理念」（安井正）

平面圖標註：
廚房 (2.65坪)
腳踏車停車場
玄關
門廊
浴室
客廳 (5.05坪)
上部挑高
UP
盥洗・更衣室
和室 (2.35坪)
停車場
緣廊

0 1 2 3m

1F

Bathroom

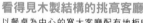

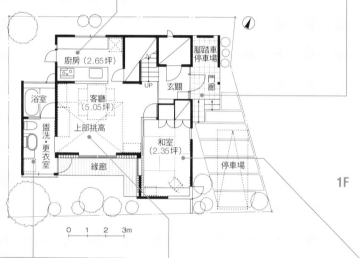

看得見木製結構的挑高客廳

以餐桌為中心的寬大客廳配有地板暖氣。地板使用橡木實木的鑲木地板。雖然客廳只有5坪左右大小，但與和室空間的連結加上挑高，令空間的寬敞感大增。

白磁磚與天井
打造出明亮衛浴間

將比較容易對木材有所損害的盥洗設施從主要建築移出來，另外建造一個平台空間。設計師安井把拋光後的古材厚板與大面積洗臉槽完美地結合。光線透過高窗讓浴室充滿明亮陽光。

Japaneseroom

品嚐榻榻米的閒適
和客廳連接的和室

和室是一個沒有特意決定用途的悠閒空間，平時將拉門敞開，和客廳連成一體空間。窗戶是用透光材質的窗戶紙與纖細框架特別設計而成的。陽光能透過窗戶將室內照亮。

ARCHITECT

安 井正／クラフトサイエンス

京都府京都市東山区大和大路通
四条下る四丁目小松町 570-23
Tel：075-741-8808
URL：http://www.craftscience.jp

DATA

攝影　：黑住直臣
所在地　：埼玉縣 安藤住宅
家族成員：夫婦＋小孩1人
構造規模：木造、二層樓
地坪面積：132.24㎡
建築面積：101.36㎡
1樓面積　：61.66㎡
2樓面積　：39.70㎡
土地使用分區：第一種低層住宅專用區
建蔽率　：50%
容積率　：80%
設計期間：2007/9～2009/5
施工期間：2009/8～2010/3
施工　：內田產業
合作　：NPO法人家づくりの会

外部裝修
外牆：鍍鋁鋅鋼板
屋頂：白洲壁塗料（shirasu-kabe）、
杉板塗裝、杉板雨淋甲板塗裝※

內部施工
玄關
地板：十和田石
牆壁：杉板甲板塗裝
天花板：托樑外露
客廳、廚房、臥室、房間
地板：橡木拼花地板
牆壁：灰泥鏝刀粉刷、杉板甲板塗裝
天花板：灰泥鏝刀粉刷、托樑外露
和室
地板：榻榻米
牆壁：灰泥鏝刀粉刷
天花板：托樑外露
盥洗室、更衣室
地板：橡木拼花地板
牆壁：灰泥鏝刀粉刷、部份磁磚
天花板：灰泥鏝刀粉刷

主要設備製造商
廚房施工：不鏽鋼台面／Taniko訂
製、櫥櫃／木作家具（Wood YST）
衛浴設備：TOTO
照明器具：MAXRAY、遠藤照明

※雨淋板（又譯：下見板）：將木板層層
重疊，順應排水方向釘置在柱樑等主要
結構上組成外牆，稱做雨淋板。
※鴨居：日式建築裡，拉門或是透光拉
門上方的橫木。

1、2樓隔間重點

藉由拉門開關
打造出寬敞的空間

將基地東南角突出的部份做為停
車場。將和室配置在一樓道路側
並向南側突出，以遮蔽由道路而來
的視線。在客廳做挑高設計，和
二樓空間連結，並將衛浴設備設
置在有如附屬小屋般的空間裡依
附著主建築。二樓由房間和書房構
成。將房間都面向挑高，增加寬敞
度。一、二樓基本上都使用拉門做
為隔間，所以能將房間之間連結，
創造出舒適寬敞的空間。

想住在
美麗木材
裝飾的家

**在書房裡靠著窗邊書桌
享受獨自思索的時光**

書桌是用厚杉板（古材）加上鋼
製腳架，再絕妙地搭配Bislay的
抽屜所製成的。固定式書架上排
滿了屋主喜愛的攝影集和書。

Den

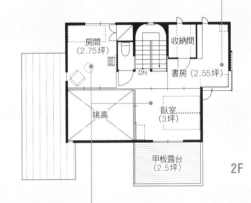

房間（2.75坪）　收納間
DN　書房（2.55坪）
挑高　臥室（3坪）
甲板露台（2.5坪）

2F

房間與房間使用可調整式的
隔間設計巧妙地將空間區隔

照片最裡面是女兒的房間，前方則是屋主夫婦的臥
室。地板的木條是別出心裁的設計。活用斜屋頂，在
北側設置高窗，將穩定的光源引入室內。將鴨居※塗
上屬於這個家的重點色調—綠色。

Bedroom

剖面重點

挑高
呈現木造結構寬敞的
立體空間

女主人說：「整個家彷彿一個大
空間，雖然面積不大但卻可以感
受到空間的寬敞」這是利用挑高
將上下樓空間連結的效果。挑高
也是木造結構建築中最迷人的
地方。將廚房和部份客廳的天花
板壓低，強調挑高效果的對比。
挑高上部的高窗，以及將屋頂稍
微挪開後設置的橫長型窗戶等設
計，讓住宅雖然四周被其他住宅
包圍著，但卻能不用擔心外來視
線而將光線引進屋內。

挑高　房間
客廳　廚房
外廊

高雅的天然木薄片
讓廚房變成美麗的家具

長2m50cm的廚房料理台是使用呈現天然紅色的紅木薄片搭配不鏽鋼的特別訂做品。將流理台隱藏在背後的收納櫃裡，讓廚房能保持整齊美觀。

Kitchen

Sanitary

鮮明紅色調
大人的化妝間

盥洗室、更衣室令人印象深刻的紅色牆壁，是使用海綿多層上色的深刻設計。屋主夫妻的期望是「希望能在不同空間裡享受不同的氛圍」，所以連衛浴設備、廁所等塗裝都非常講究。

052

採光與通風
格柵下的寬敞空間

Diningroom

［平面圖］
0 1 2 3m

露台
食品儲藏室
UP
客廳
(3.9坪)
餐廳、廚房
(8.75坪)
收納間
水景
玄關
中庭
置物櫃
書房
(5.6坪)
鞋櫃

1F

斜向交錯的縱向
格柵營造出藝廊氣氛

支撐屋頂的壁柱兼具隔間功能，將客廳與餐廳隔開。帶有現代風並具有厚度的設計是由兩片縱向格柵以X型組合而成的。另外在上部設置天窗，讓光線透過格柵灑落室內。

縮窄的入口設計
令人期待下個空間

通過中庭進入玄關後，大廳迎面而來，和挑高的天花板相照之下大廳地板顯得面積狹小。走過沒有窗戶的幽閉走廊，視線被引導至前方有如大堂般的客廳。高低錯落的設計讓空間更具豐富變化性。

Entrance

Court

石、水景與綠意的組合
讓中庭有如沙漠的綠洲

為了能夠感受雨水滴落與季節變換，在鋪著花崗岩的中庭裡設置了水景與植栽。位於右邊面向通道的格柵門是利用餐廳的壁柱所做出的設計。正面的小門則是與書房連接。

這個家是這樣
使用木材的

使用格柵結構支撐
單斜面屋頂的大空間

「這個住宅的特色是我取名為交差窗格的格柵狀結構體。使用大量寬幅45mm的木材構成高強度的樑與柱，支撐著客餐廳的單斜面屋頂。雖然利用大樑來支撐一個大空間不是件難事，但往往會令人感覺與建築本體的分離感。T住宅所使用纖細的結構材，能夠讓人融合居住環境裡，也營造出舒適的空間。另外，將屋頂和柱營造成彷彿樹的枝幹般，從天井透過格柵進入室內的光線，宛如從大樹空隙中灑落的煦煦陽光，賦予全家人有如被大樹庇蔭般的安心與舒適感」。（山中祐一郎）

將各房間連結起來的多用途書房

利用走道將位於二樓的主臥室與小孩房連結，並在這個走道上設置書架與書桌變成一個書房。透過書桌前面的窗戶可以往下眺望中庭，刻意將單斜面的屋頂高度加高，讓鄰宅不會透過自宅後窗與這個窗戶對望。

Library

Child'sroom

打造出自然明亮的臥室

二樓使用的原色木地板讓空間充滿自然氣息。小孩房的收納間壁面貼上土黃色壁紙，讓室內為之一亮。利用天花板高度變化和間接照明，將小巧的場所營造成舒適的空間。

ARCHITECT
山中祐一郎、野上哲也／S.O.Y.建築環境研究所
東京都新宿区若松町33-6
菱和パレス若松町11F
Tel：03-3207-6507
URL：http://www.soylabo.net
岡村 仁／空間工学研究所（構造）

DATA
攝影　　　：黑住直臣
所在地　　：東京都　T住宅
家族成員　：夫婦＋小孩1人
構造規模　：木造、二層樓
地坪面積　：220.14㎡
建築面積　：157.68㎡
1樓面積　 ：103.19㎡
2樓面積　 ：54.49㎡
土地使用分區：第一種住宅區
建蔽率　　：60％
容積率　　：160％
設計期間　：2008／8～2009／8
施工期間　：2009／9～2010／3
施工　　　：コラム

外部裝修
外牆：鍍鋁鋅鋼板
屋頂：Jolypate
內部施工
玄關
地板：花崗岩、柚木地板
牆壁：摻玻璃珠特殊塗裝
天花板：構造外露（上色塗裝）
客廳
地板：柚木地板
牆壁：摻玻璃珠特殊塗裝
天花板：構造外露（上色塗裝）
廚房
地板：花崗岩
牆壁／天花板：摻玻璃珠特殊塗裝
餐廳
地板：花崗岩
牆壁：摻玻璃珠特殊塗裝
天花板：構造外露（上色塗裝）
主臥室、小孩房
地板：柚木地板
牆壁／天花板：AEP塗裝
書房
地板／牆壁：杉木棧板、榻榻米（架高處）
天花板：AEP塗裝
盥洗室、更衣室
地板／牆壁：磁磚
天花板：AEP塗裝
浴室
地板／牆壁：磁磚
天花板：VP塗裝
中庭
地板：花崗岩
主要設備製造商
廚房：客製化
廚房機器：林內
衛浴設備：Tform、INAX、CERA
照明器具：遠藤照明、山田照明
特殊塗裝：Square Meter

想住在
美麗木材
裝飾的家

隔間重點

敞開面對中庭的住宅計畫讓隱私性與開放感兼得

在基地南側的道路側配置了格柵門，將中庭的隱私性提高。為能眺望鄰宅的綠意，在北邊的步道側設置了細長型的露台。南北兩個庭院與單斜面屋頂以直角交錯，為這方形基地上的中庭住宅增添活力。雖然位於單斜面屋頂下，面朝中庭開放的餐廳是住宅的中心，但另外配置了許多「溫馨小空間」，例如位於隔壁的客廳、或是從中庭直接到達的書房等，讓生活形態多采多姿。

剖面重點

天井與天花板的高低差打造出多樣化空間

將上方架著單斜面屋頂的客廳與餐廳，營造成有如平房的樣式。客廳最西側的天花板挑高達四米多。另一方面，將房間與衛浴設備集中並重疊在建築物東側。此外，為了確保隱私，減少住宅周圍的窗戶並活用天井。光線從客廳與餐廳之間的壁柱進入室內，彷彿綠蔭中灑落的陽光。

小孩房
(2.6坪)

書房

衣帽間

DN

主臥室
(4.9坪)

2F

具有採光與通風功能的縱向格柵包圍著客廳

介於玄關與餐廳之間的客廳，彷彿位於大會場前的舒適大廳。由縱向格柵以X型組合的通風壁柱，將客廳（照片中間）與餐廳（照片內側）緩和地區隔開。

Livingroom

Bathroom

Workspace

053

利用「斜支柱」
為簡單的空間
添上色彩

利用玻璃隔間
讓浴室更寬大

浴室、盥洗室與相鄰的空間使用玻璃隔間，再設置落地窗，打造出令人舒暢的寬大空間。將浴缸、洗臉台到鄰室的檯面一體化，節省空間利用。下部牆壁與地板統一使用同樣規格的磁磚。

具有機能性的小巧工作室

在這個約3.5 平的空間裡配置書桌，以及用結構合板製造的吊掛式書櫃，用來收納資料以及興趣收藏品，讓工作桌面不會太過於雜亂。書桌前的開口部是和屋外地平面連結的地窗※。

※地窗：主要出現在和室建築裡。在房間裡對角分別設置與地板連接的窗戶，具有自然換氣功能。

這個家是這樣
使用木材的

將實木板、集成材、結構
用合板依照用途區分使用
塑造出空間調性

「最令人印象深刻的是在二、三樓所使用的斜支柱。在這個住宅裡不使用從一樓到三樓的支柱，而是在各層樓使用柱子將天花板與地板斜角連接，達到支撐結構的效果。所以才能使用不規則的斜角造型。因為住宅附近是次級防火地區※，所以先把窗戶等開口總面積減少，才能將結構柱露出，實現計畫。另外一項特徵是依用途區分的木材種類。實木、集成材、結構用合板等，活用不同的木紋、觸感、強度的木材，來決定每個空間的調性」（佐藤宏尚）

陽台

浴室、盥洗室（2.5坪）

UP
DN

臥室
（7.5坪）

挑高

2F

工作室
（3.3坪）

車庫
（6.85坪）

UP

玄關

1F

0　1　2　3m

隔間重點

各樓層有各自的機能
直線型的樓梯設計
可將陽光帶入室內

在一樓配置了讓主人能夠賞玩個人興趣的車庫，二樓則是臥室與浴室、盥洗室，LDK則配置在三樓，將使用機能清楚地劃分開。不論是哪層樓都設計成樣式簡單的大空間，易於將來整修或裝潢。直線型樓梯將一樓到三樓串連。樓梯間與房間使用玻璃隔間，所以光線能藉由樓梯間的天井進入各空間。

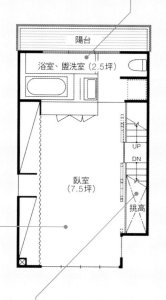
Staircase

使用結構用虎紋
（虎目杢）合板打造出
具有個性的樓梯間

在造型簡單的樓梯間使用具有獨特虎紋的結構合板，並上漆塗裝。根據使用時間增長，顏色也會逐漸加深。因為樓梯間和臥室是用玻璃隔間，所以將電燈開關設置在樓梯扶手旁。

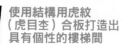

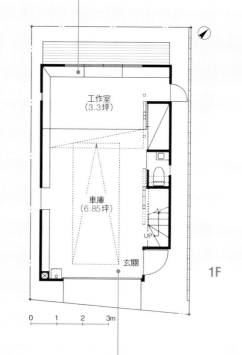
Garage

兼具玄關功能的車庫
是一樓的主角

放置愛車愛快羅密歐（Alfa Romeo）和偉士牌（Vespa）摩托車的車庫。隨時可以從工作間欣賞愛車。從外面進入車庫後，可以從照片右邊的樓梯往上到達起居室，於是車庫就肩負了玄關功能。

※次級防火區：（日：準防火區）日本建築法規裡，依照防火區域的區分，將建築構造分為三類：耐火建築物、簡易耐火建築物、一般建築物。次級防火區屬於簡易耐火建築物的規範。

ARCHITECT

佐藤宏尚／佐藤宏尚建築デザイン事務所

東京都港区三田 4-13-18
三田ヒルズ 2F
Tel：03-5443-0595
URL：http://www.synapse.co.jp

DATA

攝影　：多田昌弘
所在地：東京都　M住宅
家族成員：夫婦
構造規模：木造、三層樓
地坪面積：65.27㎡
建築面積：118.86㎡
1樓面積：39.04㎡
2樓面積：39.54㎡
3樓面積：40.28㎡
土地使用分區：第一種中高層住宅專用區
建蔽率：60%
容積率：160%
設計期間：2008/4～2009/4
施工期間：2009/5～2009/10
施工　：江中建設株式會社

外部裝修

外牆：鍍鋁鋅鋼板
屋頂：壓克力樹脂塗裝、部份AC磁磚

內部施工

LDK
地板：櫸木實木地板
牆壁／天花板：PVC壁紙
臥室
地板：櫸木實木地板
牆壁／天花板：PVC壁紙
車庫
地板：磁磚
牆壁／天花板：PVC壁紙
盥洗室、浴室
地板／牆壁：磁磚、VP塗裝
天花板：矽酸鈣板、防結露（壁癌）塗裝

主要設備製造商

廚房機器：林內（Rinnai）、三化工業、三菱、Panasonic
衛浴設備：INAX、Sanwa Company、KAKUDI、Villeroy&Boch、Tform
照明器具：Panasonic電工、笠松電機、DAIA螢光

Living-Dining

沿著玻璃隔間配置的不對稱支柱

三樓的LDK。樓梯間與LDK空間使用玻璃隔間，沿著玻璃面設置斜支柱。斜支柱以不對稱方式配置，營造出具有個性的空間。視線往樓梯方向與屋外延伸，增加寬敞感。

由西洋唐松合板製作的廚房門板

在三樓廚房上部配置閣樓。杉板製作扶手與利用一處支撐，遠看彷彿漂浮在空中般。廚房的收納間門板則使用落葉松。

想住在美麗木材裝飾的家

剖面重點

將一、二樓的天花板高度壓低構成三樓的挑高

在這三層樓建築裡，各層的面積幾乎相同。因為有高度的限制，將1、2樓的天花板高度壓低至2米1，讓三樓能擁有3米6的挑高空間，打造出寬敞的LDK。活用挑高後的天花板，在廚房上方設置了閣樓。另一方面，考量到屋主長時間待在工作室的舒適性，將地板往下挖掘之後，使工作間的天花板高度增加至2米9。在地板與水平面的高低差之間製作固定式的水泥書桌。

3F

屋頂陽台
DN
LDK（8.65坪）
挑高
上部閣樓（2.95坪）

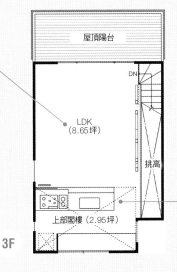

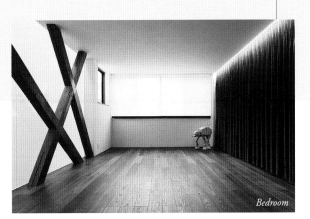

Bedroom

臥室的蜜蠟塗裝實木地板

考量到在二樓大多是赤腳走路，所以使用了觸感柔和、對身體較好的地板材質。鋪上櫸木（ash）的實木地板，並使用蜜蠟塗裝。將衣櫃隱藏起來的簾幕上設置照明，隨著簾幕波紋落下的光線為室內帶來柔和感。

**活用收集而來的木材
打造出日式的空間**

使用父親蒐集的木材，製作出
一間擁有壁龕的和室。將衣櫃
設計成吊掛式，即使不用犧牲
面積也能夠確保收納空間。

**擁有2個
出入口的廚房**

廚房除了可以通往餐廳，
另外在走廊側也設置了出
入口。女主人表示：「出
門購物回到家後，可以直
接從走廊進入廚房，將食
材放入櫥櫃或冰箱，非常
方便呢」。

**將收納和書房合併
將工作用物品輕鬆收納**

將屋主平時工作用的衣服和資料一併
納入玄關收納間裡。另外也設置書
桌，準備工作全都可以在這個場所進
行。照片最裡面的門可以通往停車場。

054

在單色調的
空間裡
活用充滿
回憶的木材

**沉穩的餐廳與開放
客廳營造空間層次感**

將客廳天花板挑高，讓整體對外
的開放感大增，營造出和餐廳截
然不同的氛圍。在甲板露台上設
置圍柵，阻絕外來視線。用櫸樹
板製作出獨一無二的餐桌。是已
過世的父親精心挑選的木材。

**將一、二樓的天花板
高度壓低構成**

將餐廳與廚房的天花板高度壓低，客廳的天花
板挑高，提高往甲板露台方向的開放感。另外
在客廳設置高窗，讓空間更加明亮開放。二樓
的傾斜屋頂直接反映在室內，令人有被包覆的
安心感。相較於擁有大面窗戶的盥洗室，將臥
室的窗戶縮小並設置在較高的位置，打造出具
有隱私性、令人安心的空間。

ARCHITECT
小野喜規／オノ・デザイン建築
設計事務所
東京都目黒区自由が丘3-16-8
Tel：03-3724-7400
URL：http://www.ono-design.jp

DATA
攝影　　　：黑住直臣
所在地　　：千葉縣 K住宅
家族成員　：夫婦＋小孩2人
構造規模　：木造、二層樓
地坪面積　：187.91㎡
建築面積　：114.56㎡
1樓面積　：62.45㎡
2樓面積　：52.11㎡
土地使用分區：第一種低層住宅專
用區
建蔽率　　：50％
容積率　　：100％
設計期間　：2007／3～2007／9
施工期間　：2007／10～2008／4
施工　　　：みくに建築
施工費用　：約2800萬日元

外部裝修
屋頂：單層柏油
外牆：粉光、杉木雨淋板

內部施工
玄關大廳
地板：櫻木實木地板塗裝
牆壁／天花板：EP環氧樹脂塗裝
LDK
地板：櫻木實木地板塗裝
牆壁：杉木雨淋板、EP環氧樹脂
塗裝
天花板：EP環氧樹脂塗裝
和室
地板：榻榻米
牆壁：EP環氧樹脂塗裝
天花板：杉木
書房
地板：櫻木實木地板塗裝
牆壁：椴木合板
天花板：EP環氧樹脂塗裝
玄關收納
地板：PVC磁磚
牆壁／天花板：PVC壁紙
卡臥室
地板：櫻木實木地板塗裝
牆壁／天花板：EP環氧樹脂塗裝
浴室
地板：半獨立式浴缸
牆壁／天花板：日本花柏木板、木
材保護塗裝

主要設備製造商
廚房零件製作：中外交易、收納事
典、KAWAJUN、SUGATSUNE
衛浴設備：TOTO、CERA、
KAWAJUN
照明器具：YAMAGIWA、遠藤照
明、Panasonic

二樓張貼花柏板的寬敞開放浴室

位於二樓東南方的浴室，利用木板內裝讓空間呈現大自然氣氛。和浴室甲板露台的延續感也讓空間更加寬敞。

迴遊動線將臥室與盥洗室、家事空間連結 使用便利

寬敞明亮的盥洗室、家事間。因為緊臨浴室甲板露台，洗完衣服可以立即晾乾非常便利。和衣物間距離也非常相近，折疊好的衣服可以輕鬆收納不費力。

2F

一樓隔間重點

設置兩種通路省去多餘移動

廚房、玄關收納等，在這種移動繁複的工作室裡分別設置了兩個出入口，讓移動更順暢。玄關收納另外設置與車庫間的出入口，將車庫裡的物品移到收納間的工作變得輕鬆許多。在廚房設置了無死角動線，購物回家時可以直接從玄關輕鬆搬運到廚房裡。在廚房內側配置了書桌角落，可以在這裡使用電腦等工作。

想住在美麗木材裝飾的家

臥室充滿被包圍的安心感

刻意將臥室的窗戶縮小。因為做了格子狀設計，夏天夜晚也能安心的讓涼風吹入室內。由於能夠直接看到斜面天花板的造型，能為空間帶來沉穩靜謐的氣氛。

二樓隔間重點

衛浴設備也設計了多條動線

將總是被稱為「後台」的家事間與衛浴設備等設置在採光良好的東南側，打造出一個舒適的家事空間。並將家事間的洗衣機、晾衣服用浴室甲板露台以及衣物間等場所集中，減少移動距離。另外也縮短浴室到臥室的距離，可以輕鬆地照顧年幼的小孩們。

活動式格柵
賦予住宅
多樣的表情變化

具有開關功能的高機能性格柵

為了同時兼顧隱私、通風與採光，將部份格柵設計成能夠開關的裝置。依照天氣的變化，可以隨心所欲地改變採光與通風的方式。

想住在
美麗木材
裝飾的家

屋主T夫妻的期望

- 令小孩們享樂其中的空間
- 能刺激小孩們感性的要素
- 寬敞舒適的浴室
- 設置迷你菜園等活用屋頂空間

1F

```
廚房（約2.5坪）
大廳（約3坪）      車庫
後露台
餐廳（約4坪）
UP
UP   DN        玄關
```

半層樓高的跳躍式樓層打造適當的空間距離

從玄關往上半層樓是餐廳，往下半層樓是浴室。利用半層樓高度的差距以及傢具形成隔間，讓空間同時擁有開放性與適度的隱私感。屋主夫婦說：「隨時都能感受到家人的氣息令人感到很安心」。

B1F

```
臥室（約3坪）    書房
浴室、盥洗室
UP
```

露台的格柵設計將光線與涼風帶入室內

因為客廳面向道路，為了確保隱私以及兼顧光線與風，在露台裝上格柵。根據天氣與季節的變換，坐擁欣賞光影變化的樂趣。

建築師是這麼想的！

「以安全性為優先，但並不是"過度保護"，而是希望打造出一個能刺激小孩們的感性並且能樂在其中的空間」這是屋主T夫妻所期望的環境。基地是向南北延長的細長型基地，三面被鄰宅包圍，將住宅正面設置在唯一開放但面對道路的南側。綜合屋主夫妻的期望與基地條件，決定在建築中央做挑高設計，並將各樓層以南北向的跳躍式樓板區分。挑高不僅能夠讓光源傳遞至地下室，也具有京町家建築裡「穿庭※」的功能，提高每層樓的獨立性。雖然位在不同層樓，但卻能感受到彼此的存在，打造出適當的空間距離感。雖然這種開放性住宅往往會讓家人互相干涉彼此的生活，但卻也因此能讓小孩們學習責任感，並且能夠經由觀察家人間的互動，學習人際關係與溝通。另外，三合一的設計營造出寬敞舒適的浴室，也能在多用途的屋頂上進行各種活動。（安藤和浩＋田野惠利）

安穩靜謐擁有高品質睡眠的臥室

從玄關大廳看見半層樓下臥室的樣貌。為了營造優質的睡眠空間，將開口縮小，為空間增添靜謐舒適的氣氛。另外也利用高低差配置了具有收納功能的書櫃。

※ 穿庭：日式傳統建築京町家的土間裡，從前門通行到後門的細長通道。

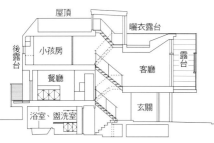

SECTION

跳躍式樓層與挑高設計 讓密閉的住宅 擁有開放空間

因為是南北狹長的基地,再加上三面都被鄰宅所包圍,所以在建築物中間配置挑高,將各層樓以半階錯開並往南北分開。光線透過挑高傳遞至地下,藉由跳躍式樓層設計打造出具有韻律感的空間。

配置機能性動線 每天都能輕鬆地做家事

ㄈ字型的廚房「料理或是擺盤的動線縮短了,使用起來很方便」女主人說。另外還將檯面加高,恰巧可以遮住手邊動作。設置大容量收納壁櫃,整理起來更輕鬆容易。

活用屋頂空間 享受不同樂趣

根據屋主夫妻的期望打造了多用途的屋頂空間。照片前方的水泥部份在將來可以覆上土,打造成菜園。而全家人在假日時,可以利用長椅和桌子渡過悠閒的早午餐或下午茶時光。

為仍處成長期的小孩們 打造可變性的空間

姐弟共有的小孩房。目前是幾乎沒有隔間的狀態,可以輕鬆地和位在樓下客廳的父母交談。可以視情況設置隔間門或是分割成兩個房間。

R

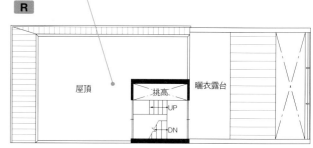

屋頂　挑高　曬衣露台　UP　DN

採光通風誘發好奇心 充滿活力的設計

從小孩房往下看客廳的樣子。雖然住宅被鄰宅包圍著,但充滿活力的跳躍式樓層設計營造了開適悠然的氣氛,打造出屋主夫妻所期望的"愉快的生活空間"。

小孩房(約5.5坪)　榻榻米地板　挑高　客廳(約5.5坪)　露台　UP　UP　DN

2F

ARCHITECTS

安藤和浩+田野惠利／アンドウ・アトリエ

埼玉縣和光市中央2-4-3-405
Tel:048-463-9132
URL:http://www8.ocn.ne.jp/~aaando1

有田佳生／有田佳生建築設計事務所

DATA

攝影:山下智靖
所在地:東京都 T住宅
家族成員:夫婦+小孩2人
構造規模:鋼結構+鋼筋混凝土、二層樓+地下一樓
地坪面積:96.22㎡
建築面積:136.61㎡
地下室面積:29.64㎡
1樓面積:54.11㎡

2樓面積:49.98㎡
頂樓小屋面積:2.88㎡
土地使用分區:第一種中高層住宅專用區
建蔽率:60%
容積率:160%
設計期間:2005/4～2006/5
施工期間:2006/6～2007/1
施工:宍戶工務店
建築施工費用:3760萬日元(含傢具工程)

外部裝修
屋頂:彩色鍍鋁鋅鋼板
外牆:外牆板

內部施工
玄關大廳
地板:砂漿鏝刀粉刷
牆壁:AEP塗裝、部份水泥

天花板:AEP塗裝
LDK
地板:已塗裝松木地板
牆壁／天花板:ACP塗裝
臥室
地板:已塗裝松木地板
牆壁:AEP塗裝上矽藻土粉刷
天花板:柳安木合板
浴室
地板／牆壁:全磁化磁磚
天花板:隔熱鋼板

主要設備製造商
廚房:客製化
衛浴設備:TOTO、CERA
照明器具:遠藤照明、YAMAGIWA、Odelic

**馬賽克磁磚是
設計亮點
以黑色調統一的廁所**

牆壁、地板與架子都使用了黑色調裝潢。使用 INAX 無水缸設計的馬桶，加上 1.5cm 的正方形馬賽克磁磚仔細的拼貼，營造出充滿設計感的空間。

**將舊衣櫃當作壁面
收納並統一顏色**

一樓的臥室。將女主人過去使用的衣櫃改造成壁面收納，並將室內的色調和衣櫃的茶色統一。

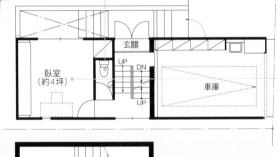

1F

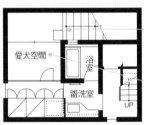

B1F

056

挑高與樓層差為
小住宅注入寬敞感

**地下室的愛犬空間
可以由採光井
直接進出**

要帶愛犬散步時，可以從入口通道經過採光井，直接來到半地下室的愛犬空間，非常便利。冬暖夏涼的地下室讓狗兒也能住在舒適的場所裡。

剖面重點

高低起伏的天花板
打造立體感

相較於強調水平方向寬敞度的平面構成，在規劃剖面圖的時候，著重於垂直方向的空間感。在屬於生活中心的二樓，藉由中間的樓梯挑高，將空間分割成東西兩邊。但是，不單只是創造天花板挑高的空間，也將其他場所的天花板壓低，強調客廳與餐廳的開放感。在面積有限的小家庭裡營造出豐富的寬敞空間。

二樓、三樓隔間重點

利用跳躍式樓層
打造出寬廣空間

在二樓配置客廳，往上半層樓是餐廳，再往上半層則是和室。餐廳的視線往客廳延伸，增加視覺寬敞感。無隔間的設計讓家人可以感受到彼此氣息，而半層樓的階差又能遮住直視的視野。另外，再利用開口巧妙的配置，將一個大空間賦予變化性。北側開口的採光，讓客廳充滿明亮，而書房則營造出光線較微弱的空間。在樓梯設置光柵，使光線柔和地進入室內。光與影的變化為空間帶來深奧感。

地下室、一樓的隔間重點

考量到住宅安全性將
個人房為中心的樓層關閉

在這擁有六層的跳躍式住宅裡，最下面的兩層是包含室內車庫的個人房樓層。進入玄關後，往下走半層樓的地下空間是浴室和愛犬空間，在這裡也考量到住宅的安全性，減少開口部，並用水泥牆圍住空間。玄關左邊就是室內車庫，能從屋內直接到達。在玄關往上半層樓的地方則是臥室，將臥室的天花板構造外露，以減少小空間的壓迫感。

ARCHITECT

若原一貴／若原アトリエ
東京都新宿区世古田町2-20
司ビル302
Tel：03-3269-4423
URL：http://www.wakahara.com

DATA

攝影	：石井雅義
所在地	：東京都 內山住宅
家族成員	：夫婦＋犬2隻
構造規模	：木造＋鋼筋混凝土、三層
	樓＋地下一樓
地坪面積	：81.19㎡
建築面積	：121.76㎡
地下室面積	：23.19㎡
1樓面積	：43.07㎡
2樓面積	：43.07㎡
3樓面積	：12.43㎡
土地使用分區	：第一種中高層住宅專
	用區
建蔽率	：60%
容積率	：200%
設計期間	：2005/8～2006/7
施工期間	：2006/7～2006/12
施工	：アートウェッブハウス

外部構造
屋頂：鍍鋁鋅鋼板
外牆：壓克力樹脂塗裝

內部施工
玄關
地板：馬賽克磁磚
牆壁：杉板AEP塗裝
天花板：AEP塗裝
客廳
地板：地毯
牆壁／天花板：AEP塗裝
餐廳、廚房
地板：木地板
牆壁／天花板：AEP塗裝
和室
地板：榻榻米拼裝版
牆壁／天花板：AEP塗裝
臥室
地板：地毯
牆壁：AEP塗裝
天花板：構造體露出的部份AEP塗裝
浴室
地板／牆壁：磁磚
大化板：檜木
愛犬空間
地板：磁磚
牆壁：水泥裸牆
天花板：AEP塗裝

主要設備製造商
廚房：東洋廚具（TOYO KITCHEN）
衛浴設備：INAX、Fuji Corporation
照明器具：YAMAGIWA、Panasonic電工

彷彿漂浮在空中的雅致和室

介於餐廳與客廳之間的和室。和室地板下所配置的空隙，是為讓坐在餐廳時，視線能透過空隙延伸到客廳而設計的。

希望能
享受家裡
的寬敞感

3F

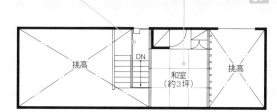

挑高　DN
和室
（約3坪）
挑高

能一眼望見建築的兩端讓視覺寬敞度大增

從餐廳東側放眼望去的樣貌。往下半層樓是客廳，往上半層樓則是宛如漂浮中的和室。在建築的兩端都能望向另一端，享有視覺上的寬敞舒適。

餐廳、廚房
（約5坪）
UP
DN
UP
書房
（約1.5坪）
客廳
（約4坪）

工作陽台

2F

利用挑高增加客廳縱向空間的寬敞度

在東西向的長形基地上採用了跳躍式樓層，確保視線往水平方向線延伸。另一方面，客廳與餐廳的挑高設計也擴大了縱向的空間感。

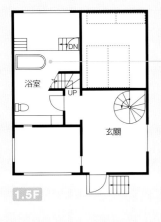

057

庭院與開口
將空間連結
增加寬廣性

有如度假村的盥洗室
透過玻璃
擁抱豐沛翠綠

被綠林與陽光包圍的盥洗室，是一個能讓人忘卻時光享受的閒適空間。「彷彿身在別墅般。最喜歡每天早上在這裡梳洗準備的時間了」女主人說。在圖左邊設置的小窗，是為了讓光線能進入廚房而設計的。

使用玻璃隔間的浴室
透過庭院享有綠林美景

1 面對北側樹林，鋪有磁磚的庭院。左邊的樓梯往上即通往浴室，右邊樓梯則和下面屋主的書房連結。2 庭院介於玻璃隔間浴室和綠林之間，沐浴的時候可以透過玻璃，欣賞豐沛的大自然景色。女主人滿意地說「美好的一天從這裡開始」。是一個能讓人神清氣爽地迎接早晨的空間。

活用樓層差打造
出大容量的地下收納
使生活空間清爽整潔

從玄關大廳經由螺旋樓梯往下走，來到兄妹共用的鋼琴室。在建物正面上部的主臥室下方，利用地面高度差設置了大容量的收納空間。「因為收納容量充足，讓生活空間能夠隨時保持美觀整潔」。

1.5F

1F
停車場

B1F
收納
收納
書房
小孩房（約2.5坪）
鋼琴室
小孩房（約2.5坪）
庭院

主臥室（約3.75坪）
庭院

浴室
玄關

兼顧隱私和連結性
將房間串連的庭院

為減少房間的閉塞感，將國中一年級和小學五年級兄弟兩人的房間，分別和木甲板庭院連結。因為房間位於半地下室，可以不必擔心外部視線，將光線與涼風導入室內。

隔間重點

剖面重點

擁抱自然的庭院
連結室內室外的空間

M住宅全家人都期望能擁有獨立性高的隔間方式。但是礙於面積大小，如果將每個房間都確實地隔間的話，就會產生閉塞感。於是建築師近藤決定將每個房間都設置開口部，再藉由地板高度的變化，讓空間彼此相連，獲得獨立性的同時也能兼具空間開放感。另外，在各層樓都分別配置庭院，讓光線與風傳入每個空間，並且增加遼闊感。藉由庭院的設置，也能將空間彼此連接。

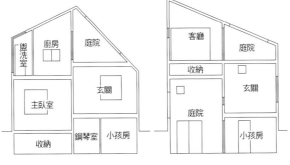

剖面圖：盥洗室 廚房 庭院 / 收納 / 主臥室 玄關 / 收納 鋼琴室 小孩房

客廳 庭院 / 收納 / 玄關 / 庭院 小孩房

將空間配置立體化
不僅擁有獨立性還能相互連結

空間皆以半層樓的高度錯開的M住宅，雖然有二層樓和地下一樓，實際上卻是由五層樓構成的立體建築。藉由改變地板高度差，讓空間不僅能擁有各自的獨立性，也能將空間彼此連結。不但實現了家人希望保有各自的房間，也發揮了有限空間裡最有效的利用。女主人說「注重家人彼此的隱私，才能使家族之間更和諧」另外還活用了樓層高度差，設置了地下收納，打造出具有機能性的住宅。

ARCHITECT

近藤哲雄／近藤哲雄建築設計事務所

東京都目黒区原町2-24-2-1F
Tel：03-3714-4131
URL：http://www.tetsuokondo.jp

DATA

攝影　：牛尾幹太
所在地　：神奈川縣 M住宅
家族成員：夫婦＋小孩2人
構造規模：木造、二層樓＋地下一樓
地坪面積：139.02㎡
建築面積：136.90㎡
地下室面積：35.46㎡
1樓面積　：47.21㎡
2樓面積　：54.23㎡
土地使用分區：第一種低層住宅專用區、第一種高度地區
建蔽率　：40％
容積率　：80％
設計期間：2006／4～2006／12
施工期間：2006／12～2007／4
施工　：前田工務店
建築施工費：約2800萬日元

外部裝修
外牆／屋頂：鍍鋁鋅鋼板
開口部：鋁製門窗框

內部施工
LDK、主臥室、小孩房、玄關
地板：木地板
牆壁／天花板：AEP塗裝
浴室
地板：磁磚
牆壁／天花板：AEP塗裝
庭院
地板：土（2F）、砂漿（1F）、木製甲板（地下室）
牆壁／天花板：AEP塗裝

主要設備製造商
廚房機器：HARMAN、富士重工
衛浴設備：INAX、TOTO
照明器具：Panasonic電工、遠藤照明

利用地板的高度變化
將空間連結
營造出寬敞感

客餐廳、廚房與庭院，這四個空間以田字型配置在二樓。將每個空間賦予獨立性，但藉由地板高度變化將彼此連接。客廳鄰接著庭院使空間更舒適，餐廳則和北側的綠林借景，營造出安穩的氣氛。在南側設置的庭院可以將光與風導入廚房。將地窗設置在可以看得到玄關大廳的地方。將與客廳相連的庭院周邊圍起，享受眺望景色的樂趣時也能確保隱私。在舖上土的庭院裡享受園藝之樂。

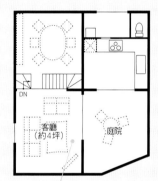

2.5F

2F

希望能
享受家裡
的寬敞感

將陽光與微風引入
室內的空中花園
樂享第二個客廳

建築物最高層的客廳與庭院，是一個能擁抱大自然恩惠的空間。陽光、涼風還有庭院的綠意將生活點綴的多采多姿。實用性非常高的第二個客廳「深受來訪友人的喜愛」。

在被包圍的空間裡也
做了營造出舒適感的設計

雖然是被牆壁包圍者，獨立性高的廚房，但天花板最高處挑高4米，另外還能藉由庭院採光與通風，營造具有開放感的廚房。採用木製的工作台面，打造出柔和優美的料理空間。

將內外連接的
有如 "穿庭" 般的
餐廳空間

基地北側的餐廳、廚房和父母家的庭園連接。因為住宅位於 T 型基地上,人在北側時,會看不到東側的客廳和西側的和室,雖然是沒有隔間的大空間,也能營造出有如私人空間般的舒適感。

簡潔俐落的
水泥裸牆
入口大廳

位於地下室的入口大廳兼具樓梯間功能。樓梯的右邊是玄關。從道路平面經由入口到達位於一樓東側的客廳。樓梯左邊則是鞋櫃、收納和廁所的門並列著。

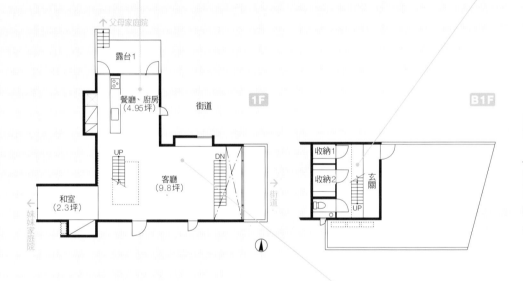

↑ 父母家庭院

露台1

餐廳、廚房
(4.95坪)

街道

1F

UP

DN

客廳
(9.8坪)

和室
(2.3坪)

← 妹妹家庭院

街道 →

B1F

收納1

收納2

玄關

UP

058
兩個大套房
重疊的家

地下室、一樓的隔間置點

在 T 字兩端設置的大空間
將美景盡收眼底

在和街道同一個平面的地下室設置玄關與停車場。住宅南面緊臨鄰宅,所以將一樓的南面開口縮小,在 T 字平面有如枝條般伸出的東西北端設置窗口,眺望美景。配合每個枝條不同的街景與庭院,配置了風格迥異的三個大空間。「能夠感受到街道氣氛的住宅,才是令人感到安心與舒適的住宅」(建築師千葉)。在榻榻米間的地板與地下室的玄關設置充足的收納空間,而較常使用的生活用品,可以放置在起居室的壁面收納櫃裡。

剖面重點

浴室 盥洗室
露台2 小孩房

和室

客廳

玄關

停車場

有效利用傾斜地構造
創造順暢動線的 W 階梯

在往東側道路傾斜的基地上,如何自然地配置建築物是這次設計的課題。在基地東側建造了兼具擋土牆功能的鋼筋混凝土構造的地下室,並在此配置玄關與收納。一、二樓採用鋼結構,支撐開放空間。此外,除了玄關開始的入口階梯,另外設置一個將一、二樓連接的內部樓梯,將 T 字型平面做出區隔。位於二樓中央位置的中庭,將光線藉由挑高傳達至一樓。

有如廣場的寬大客廳

從玄關的樓梯往上走,寬敞的客廳在眼前敞開。土間地板※使地板暖氣效率更高、顏色柔和、也是小孩的遊樂場。將南面的開口縮小,藉由中央的樓梯挑高,讓光線從二樓中庭灑落室內。設置了不會突出的空間壁面收納,放置不必要的物品或家具,營造一個乾淨俐落的聰明居家方式。

※ 土間地板:日本建築的土間不會鋪設任何鋪面,只用水泥等壓實。

ARCHITECT

千葉學／千葉学建築計画事務所
東京都渋谷区神宮前3-1-25
神宮前IKビル3F
Tel：03-3796-0777
URL：http://www.chibamanabu.jp

DATA

攝影　　　：黑住直臣
所在地　　：神奈川縣 S住宅
家族成員　：夫婦＋小孩1人
構造規模　：鋼結構、二層樓＋地下
一樓
地坪面積：317.16㎡
建築面積：120.62㎡
地下室面積：18.90㎡
1樓面積　：64.28㎡
2樓面積　：56.34㎡
土地使用分區：市街化區域、22條
指定區域
建蔽率　　：50％
容積率　　：80％
設計期間：2005/3～2006/1
施工期間：2006/1～2006/9
施工　　　：キクシマ

外部裝修
屋頂：防水布
外牆：柚木板、鍍鋁鋅鋼浪板

內部施工
玄關
地板：砂漿鏝刀粉刷
牆壁／天花板：水泥裸牆
客餐廳、廚房
地板：水泥裸牆上塗裝
牆壁／天花板：AEP塗裝
和室
地板：榻榻米
牆壁／天花板：AEP塗裝
臥室、小孩房
地板：胡桃木地板
牆壁／天花板：AEP塗裝
盥洗室
地板：胡桃木地板
牆壁／天花板：AEP塗裝
浴室
地板／牆壁：磁磚
天花板：VP塗裝

主要設備製造商
廚房：CK Radical kitchen
衛浴設備：INAX、GROHE
照明器具：MAXRAY、遠藤照明、
山田照明

擁有和起居室相同的寬敞與開放感的衛浴空間

順著樓梯往上走後，右邊連接著盥洗室、浴室。開放性的衛浴設備也是二樓大空間的一個構成元素。為了不要讓家具突出空間，在S住宅裡，將壁面收納設計成壁龕形態，往建築外側推出。

希望能享受家裡的寬敞感

向玻璃中庭展開阻絕外部視線

將二樓的開口減少，並利用位於二樓中心的中庭採光。小孩房面朝中庭。左邊是臥室。這種設計能夠阻絕鄰宅視線，確保住宅高隱私性。

2F

臥室（4.95坪）

浴室　盥洗室　露台2　小孩房（4.9坪）　DN

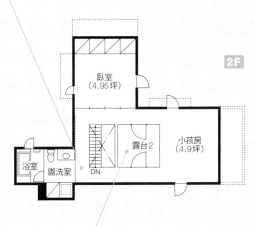

二樓隔間重點

巧妙連結三個空間的中庭也是確保隱私的大空間

朝內的大空間裡將周圍的窗戶減少，利用中庭採光與換氣。在T字平面的兩端配置臥室、小孩房與衛浴。雖然臥室和衛浴設備之間設置了隔間拉門，但顧慮到小孩還小，所以目前都是採開放狀態。在T字型中央配置的中庭，將空間區隔成三塊，擁有開放住宅同時也能確保個人空間。另外，和中庭形成一體感的小孩房，將來也能規劃成第二個客廳。

**使生活動線更加
順暢的衛浴配置**

盥洗室介於臥室和食品儲藏室之間。回到家後,將物品擱在食品儲藏室,洗手,再到臥室換衣服,為日常生活規劃順暢的動線。面向後庭院的浴室充滿開放寬敞的氣氛。

**食品儲藏室是雜貨
和碗盤的展示間**

食品儲藏室兼具多項機能,做為後廚房使用、通往衛浴設備的通道、T小姐所珍藏的古董展示櫃等,是一個具有存在感的空間。照片正面最裡側是浴室。

擁有壁龕的方形客廳

在客廳,透過木製的隔間門能夠感受到街道的氣息。右邊的壁龕空間放置著古董家具。另外在壁龕空間裡製作了一個木製的內窗。上部的木窗裡則放置著空調。

059

使寬廣度
大增的
迴遊空間

隔間牆將空間區分、連結

在貫穿上下的樓梯旁設置牆壁,這面牆壁的右邊是玄關和客廳,左邊是廚房和內側的食品儲藏室,形成一條順暢的迴遊動線。

平面圖

浴室　盥洗室　食品儲藏室　入口大廳　**1F**　UP

衣帽間　廚房

主臥室
(5坪)

餐廳
(3坪)　客廳
(4坪)

**光線透過格柵柔
和地照亮餐廳**

從餐廳內側可以將視線穿透客廳。將南側封閉,由天井採光。左邊是木製廚房料理台,柔和的設計成為白色調空間裡的美景。

**迴遊的動線計畫
連結街景和自然的想法**

雖然是以廚房為中心的迴遊動線,但是從玄關進入後,視線被貫穿一、二樓的隔間牆擋住,無法概觀住宅全貌,需要在移動中慢慢感受每個空間的連結性。另外,磁磚地板的構想是來自附近相同色調的沙灘。將隔間門打開後,與庭院和街道形成一體。「不論是隔間或是與住宅周邊的關係,都能藉由保持適度的隱私來連接,營造出一個寬廣舒適的空間」(建築師手嶋)

ARCHITECT
手嶋 保／手嶋保建築事務所
東京都文京区春日 2 - 22 - 5 - 515
Tel：03 - 3812 - 2247
URL：http://www.tteshima.com

DATA
攝影　　　：黑住直臣
所在地　　：神奈川縣　T住宅
家族成員　：母親＋小孩1人
構造規模　：木造、二層樓
地坪面積　：165.29㎡
建築面積　：114.05㎡
1樓面積　：73.35㎡
2樓面積　：40.70㎡
土地使用分區：第二種中高層住宅專用區域、第一種低層住宅專用區域
建蔽率　　：55.04％
容積率　　：130.29％
設計期間　：2006/4～2006/11
施工期間　：2006/12～2007/5
施工　　　：アートウェッブハウス

外部裝修
屋頂：彩色鍍鋁鋅鋼板
外牆：杉木甲板、部份Jolypate粉刷

內部施工
入口大廳、客餐廳、主臥室
地板：砂漿鏝刀粉刷＋彩色水泥塗裝
牆壁／天花板：EP環氧樹脂塗裝
廚房
地板：砂漿鏝刀粉刷＋彩色水泥塗裝
牆壁／天花板：AEP塗裝
臥室
地板：椴木合板
牆壁／天花板：EP環氧樹脂塗裝
盥洗室
地板：砂漿鏝刀粉刷＋彩色水泥塗裝
牆壁／天花板：AEP塗裝
浴室
地板：砂漿鏝刀粉刷＋彩色水泥塗裝
牆壁：馬賽克磁磚、部份杉板
天花板：AEP塗裝

主要設備製造商
廚房機器：Miele、其他
衛浴設備：INAX、TOTO、Tform、GROHE
照明器具：Panasonic電工、遠藤照明、其他

視線藉由主臥室的北窗穿透至後庭院
一樓主臥室的北窗延續至後庭院。與古董家具完美結合的"砂色"土間地板往外延伸，將餐廳的視線延長至後庭院方向。能夠感受到每個空間都能和戶外空間連接。

緊臨臥室的機能型美麗衛浴
餐廳內側的臥室。可以看到衣櫃右邊的浴室且可以輕鬆通往衛浴設備。地板是設有地板暖氣的土間地板。為了從餐廳往左邊深處看時，能夠直接欣賞後庭院的景色，所以將床配置在現在的位置。

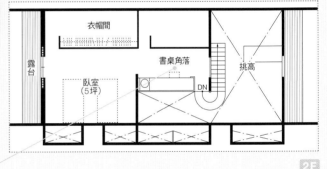

衣帽間
露台
臥室
(5坪)
書桌角落
DN
挑高

2F

希望能享受家裡的寬敞感

面向挑高的書桌角落
面向餐廳上部挑高的書桌角落。裡面是女兒的臥室，書桌角落也具有將上下樓層巧妙連接的通道效果。右邊是擁有充足收納空間的衣帽間。

剖面重點

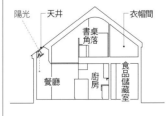

陽光　天井　　　　衣帽間
書桌角落
餐廳　廚房　食品儲藏室

藉由壁龕空間的天井將陽光引入室內
基地南側緊臨鄰宅。為能兼具採光與阻絕外部視線，在置放家具的壁龕空間上部，設置了格柵天井。光線透過格柵柔和地灑落室內。另外，將一樓天花板挑高2米多。雖然二樓和建物整體高度都很低，但利用無接縫天花板設計，加上將上下樓連接的挑高，打造出一個舒適寬大的空間。雖然房子低矮，但在這密集的住宅區裡，能夠讓涼風順利進入屋內。

二樓隔間重點

將天花板壓低有如閣樓的空間
由於只有兩個人居住，可以決定將二樓的面積減少約一半。如此一來臥室只剩⅓的面積，但因為設置了充足的收納空間，所以臥室仍然能保持寬敞。位於船型天花板下的臥室充滿著閣樓般的氛圍。壓低的天花板與透過北窗進入的柔和光線，營造出安穩的空間。將天花板頂部設計成弧面造型，使高度曖昧不清。這種看不見接縫的天花板，正是在小空間能感覺寬敞的原因。另外，在二樓不使用隔間門，藉由挑高和一樓形成巧妙的距離感。

配合空間調性
將私人空間的開口減少
在二樓配置臥室、房間和浴室。和大開口的
上面樓層相較之下,將二樓房間的窗戶減到
最少,營造出具有高隱私性的沉穩氛圍。

雖然是SOHO型住宅
也要將工作室
和私人空間分清
沿著停車場旁的階梯往上走半
層樓,來到居住空間的玄關。
雖然和地下空間的玄關位置相
同,但因為沒有和居住用的階
梯相連接,把生活和工作室區
隔開來。

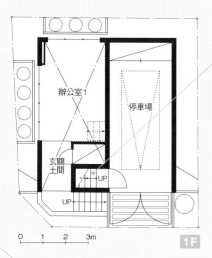

辦公室1
停車場
玄關
土間
UP
UP
1F

廚房
辦公室1
(約4坪)
辦公室2
(約3.25坪)
DN
玄關
土間
UP
B1F

0 1 2 3m

060

利用房間和
動線的配置
營造寬廣感

雖然只有半層樓差別
但氣氛完全不同的地下辦公室
辦公室空間上半部是工作區,下半部則是會議空間。雖
然是連接在一起的空間,但中間放置了收納櫃將空間巧
妙地區隔開。

希望能
享受家裡
的寬敞感

在日常空間裡
巧妙地融入
非日常感的
玻璃浴室
將造型獨特的玻璃隔間浴
室配置在日常空間裡,創
造出寬廣感。雖然在酒井
住宅裡,每個空間都彼此
相連,但是可以利用隔間
門將餐廳和下半階的房間
分隔開。

剖面重點

建物的空間性與動線交錯
增加空間的立體寬敞感
一般來說,在跳躍式樓層的住宅
裡,會將地盤或是屋頂的傾斜面
與樓層並列。礙於北側斜線規
制,不得不將屋頂設計成傾斜狀
的時候,會把北側降低,南側抬高
變成南北並列的設計。但是,在酒
井住宅裡,因為將停車場配置在東
側,所以打造成更具效率性的東
西向跳躍樓層建築。座北朝南的空
間性與人的東西向動線交錯,打造出
富有立體感的寬敞空間。

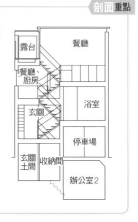

露台
餐廳
餐廳、
廚房
浴室
玄關
停車場
玄關
土間
收納間
辦公室2

ARCHITECT

田井幹夫／アーキテクトカフェ・
田井幹夫建築設計事務所
東京都中央区銀座 3 - 14 - 8
松宏ビル 501
Tel：03 - 3545 - 4844
URL：http://www.architect-cafe.
com

DATA

攝影　　　：石井雅義
所在地　　：東京都　酒井住宅
家族成員　：夫婦＋小孩1人
構造規模　：鋼筋混凝土＋木造、三
層樓＋地下一樓
地坪面積　：72.69㎡
建築面積　：130.5㎡（加入容積計
算後建築面積79.50㎡）
地下室面積：31.5㎡
1樓面積　：21.0㎡
2樓面積　：39.0㎡
3樓面積　：39.0㎡
土地使用分區：第一種低層住宅專
用區域
建蔽率　　：60%
容積率　　：150%
設計期間　：2005 / 8～2005 / 12
施工期間　：2005 / 12～2006 / 7
施工　　　：八生建設
施工費用　：約3500萬日元

外部裝修
屋頂：彩色鍍鋁鋅鋼板
外牆：水泥裸牆、StyroForm板、
側柏木板

內部施工
玄關
地板：砂漿鏝刀粉刷
牆壁／天花板：水泥裸牆
LDK
地板：橡木地板
牆壁：水泥裸牆
天花板：構造外露
臥室
地板：橡木地板
牆壁／天花板：水泥裸牆
盥洗室、浴室
地板／牆壁：全磁化磁磚
天花板：VP塗裝

主要設備製造商
廚房機器：AEG、GREENHAIKI
衛浴設備：INAX、TOTO、CERA、
paola、KAWAJUN
照明器具：山田照明、Panasonic、
遠藤照明、nordlux、YAMAGIWA

最上層樓由露台採光

在客廳往上半層樓設置了露
台，光線藉由露台照亮餐廳和
客廳。另外，在廚房配有洗衣
機，洗好的衣服可以在露台上
晾乾。

令人放鬆身心的斜屋頂

基於建築基準法的北側斜線規
制，住宅受到高度的限制，所以
將北側的屋頂做成斜面。在開放
的客廳裡營造出有如閣樓般的靜
謐氣氛。

※頂樓省略　　3F　　　　2F

B1、一樓　隔間重點

以室內結構為出發點的
室內停車場

在一樓設置停車場以及可以通往生活
空間的玄關，地下室則是辦公室。雖
然也曾考慮將停車場設置在建築物以
外的空間，但最後還是採用了基地利
用效率高的室內車庫。使用了東半側
的面積，打造成從南側道路進出方便
的停車場。因為停車場的設置，讓跳
躍式樓層以東西側分開，地下室的西
側為工作間，再往下半層樓的東側則
是會議用的空間。

二、三樓　隔間重點

能放眼望向二、三樓
有如司令台的廚房

將臥室配置在二樓，而往上半層樓則
配有玻璃浴室和房間。三樓設有餐
廳、廚房，往上半階配置了客廳。大
窗戶與露台將充足的光線帶入室內，
營造出明亮生動的空間。女主人說，
從三樓西北側的廚房幾乎可以看見
二、三樓的所有場所，小孩們的動向
一目瞭然，十分便利。

大大小小的窗戶改變採光密度

建築師田井說「為了兼具開放性與隱私性，所以設計了
這種開窗方式。配置各種不同尺寸的窗戶，不只將建
築形態顯露，多樣化的光線也讓室內更多采多姿。

061

讓光線傳遞至
各個角落的新構想
——襟翼採光

擁有懸浮地板的閒適客廳
螺旋階梯也融入空間

具有漂浮感的悠閒客廳。在地板下的空隙裝上玻璃，讓上下的光線可以互相傳遞。簡潔俐落的樓梯設計大幅減少空間干擾。

斜牆壁的襟翼採光
讓室內的寬敞感大增

從玄關大廳往二樓挑高方向看的樣子。左邊是襟翼採光※，向外斜出的牆壁讓室內感覺更寬廣。照片的右前方是工作室的隔間門，內側的門則是通往臥室。

LDK
（約8.2坪）

UP

UP

DN

2F

臥室
（約3.5坪）

工作室

收納間

玄關

UP

1F

0 1 2 3m

阻絕光線進入
使用電腦的工作室

身為職業攝影師的女主人的工作房，為避免光線進入空間，將工作室設置在密閉場所裡。將隔間門打開後，外面的通道可以通往玄關和衛浴設備。

充足的收納空間
打造乾淨俐落的主臥室

在臥室裡，除了設有衣櫃之外，還利用了樓梯下部的空間，設置了大容量收納室。設置天井將二樓藉由襟翼採光的光線傳入臥室。右邊的門可以通往衛浴設備。

剖面重點

小孩房

DEN

餐廳

客廳

臥室

露台

打造地板空隙
將光線和家人氣息互相傳遞

避開北側斜線規制的同時，為了確保每層樓的天花板高度，將一樓的地盤稍微往下挖掘。再將二樓客廳的地板設計成比餐廳地板稍微高出一段距離。透過高出的空隙，白天的陽光從二樓傳遞至一樓，到了夜晚，一樓的照明則透過空隙變成二樓的腳邊照明。在三樓南側的小孩房，光線則透過玻璃隔間傳遞至二樓。

※襟翼採光：Flat light（日：フラップライト）。將牆壁有如飛機的襟翼造型般斜出建築物，製造出上方空隙採光。是建築師自己設計並命名的採光方式。

ARCHITECT

河野有悟／河野有悟建築計画室
東京都台東区上野6-1-3
東京松屋 UNITY 1101
Tel：03-5948-7320
URL：http://www.hugo-arc.com

DATA

攝影　：黑住直臣
所在地　：東京都 Ｔ住宅
家族成員：夫婦＋小孩2人
構造規模：木造、三層樓
地坪面積：79.84㎡
建築面積：103.25㎡
1樓面積：39.34㎡
2樓面積：37.89㎡
3樓面積：26.02㎡
土地使用分區：準工業地域、第二種高度地區、準防火地區
建蔽率　：60%
容積率　：200%
設計期間：2006／11～2007／5
施工期間：2007／8～2008／1
施工　：夢工房
施工費用：約2300萬日元

外部裝修
屋頂：鍍鋁鋅鋼板
外牆：外壁板 VP、部份壓克力樹脂塗裝

內部施工
臥室、LDK、小孩房
地板：橡木地板
牆壁／天花板：PVC壁紙
盥洗室、工作間
地板：砂漿鏝刀粉刷、聚氨酯塗裝
牆壁／天花板：PVC壁紙
浴室
地板／牆壁：馬賽克磁磚
天花板：矽酸鈣板 AEP

主要設備製造商
廚房：Sunwave＋施工
衛浴設備：Tform、INAX、TOTO、GROHE
照明器具：遠藤照明、MAXRAY、YAMAGIWA、山田照明、Odelic

位於客廳旁的書房
兄妹可以並列著唸書
DEN和小孩之間使用霧面玻璃隔間，將南側的光採入。另外在書桌的腳邊也保留了空隙，和餐廳連結。

襟翼採光讓室內
充滿柔和光線
在餐廳能感受到彷彿和樓梯空間融為一體的寬敞舒適。顧慮到小孩們安全性，在扶手處接上金屬線。充滿自然感的餐桌使空間更加地柔和。照片左上為建築師河野所命名的「襟翼採光」。將牆壁斜出住宅外側，讓室內感覺更寬敞。

希望能
享受家裡
的寬敞感

一樓 隔間重點

不浪費一點空間
有效利用基地面積

在一樓配置了玄關、主臥室以及衛浴設備，從玄關通往衛浴設備的路上，會經過一條通道空間，在這條通道裡配置固定式書桌，成為女主人的工作室。而臥室則是利用樓梯下的空間設置了充足的收納。這是為了能將有限面積做最大的利用所設計出的配置。分別在玄關、臥室、盥洗室等場所設置了襟翼採光。

二、三樓 隔間重點

確保充足採光
重視上下一體感

將三樓的小孩房與家人共享空間的客廳，透過挑高與地板的空隙連接成一體。為了賦予空間足夠採光與寬敞，在二樓的四個方向分別設置大面積的襟翼採光，使間接光源充滿室內。襟翼採光是以壁面下方為基準，將上方壁面往外側傾斜，陽光經由上方空隙進入室內。在沒有鄰宅阻隔的三樓，於南側設置大面的開口部，讓充足的直射陽光照亮室內。小孩房在未來可以分隔成兩個房間。

DEN

DN

UP　　UP

小孩房
（約4.4坪）

3F

最上層的小孩房
是採光最佳的場所

建築物最上部的小孩房在南面設置了大面積窗戶，將充足的陽光引進室內。房間兩側都配置了出入口，將來可以分隔成兩兄妹的獨立房間。窗邊的收納架也是可移動式的。

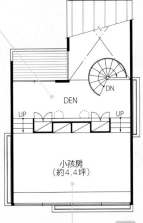

創造美景的開口部使大套房空間變化豐富

在廚房前方以及右側設置窗戶。從玄關進入後，立刻被窗外的綠意吸引住目光。而回頭一望則是一個挑高的大空間。在家中享受著多采多姿的景色變化。

將隔熱性能提高維持舒適的室溫

為了保持大套房空間的舒適性，使用木製框的窗層玻璃設計以達到建築物的隔熱效果。另外採用電器化裝置，並且設置了地板暖氣。

1F

[平面圖標示]
門廊
浴室
盥洗、更衣室
（2.2坪）
玄關
UP
LDK
（13.75坪）

調整牆壁、天花板的角度打造出意想不到的寬敞

將牆壁與天花板相交的角度稍微調整，做成有斜度的天花板。如此一來，即使是較封閉的住宅形式裡，也能大幅降低空間的閉塞感，打造出超想像的寬敞感。

062

藉由牆壁、天花板的角度和傾斜打造寬敞的大套房式住宅

玄關使用半透明的隔間

為了避免打開玄關門後就能看到室內情況，所以設置了半透明的隔間。隔間除了有遮住視線的效果，也能避免戶外空氣對於室內的影響。

剖面重點

[剖面圖標示]
房間
主臥室
玄關
LDK

迴轉動線賦予多采多姿的樣貌

將一樓的LDK結合為一體。再透過挑高與二樓的房間連結，變成一個大套房空間。雖然一目了然是大套房式空間的特徵，但仍加入巧思設計了迴轉動線，賦予住宅多采多姿的樣貌。從玄關進入客廳後，要轉個身才能爬上樓梯往二樓，登上二樓後再轉個身來到房間。並且在動線上設置開口採光，依據不同時間和人的移動，呈現出豐富的景色變化。

ARCHITECT

**平野耕治＋清水泰子／スペース
ファクトリー**

東京都品川区上大崎 1 - 10 - 1 - 301
Tel：03 - 5449 - 7125

DATA

攝影　　　：石井雅義
所在地　　：神奈川縣 桂山住宅
家族成員　：夫婦＋小孩1人
構造規模　：木造、二層樓
地坪面積　：164.96㎡
建築面積　：118.43㎡
1樓面積　：69.60㎡
2樓面積　：48.83㎡
土地使用分區：第一種低層住宅專
用地區
建蔽率　　：50%
容積率　　：80%
設計期間　：2005/6～2006/6
施工期間　：2006/7～2007/1
施工　　　：本間建設
施工費用　：約2900萬日元

外部裝修
屋頂：鍍鋁鋅鋼板
外牆：鍍鋁鋅鋼板

內部施工
玄關
牆壁／天花板：塗裝
客餐廳、廚房
地板：木地板
牆壁／天花板：塗裝
臥室
地板：木地板
牆壁／天花板：灰泥
盥洗室、更衣室
地板：木地板
牆壁：自然系粉刷材料
天花板：塗裝
浴室
地板：磁磚
牆壁：裝飾矽酸鈣板
天花板：塗裝

主要設備製造商
廚房設備機器：AEG
衛浴設備：INAX、TOTO
照明器具：YAMAGIWA、
Panasonic電工

利用北側角落的開口
增加視覺的寬廣度

在面向道路的北側設置了大面積的固定式窗
戶。這是在三面都被鄰宅包圍的住宅裡唯一
敞開的地方，可以透過窗戶欣賞屋外綠景。

不將空間細碎分割保持寬敞

在二樓南側配置了夫妻的臥室和室內陽
台。不論是房間還是陽台，在白天保持敞
開狀態，營造寬敞的大空間。

2F

希望能
享受家裡
的寬敞感

[平面圖標示：DN、主臥室（3.75坪）、挑高、房間、室內陽台]

將書桌設置在房間外
保持連接感

上樓後正面是小孩的房間，使
用門簾隔間，房間主要是臥室
的功能。在房間外放置書桌，
構成開放的空間。

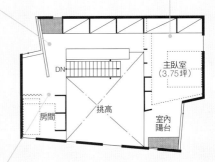

二樓隔間重點

房間配置在對角線上
產生視覺上的寬敞感

位於二樓的走廊將小孩房與夫
妻的臥房連接，並以ㄈ字型將
客廳挑高圍起。雖然是房間，
但因為沒有設置隔間，讓住宅
整體空間連結在一起，並且能
互相感受到彼此氣息。為了在
有限面積裡，賦予視覺上最大
的距離感，將兩個房間配置在
對角線上，在相交的對角線兩
端則設置開口，讓視線延伸至
屋外。而客廳的挑高能夠增加
二樓水平方向的寬敞度。

一樓隔間置點

家人聚集的空間
兼具興趣活動的空間

將一樓的客餐廳和廚房打造成大
套房式空間。擁有寬敞舒適挑高
的客廳，是家人時常聚集的地
方。另外，因為屋主希望在大空
間裡享受音樂，所以擁有挑高的
客廳也能當作一個大型視聽室來
使用。因為建築物並非方形，所
以不會出現音量忽大忽小問題，
能夠盡興地享受悅耳音樂。大空
間除了聽音樂之外，身體活動也
不受拘束，還能當作興趣活動的
空間。

考量到室內
寬廣度與便利性
所設置的浴室

利用和車庫之間的隔間以及在東側設置開口採光，打造出寬敞舒適的浴室。建築師彥根說「考量到生病或需要看護的時候，將浴室、廁所和盥洗室結合成一個便利空間」。

063

隨著時間與季節變換的光線將室內變得更寬敞

1F

浴室
收納
盥洗室
EV
玄關

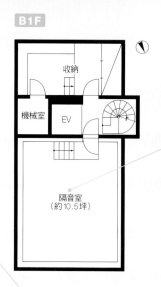

B1F

收納
機械室
EV
隔音室
（約10.5坪）

**利用天花板採光
確保與外部的連結**

具有高隔音效果的地下室。雖然是密閉的地下空間，但在天花板利用三片玻璃設置了狹縫採光窗，也讓地下空間和外部空間相連。

希望能
享受家裡
的寬敞感

**顧慮到街道行人
所選用的素材**

在玄關以及門外車庫的地板都鋪上了鐵平石。而車庫的天花板則使用和室內相同的杉板。讓住宅外觀也成為街道上的一隅美景。

二樓、三樓隔間重點

利用中央的箱子緩和地
將廚房與LD隔開

在一整天都能照射到安定陽光的二樓北側配置LD，南側則是廚房。廚房是沿著牆壁圍繞的ㄈ字型設計。從流理台、瓦斯爐到趣味與家事空間的流暢動線設置，提高做事效率。另外，在寬敞的工作檯面上悠開地料理食物，是廚房的魅力之處。在樓層中央設置的電梯，剛好將LD往廚房的視線遮住。屋主回家時或是突然有客人來訪也不會干擾到廚房的工作。

地下室、一樓的隔間重點

消除下層空間的閉塞感
營造明亮的活動場所

地下室與一樓是鋼筋混凝土構造。雖然地下隔音室總給人幽暗閉塞的印象，但I住宅利用天花板的狹縫採光，不僅能和外部空間連結，也打造出明亮的室內空間。經由螺旋梯往上後到達一樓，在一樓配置了收納和浴室。因為周圍被鄰宅包圍，光線難以直射室內，所以大量使用毛玻璃採光，營造出沈謐氛圍。在較少使用的空間裡也設置了充足的採光設計，打造成容易活動的空間。

剖面重點

主臥室　臥室
客餐廳　廚房
車庫　盥洗室　浴室
隔音室　收納

電梯和樓梯並用
樓層間的移動更有效率

在位於市中心的狹小基地上，為了要確保足夠的生活空間，決定將住宅設計為樓層重疊的地下一樓加上地上三層樓建築。但是，夫婦兩人考慮到在將來，從地下爬到三樓可能是一大負擔，所以設置了電梯，讓樓層間的移動變得簡單。在二樓用餐完後立即到地下室享受音樂，打造高活動性的生活形態。另外，在一樓設置階梯，樓梯間也兼具採光作用。

ARCHITECT

**彥根アンドレア／彥根建築設計
事務所**
東京都世田谷区成城 7-5-3
Tel：03-5429-0333
URL：http://www.a-h-architects.com

DATA
攝影　：石井雅義
所在地　：東京都　I住宅
家族成員　：夫婦＋小孩1人
構造規模：木造＋鋼筋混凝土、三
層樓＋地下一樓
地坪面積：103.87㎡
建築面積：232.90㎡
地下室面積：60.71㎡
1樓面積：60.71㎡
2樓面積：50.77㎡
土地使用分區：第一種居住專用地
區
建蔽率　：60％
容積率　：160％
設計期間：2006/6～2007/3
施工期間：2007/3～2007/12
施工　：アイガー產業

外部裝修
屋頂：鍍鋁鋅鋼板
外牆：鍍鋁鋅鋼板

內部施工

玄關
地板：方形鐵平石
牆壁：水泥裸牆
天花板：杉板OS

LDK、臥室
地板：柚木實木地板上漆塗裝
牆壁／天花板：Chaffwall塗裝

盥洗室、更衣室
地板：柚木實木地板上漆塗裝
牆壁：EP環氧樹脂塗裝
天花板：杉板OS

浴室
地板：磁磚
牆壁：馬賽克磁磚
天花板：杉板OS

主要設備製造商
廚房施工：Domus Corporation
衛浴設備：TOTO、GROHE
照明器具：ENDO、MAXRAY

高效率的半獨立型廚房
和寬敞的LD相配合

雖然廚房和LD之間沒有隔間，但中央的箱子剛好遮住從LD往廚房的視線。另外，廚房和樓梯相連，購物等外出時也相當方便。

3F

臥室
（約4.5坪）

EV

主臥室
（約7.5坪）

2F

廚房（3.75坪）

EV

客餐廳
（約10.5坪）

改變格柵角度
在臥室享受光線變化

三樓的主臥室藉由挑高和二樓相連。面向挑高的部份設置格柵，不僅能通風，還能藉由格柵角度的變換，享受光影變化的樂趣。

柔和的光線來自於
「前方」的挑高設計

在客廳的北側設置開口採光。在側面的玻璃上貼霧面膜，有如採光拉門※般的柔和光線照入室內。抬頭仰望可以看見天空。天花板較低的餐廳走到客廳後，突然往上敞開的挑高，讓三樓透過格柵將室內空氣循環。彷彿沒有天花板的設計，讓空間的寬敞感大增。

無死角的迴游動線
讓人感到更寬敞舒適

在二樓LDK的中央配置了電梯、收納和洗手間，有如一個箱子將三個空間包覆。無隔間的空間裡，享受無死角的視覺動線與寬敞感。

※採光拉門：障子。日式傳統建築裡，將拉門上的格子貼上透光的紙或布，柔化進入室內的光線。

**每個房間都和
衛浴設備相通**

在每¼層就跳轉一段的樓梯中途配置了衛浴空間。不論在哪個房間都可以直接通往，客人來訪時也可以自在地使用浴室或廁所。另外，雖然將浴室配置在建築物北側，但是光線透過天窗為空間帶來明亮。

064

將不同個性的
空間連結
打造寬敞空間

二樓隔間重點 將視線往水平方向延長的
窗戶和營造出開放感的挑高

客廳與餐廳以L字型連接，而上部則重疊著面向頂樓露台的閣樓。閣樓下的天花板高2米2。但是，在L字兩端設置的挑高，讓上方的寬敞感增加，打造成立體的大套房空間。另外，為了避開南側道路與鄰宅視線，在景色好的方向配置了多個小窗，不僅能增加水平方向的寬廣度，也能隨時坐享眺望美景的樂趣。

1F

浴室
盥洗室
DN UP
書房、玄關大廳
(2.85坪)
玄關
露台
挑高
預備房
(2.2坪)

B1F

採光井
收納
UP
書房
主臥室
(4.9坪)
腳踏車停車場
停車場
採光井

PLAN

**地下室、一樓
隔間重點** 打造立體空間
讓建物的空間感更大

在往南斜下的傾斜地上，將地下一樓設置在南側道路上。另外把停車場旁的樓梯當作入口通道，通往一樓玄關。預備房藉由樓梯間與挑高和地下室相連，再將屋主的書房兼玄關配置在預備房旁邊。將方向與樓層的界限模糊化，打造成一個立體空間。另外，這種看不見盡頭的空間配置，能感受到比實際更大的空間感。在樓梯間或是樓梯途中配置的衛浴空間也擁有獨特的調性，點綴空間。

**著重扶手與樓梯細節
的樓梯間**

從二樓往下看樓梯的樣子。柔和的光線透過天窗灑落至樓梯間，在規劃動線的同時，也賦予每個空間獨特性，營造出一個能在移動過程中享受樂趣的住宅。

**打造高便利性的
停車場與收納空間**

地下一樓位於街道上。經由停車場旁的樓梯上樓後是地上一樓。在車庫內側設有可以直接出入的收納空間，屋主可以順暢的搬運高爾夫用具。

**面向採光井擁有
大面窗戶的明亮臥室**

在臥室南面配置落地窗，明亮的室內完全不會讓人感覺是地下空間。右邊與多功能空間（書房）連接，書房裡設有女主人的書房與書櫃。牆壁是淡色的灰泥，而地板則是鋪上塗了乳白色天然塗料的松木板。

受限於基地的複雜條件
運用立體結構打造明亮空間

在受限於基地大小和建蔽率的 M 住宅裡，為了能將容積做最大限度的使用，選擇了鋼筋混凝土構造。因住宅本身具有隔熱效果，所以在二樓的 LDK 沒有配置閣樓，把受限於北側斜線規制的斜屋頂呈現在室內天花板。在廚房和樓梯中段配置的衛浴設備、女主人的書房、壓低的天花板等，集中在建築物北側。在建築物南側則配置了挑高，將地下空間與一樓預備房連結，打造出明亮的開放空間。

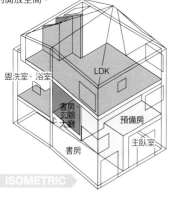

ISOMETRIC

不受限用途的隔間新點子
玄關大廳兼用書房

鋪有大理石地板的玄關大廳。有如明亮舒適的起居室般的入口空間，屋主在晚歸時，為了不要打擾已就寢的家人們，可以在這兼用書房的空間裡完成工作。左邊的門可以將書桌空間隱藏。

利用櫥櫃顏色變化
打造個性廚房

從客廳無法看見的壁面收納，配合地板使用了深色調。而廚房內側則配合餐桌和料理台使用明亮色調。維持與大空間的整體感，同時也能營造出具有個性的廚房。

視線向多個方向延伸

將客廳與餐廳設置在擁有絕佳眺望景色的二樓。把面向道路與鄰宅的南側封閉，並藉由調整開口的位置與大小，讓全家人可以不必在意外來視線，盡興的享受美景。

希望能
享受家裡
的寬敞感

ARCHITECT
都留理了／都留理子建築設計スダジオ
神奈川県市川崎市高津区下作延 2 - 23 -
30 1F
Tel：044 - 272 - 6932
URL：http://www.ricot.com

DATA

攝影：黑住直臣
所在地：神奈川縣 M住宅
家族成員：夫婦
構造規模：鋼筋混凝土＋鋼結構、
二層樓＋地下一樓
地坪面積：112.73㎡
建築面積：137.53㎡
地下室面積：54.96㎡
1 樓面積：39.84㎡
2 樓面積：42.73㎡

土地使用分區：第一種低層住宅專用地區
建蔽率：40%
容積率：80%
設計期間：2002／9～2003／12
施工期間：2004／4～2004／12
施工：土屋組
建築施工費用：4400萬日元

外部裝修
屋頂：鍍鋁鋅鋼板
外牆：水泥裸牆、隔熱塗裝

內部施工
影音工作室、預備房
地板／牆壁／天花板：法國松木甲板
牆壁：GEP塗裝
臥室
地板：法國松木甲板

牆壁／天花板：灰泥
浴室、盥洗室
地板／牆壁：馬賽克磁磚
天花板：GEP塗裝、矽膠塗裝
餐廳、客廳、廚房
地板：胡桃木甲板材
牆壁：GEP塗裝、合板
天花板：GEP塗裝、自然系塗裝材
主要設備製造商
衛浴設備：INAX、TOTO、GROHE、其他
照明器具：YAMAGIWA、MAXRAY、遠藤照明、其他

065

由三層樓組成一個立體大空間

省去不必要的空間與動線在小面積住宅裡打造寬廣空間

在建物東側區域配置了收納、衛浴設備、床等，將基本生活所需要的空間集中。而西側區域則配置了有如日式建築裡會廳般的「空曠」空間，可以進行各種活動。在臥室和浴室之間的走道上設置衣櫃、省去走廊或收納等使用頻度較少的空間。衛浴設備周圍的無死角迴游動線將東西區域緊密連結，充分利用住宅每個角落。

兼具走道、更衣室和衣櫃的小巧多功能空間

在浴室和臥室連結的通道上，配置更衣室與衣櫃，成為一個多功能空間。並在衣櫃裡裝置掛衣桿和衣物收納盒等充分利用空間。在右邊和廁所之間，裝上無上部軌道設計的可上鎖拉門。

◀ PLAN

上部閣樓　上部閣樓　衣櫃　浴室
臥室（2坪）
UP
自由空間（6坪）　陽台
書房　玄關　遊戲間
1F

在面朝南向的明亮浴室享受舒適的晨浴

面向南側陽台敞開的明亮浴室。透過大面積的固定窗戶挑望庭園中的四照花，一邊享受悠閒沐浴時光。陽台的地板使用鐵製的光柵，讓陽光可以穿透至樓下。

連臥室都不完全封閉使用半透明拉門隔開

將書房配置在臥室旁，並裝設三片PC（聚碳酸酯）板拉門，將空間輕微地區隔。在設計隔間時，盡量避免隔成隱密的個人空間。在臥室上方，利用挑高的天花板配置閣樓。

◀ SECTION

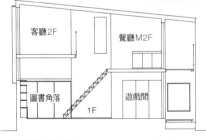

客廳2F　餐廳M2F
圖書角落　遊戲間
1F

利用薄地板省空間二層建物有3個樓層＋閣樓

因為地區協定的關係建築物高度受到規制，為了不浪費二樓空間的高度，採用了15cm厚的特殊材質地板。這種特殊材質比一般木造建築的二樓地板薄30cm，將省下的高度用來設置跳躍式樓板，巧妙地區分空間。位於中央的挑高寬度不到2公尺，雖然就彷彿一口井般，但因為夾在有高度差的樓層之間，能讓人感受到比實際更寬敞的空間。在天花板較高的地方配置閣樓，創造出平面圖想不到的寬敞感。

充滿土間氛圍也可當作玄關使用的自由空間

在玄關配置一個自由空間。放置一張具有鞋櫃功能的矮桌，可以和鄰居在這裡泡泡茶閒話家常。大門採用側門用的鋁製門，另外在室內加上一道有如簾子的拉門，不僅美化空間也能加強住宅防盜性能。

打造一個沒有隔間牆的開放空間

以南北方向的樓層變化，在一個無隔間的大空間裡配置了客廳和餐廳。另外，因為跳躍式樓層之間的空隙，具有延長視覺、增加空間寬廣度的效果。一、二樓設有廁所的黑箱子，外觀看起來就像黑色大支柱般，是支撐跳躍式樓板的重要結構。以挑高為中心的螺旋樓梯將各樓層相連，賦予開放空間深奧感和變化。

廁所的內窗有如行燈般將柔和光線導入

在二樓的廁所設置中空PC（聚碳酸酯）板窗戶。將廁所照明打開後，有如行燈※般的柔和照明點亮室內。

希望能享受家裡的寬敞感

以挑高為中心環繞並連結的三個樓層

以大面的北窗為背景，薄地板的客廳和餐廳儼如漂浮在空間中。以挑高為中心將跳躍式的各樓層連接成一個大空間，家人可以在自己的舒適空間裡感受著彼此的氣息。

2F

利用集成材製作的手製廚房

吊櫃和中島式吧檯都是使用集成材製作的，用木板製作廚房不但具有機能性也能省節預算。在吧檯下方設計了能收納洗衣機和洗碗機的空間。瓦斯爐下方則放置了市售的滾輪收納架。

「不增加、不亂放」精巧的收納計畫

先實際計算過碗盤和衣物的數量後，再量身訂做剛好的收納空間。固定式收納櫃皆由集成材木板所製成的。1一樓書櫃下方是鞋櫃。 2兩側都可以使用的廚房工作檯下方可以放置碗盤。將報紙雜誌等收納在檯面與櫃子中的縫隙。 3閣樓入口，在廚房旁邊。閣樓和臥室上部相連。

ARCHITECT
飯塚豐／i＋i設計事務所
東京都新宿区西新宿 4 - 32 - 4
ハイネスロフティ709
Tel：03 - 6276 - 7636
URL：http://www8.plala.or.jp/yutaka-i

DATA
攝影：黑住直臣
所在地：神奈川縣 吉田住宅
家族成員：夫婦＋小孩1人
構造規模：木造、二層樓
地坪面積：100.50㎡
建築面積：83.84㎡
1樓面積：43.16㎡
2樓面積：40.68㎡
土地使用分區：第一種居住地區
建蔽率：47.70％（容許60％）

容積率：89.82％（容許200％）
設計期間：2003/11～2004/6
施工期間：2004/7～2004/12
施工：青木工務店
建築施工費用：1680萬日元

外部裝修
屋頂：鍍鋁鋅鋼板
外牆：鍍鋁鋅鋼板
開口部：隔熱門窗框、雙層玻璃
陽台：鋼製格柵板

內部施工
客餐廳、其他
地板：松木實木地板
牆壁／天花板：Runafaser、部份合板
浴室
地板／牆壁：陶磁磚、漆磁磚
天花板：美耐明樹脂不燃板

玄關
地板：黑色板岩

主要設備製造商
衛浴設備：TOTO、INAX、CERA
廚房機器：星崎、富士工業、林內
照明器具：Panasonic電工、朝日電器
建築五金：SUGATSUNE、BEST、UNIART

※行燈：日式傳統方形的紙罩座燈。

066

利用天花板、
支柱與螺旋梯隔間

陽光穿過透光的霧面玻璃
臥室不需要太過於明亮的光線。利用樓梯間旁的開口適度的將光引進。具有透明感的玻璃可讓RC構造的一樓空間更加柔和。

從住在隔壁的父母而來的設計點子
在一樓北側配置了左右對稱的小孩房。房間內設置了具有收納功能的床和固定式書桌。將地板往下挖掘約50cm，視野也隨之降低。對面就是父母家的庭園。

1將屋主蒐藏的一小部份迷你車模型置放在壁面設置的展示櫃上。黃色和紅色等亮麗的顏色點綴了白色調空間。偶爾替換展示的模型是屋主的樂趣之一。 2為新加坡製的品牌電話量身訂做壁面收納。

在簡約白色調的空間裡嵌入各式各樣珍愛的設計品

屋主希望擁有一個簡潔俐落的空間，所以在LDK製作了壁面收納。電視和音箱也一同納入牆壁裡。因為沒有凹凸空間，打掃起來相當輕鬆。

二樓、閣樓隔間重點
充滿陽光與微風的明亮客廳
二樓是以客餐廳為中心的共用空間。如何在密集的住宅區裡確保隱私性，前提就是將光線與風導入室內，即是這次的設計課題。在南側設置了1.5層樓高的天花板。將開口設置在面向父母家的北側與面向關係良好鄰居家的東南方。另外北側因為受到斜線規制，乾脆切割成可以納入客廳的四角狀。被圍牆包圍起來有如中庭的屋外露台，將陽光與涼風引進客廳。

一樓隔間重點
將房間用堅固的混凝土包住
一樓是RC清水模構造。除了車庫之外、還配置了兩間小孩房和主臥室，將個人空間都集中在一樓。以中央大廳為界限，將房間以左右兩側分開。考慮到住宅的防盜性，所以將一樓盡量封閉。只有在與父母家相鄰的北側與父母所經營的公寓西側設置開口。為了確保安全性，將小孩房設置在父母家對面。陽光透過西側樓梯間旁的開口進入室內，在穿透過半透明玻璃進入臥室，巧妙地將光線引入密閉空間。

希望能享受家裡的寬敞感

二樓平面圖標示：
- 3F：閣樓、挑高、屋頂露台、DN、書房、挑高
- 2F：客廳、餐廳、廚房、UP/DN、和室、露台
- 1F：收納、臥室、UP、小孩房1、小孩房2、入口、車庫

無隔間的一大房空間營造閒適感

二樓是由客餐廳、廚房與和室所組成的一個
寬敞大空間。強調橫向的連結感，將樓層面
積做最大限度的利用。

剖面重點

依據房間機能不同改變天花板的高度

住宅的中心是位於二樓的LD，天花板高度
3.85m，約為一層半的高度。是將一樓天花板壓
低之後的結果。雖然提供休憩的臥室較沒有低天
花板的困擾，但為了解決小孩房的低矮空間，將
地板往下挖掘50cm加高空間高度。雖然二樓因為
北側斜線規制而將部份天花板降低，但在上部設
置露台，下方則配置使用頻率較少的預備房。一
樓與二樓透過採光螺旋樓梯互相連接。

利用高低差與支柱將空間分割

將廚房設置在低天花板區域，與客廳
和餐廳做區別。支柱也具有隔間的作
用。廚房內側設有浴室和家事空間，
打造一條順暢的家事動線。

SECTION

剖面圖標示：屋頂露台、露台、廚房、客廳、小孩房、車庫

透明感的樓梯將空間視覺性分割

雖然和室有設置拉門，但平時總保持敞
開。螺旋樓梯則具有視覺性的隔間效果，
將和室和餐廳相連的連續空間隔開。

ARCHITECTS

布施茂／fuse-atelier
千葉県千葉市美浜区幕張西6-19-6
Tel：043-296-1828
URL：http://fuse-a.com

DATA

攝影：石井雅義
所在地：東京都 坂森住宅
家族成員：夫婦＋小孩2人
構造規模：鋼筋混凝土＋木造、三層
樓
地坪面積：129.09㎡
建築面積：109.23㎡
1樓面積：46.59㎡
2樓面積：60.89㎡
閣樓面積：1.75㎡

土地使用分區：準工業地域
建蔽率：49.15%（容許70%）
容積率：97.68%（容許200%）
設計期間：2003/1～2003/6
施工期間：2003/7～2004/2
結構設計：構造設計舍
施工：長野工務店

外部裝修
屋頂：防水布
外牆：鍍鋁鋅鋼板

內部施工
LD、廚房、盥洗室、更衣室
地板：木地板
牆壁：AEP環氧樹脂塗裝
天花板：AEP環氧樹脂塗裝
臥室

地板：木地板
牆壁／天花板：水泥裸牆
浴室
地板：全磁化磁磚
牆壁：全磁化陶瓷磚
天花板：鋁板上AEP環氧樹脂塗裝

主要設備製造商
廚房：客製化、Panasonic電工
衛浴設備：CERA、TOTO、INAX
主要家具：driade、zanotta

跳躍式樓層住宅
產生的間隙
收納空間

活用跳躍式樓層打造的閣樓收納

利用廚房的地板與客廳樓層之間的高度差，打造了高度約1m的隱藏式閣樓收納空間。加上一樓的收納專用空間，使開放的LDK隨時保持井然有序。

Guestroom

Loftentrance

位於生活動線上的客房

將一樓的客房設置在連接著起居室與衛浴設備的迴遊動線上。因為是每天必經的場所，有時候就在這裡看書或是睡午覺，是個可以輕鬆使用的多用途空間。右邊的門是盥洗更衣室。

將房間連結有如通道的衛浴設備

在一樓的客房與主臥室相連結的通道上，配置盥洗更衣室與收納間。收納櫃採用容易拿取的開放式櫃子。衣物依照種類在更衣室與衣櫃有各自的收納空間。

2F

閣樓收納
挑高
挑高
遊戲間
(1.25坪)
UP　DN
客廳
(4.05坪)
書房
(2.65坪)
陽台

0　1　2　3m

1F

收納間
客房
(2.4坪)
玄關
UP
土間
主臥室
(3坪)
衣櫃

Sanitary

在內凹的平面與跳躍式樓層上打造各式空間

在一樓配置臥室和衛浴設備。二樓則是以半層樓錯開，再藉由中心挑高連結的跳躍式樓層。客廳與餐廳、廚房藉由不同的地板高度差，緩和地將空間劃分。另外，在二樓南側配置有如中庭的陽台。雖然周圍緊臨其他住宅，但仍然能夠將陽光和風帶入室內。這個位在客廳樓層平面凹陷處的陽台，在這一個大空間裡，打造了書房、遊戲間等各式各樣的空間。在二樓的最上層廚房，設置了和洗衣間以及曬衣露台相連通的便利家事動線。

Library
3

將迴遊動線納入的收納計畫

1 從主臥室往外看。在一樓配置了圍繞著玄關土間、衛浴空間、主臥和衣櫃的迴游動線。 2 將主臥室與玄關土間連結的衣櫃，家人的衣服都收納在這。在右邊的櫃櫥裡裝了兩根掛衣桿，衣服換季的時候可以直接將前排的衣服和後排衣服對調。 3 玄關土間的書櫃下方是大容量收納鞋櫃。

1

Closet **2**
Japaneseroom

ARCHITECT
飯塚豐／i + i 設計事務所
東京都新宿區西新宿4-32-4 ハイネ
スロフティ709
Tel：03-6276-7636
URL：http://www.8.plala.or.jp/yutaka-i

DATA

攝影：黑住直臣
所在地：東京都 T住宅
家族成員：夫婦＋小孩1人
構造規模：木造、二層樓＋閣樓
地坪面積：100.25㎡
建築面積：101.95㎡（包含閣樓）
1樓面積：47.51㎡
閣樓面積：9.52㎡
2樓面積：44.92㎡
土地使用分區：第一種低層住宅專用
地區
建蔽率：50％
容積率：100％
設計期間：2008/12～2009/5
施工期間：2009/5～2009/11
施工：青木工務店
施工費用：2145萬日元（不含消費
稅、設計費、外部結構、空調、照明
燈具）

外部裝修
屋頂：鍍鋁鋅鋼板
外牆：鍍鋁鋅鋼板

內部施工
玄關
地板：馬賽克磁磚
牆壁：杉板EP環氧樹脂塗裝、其他
天花板：壁紙上EP環氧樹脂塗裝
客廳、遊戲間、書房
地板：太平洋鐵木地板（Intsia bijuga）
牆壁／天花板：壁紙上EP環氧樹脂塗
裝、部份檜木合板
餐廳、廚房
地板：太平洋鐵木地板
牆壁：壁紙上EP環氧樹脂塗裝、部份
馬賽克磁磚
天花板：壁紙上EP環氧樹脂塗裝
主臥室
地板：榻榻米
牆壁：壁紙上EP環氧樹脂塗裝
天花板：檜木合板
客房、收納、衣櫃
地板：太平洋鐵木地板
牆壁／天花板：壁紙上EP環氧樹脂塗
裝
盥洗室、更衣室
地板：軟木磚
牆壁／天花板：壁紙上EP環氧樹脂塗
裝
浴室
地板：浴室用軟木磚
牆壁：馬賽克磁磚
天花板：美耐明裝飾板

主要設備型造商
廚房施工：大工工事
廚房機器：HARMAN、Panasonic、
GROHE
衛浴設備：TOTO、INAX、KAKUDAI
照明器具：屋主自備

剖面重點

多種樓層
賦予小巧住宅變化性

兩層樓的T住宅擁有六種不同地
板高度。玄關土間、一樓起居
間、二樓客廳、椅子高度的陽
台、往上半層的餐廳、廚房、最
上部的曬衣露台等，利用不同的
天花板高度與地板高，賦予小住
宅多采多姿的變化。另外，利用
地板高度差，在一樓客房與二樓
廚房之間配置了閣樓收納。一樓
收納間的上部和閣樓相連，長度
較長的物品也能輕鬆收納。

餐廳

閣樓
收納

客廳

收納

土間

衣櫥

LDK

提高隔熱與氣密性
營造舒適的大空間

在這個跳躍式樓層的開放住宅裡，採
用了常保居家舒適的高氣密、高隔熱
設計。在牆壁與屋頂都設置了通氣
層，提高住宅基本性能。另外，充足
的採光與通風也能使室內冬暖夏涼。

2.5F

廚房（2.5坪）

餐廳
（2.65坪）
DN

露台

挑高

挑高

挑高

Kitchen

收納
設計　動線
設計

輕鬆做家事的萬能廚房

在跳躍式樓層的最上層配置廚房。從
廚房能夠環視二樓整體，做家事的時
候也能看到家人。設置大容量的工作
台收納廚房物品。和洗衣間、曬衣露
台相通的家事動線十分便利。

2　*Laundry*

1　*Study&Terrace*

想要有美觀
的收納機能

收納
設計　動線
設計

節省空間
方便實用的洗衣房

1 從一樓半的書房看向與廚房連
接的曬衣露台樣貌。 2 和廚房
最內側的曬衣露台相通，配有洗
衣機等小巧的洗衣空間。在天花
板設有可以往下降的曬衣桿。在
往地板架高90㎝曬衣露台的樓梯
上，製作了固定式樓梯收納，用
來放置洗衣精與衣架等物品。

Bedroom

收納
設計

動線
設計

在衣櫃中設置隱藏動線

1 在約4坪大的主臥室裡鋪上棉被,全家人在此共享舒適睡眠。右邊的拱門是通往衣物間的出入口。 **2** 臥室附設的衣帽間。將第二個出入口設置在玄關和盥洗室附近,不論是外出前還是回家後,都可以順暢地盥洗更衣。

Walk-incloset

068

設置多處後台
常保整潔美觀

收納
設計

連嬰兒車都能放置的
玄關收納空間

在玄關旁邊,與玄關地板連接的地方配置了玄關收納間。屋主說:「小孩的物品越來越多,設計了這樣的空間真是太棒了」設置了高矮大小不同的收納便利空間,連嬰兒車這種大型的物品也能輕鬆收納。

Storage

坪庭

玄關

衣帽間

玄關收納

(1.25坪)

下部空間
(3坪)

露台

UP

1F

0　1　2　3m

動線
設計

減輕洗衣家事負擔
順暢的衛浴洗衣動線

1 除了人造大理石洗臉台下面的抽屜收納,在鏡子後面也設置收納空間。在洗臉台後方放置了洗衣機。在盥洗室與浴室的地板都裝置了地板暖氣。而地板鋪上省能源的「保溫磁磚」,即使不開暖氣也不會感到地板的冰冷。 **2** 在浴室外面的木製甲板上,裝設了透明屋頂,可以安心的晾衣服不怕淋溼。

Terrace

Sanitary

隔間重點

依用途區分
一樓區分成多個小空間
二樓打造出開放空間

在重視機能的一樓,配置了許多獨立空間。將步入式衣櫃設置在中央,並設置兩個出入口方便通行。另外,考量到生活便利性,分別設置了像是玄關收納、走廊書架、樓梯下收納等貼心設計。而重視寬敞度的二樓,以LDK的一體空間為核心,旁邊設置讀書空間和房間等附屬空間。朝向露台的寬敞空間,提高了住宅的連續感與開放感。將廚房配置在樓梯旁,買回家的食材可以直接走進廚房收納。另外還設置了可以置放蔬果和垃圾的便利家事空間。

植本俊介／植本計画デザイン
東京都渋谷区千駄ヶ谷5-6-7
トーエイハイツ3G
Tel：03-3355-5075
URL：http://www.uemot.com

DATA

攝影　：黑住直臣
所在地　：東京都　F住宅
家族成員　：夫婦＋小孩1人
構造規模　：木造、二層樓
地坪面積　：119.04㎡
建築面積　：113.05㎡
1樓面積　：56.22㎡
2樓面積　：56.83㎡
土地使用分區：第一種低層住宅專用地區
建蔽率　：50%
容積率　：100%
設計期間　：2009/3～2010/3
施工期間　：2010/4～2010/9
施工　：山菱工務店
施工費用　：約3200萬日元（包含屋主提供物品、含稅）

外部裝修
屋頂：塗裝鍍鋁鋅鋼板
外牆：杉木雨淋板超防水塗裝、Jolypate 粉刷

內部施工
玄關、玄關收納
土間地板：彩色水泥鏝刀
牆壁：灰泥矽藻土
天花板：灰泥矽藻土、構造樑外露
臥室、衣帽間
地板：橡木實木地板
牆壁：灰泥矽藻土
天花板：灰泥矽藻土、構造樑外露
盥洗室
地板：保溫磁磚
牆壁／天花板：VP塗裝
浴室
地板／牆壁：保溫磁磚
天花板：VP塗裝
廚房
地板：杉木實木地板
牆壁：VP塗裝、部份不燃裝飾板
大化板：灰泥矽藻土
客餐廳、書房
地板：杉木實木地板
牆壁：灰泥矽藻土
天花板：灰泥矽藻土、構造樑外露

主要設備製造商
廚房機器：MFG、GREENHAIKI、Miele
衛浴設備：Hansgrohe、TOTO、CERA、DORNBRACHT、Relliance
熱泵式地暖氣：三菱電機
照明器具：MAXRAY、遠藤照明、Odelic、YAMAGIWA、小泉照明、OTSU FURNITURE

Living-Dining

Child's room

將來變成小孩們的讀書空間

目前是屋主工作時使用的地方，但將來可以當作小孩們唸書的空間。平時常用的雜物或是書籍等可以放置在這個空間裡。

收納力強的小房間
讓客廳更舒適

位於餐廳旁邊的讀書空間，就如同LDK的後台，壁面的內側設置了可以將雜物分類收納的櫃子。入口右邊則是可放置縫紉機或熨台等較深的便利收納空間。

想要有美觀的收納機能

工作陽台　DN
上部空間（3坪）
讀書空間（1.5坪）
廚房（2.9坪）
客餐廳（7.85坪）
挑高
露台
2F

剖面重點

依據空間
調性賦予上下樓的
天花板高度變化

因為一樓配置了許多被隔起的小空間，所以將樑外露，壓低高度。而二樓則是寬敞的一個大空間，盡所能地打造出一個挑高的立體大空間。客餐廳的挑高約有兩層樓之高，未來還可以在上部設置閣樓。在受到斜屋頂限制的部份，配置了廚房、樓梯、讀書空間與「上部空間」。

廚房　客餐廳　露台
臥室　浴室　盥洗室　下部空間　停車場

收納設計

大容量收納的明亮廚房
是女主人的設計點子

依照女主人親手繪製的設計圖所製作出的廚房。在流理台下的抽屜設置通風用空間，可以放置鍋杓等還未乾燥的物品，並將底部設計成網格狀。壁面則設置了「敞開式」與「關閉式」兩種不同類型的收納。還帶有泥土的蔬菜或是垃圾桶可以放在工作陽台上。

Kitchen

069

**藉由迷你書房
將兩棟建築
連結的家**

收納設計

「看不見」的廚房收納

利用長5m的壁面收納、料理台與簾幕遮蔽的食品儲藏室，維持井然有序的廚房。刻意設置較低矮的吊櫃的門是往上彈開式設計，會同時開的門讓物品的收放變得十分輕鬆。

Kitchen

動線設計

**訪客用與平常用
2 Way 玄關**

經過鋪設磁磚的入口通道，到達位於建築物北側的訪客用玄關。家人使用的出入口則設置在搬運行李方便的建築物西側停車場旁邊。

Entrance

食品儲藏室

UP　DN

客廳
(5.75坪)

UP

餐廳、廚房
(6.3坪)

中庭

家族客廳
(2.2坪)

(地板收納)

1F

入口通道

玄關 UP

收納間

停車場

中庭

BF

0　1　2　3m

動線設計

**環繞廚房料理檯的
迴游動線**

以長度3m的廚房料理台為中心設置了一條迴遊動線。檯面面積非常的寬敞，就算是很多人一起圍繞著料理檯同時工作也很寬裕。料理檯末端的架高空間是親子客廳。

收納設計

**位於小玄關旁
樓梯下方的衣櫃**

為了能隨時保持小巧玄關的整潔，在樓梯下方設置了衣櫃。雖然衣櫃空間低矮，但設置了大衣用的吊掛桿與照片右邊的鞋櫃等，是個具有充足收納的空間。

Kitchen

Familyliving

Closet

收納設計

**活用架高地板下的
大容量收納**

在廚房內側配置了親子客廳，做家事的時候小孩可以待在旁邊。配有可拆式的隔間門，客人來訪的時候也能當作臥室使用。架高地板下方設置了長形滾輪式收納抽屜。

140

ARCHITECT
莊司 毅／莊司建築設計室
東京都大田区田園調布南18-6
TCRE 田園調布南1F
Tel：03-6715-2455
URL：http://www.t-shoji.net

DATA
攝影　　：黑住直臣
所在地　：東京都 E住宅
家族成員：夫婦＋小孩2人
構造規模：木造、二層樓＋地下
一樓
地坪面積：111.01㎡
建築面積：120.83㎡
樓層面積：21.21㎡
1樓面積：56.48㎡
2樓面積：43.14㎡（不含閣樓）
土地使用分區：第二種中高層住宅
專用地區
建蔽率　：60%
容積率　：200%
設計期間：2008／12～2009／5
施工期間：2009／6～2009／12
施工　　：安齋工務店

外部裝修
屋頂：鍍鋁鋅鋼板
外牆：杉木板

內部施工
玄關
地板：磁磚30×30cm
牆壁：灰泥
天花板：AEP塗裝
客廳、廚房、餐廳、家族客廳
地板：樺木實木地板
牆壁：灰泥
天花板：AEP塗裝
主臥室
地板：松木實木地板
牆壁：灰泥
天花板：AEP塗裝
小孩房、衣帽間
地板：松木實木地板
牆壁／天花板：椴木板
盥洗室、浴室
地板：磁磚
牆壁：AEP塗裝、磁磚
天花板：AEP塗裝、浴室專用板
陽台
地板：Cypress甲板材

主要設備製造商
廚房施工：家具工程
廚房機器：GROHE、Panasonic、
東芝
衛浴設備：TOTO、INAX、GROHE
照明器具：Panasonic、NIPPO

Closet

收納設計

衣物集中收納
讓房間更寬敞

在小巧的房間內不放置收納家具，將衣物集中在家族使用的收納衣物裡，並配置在房間與衛浴設備之間。不論是沐浴或是早晨盥洗等梳身打扮都能利用的便利動線。

隔間重點

將活動場所與休憩場所分開成兩棟可以互相傳達彼此氣息

基地的南側緊臨其他住宅，是正面寬度狹窄並且向東西伸長的變型基地，所以決定將建築物分成兩棟，並設置中庭讓光線與涼風到達住宅每個角落。在這東西側分開的住宅裡，以半層樓的高低差錯開，並藉由中央的樓梯將空間連結。從玄關直走到達的餐廚空間，是生活的中心場所。為了能和充滿寧靜氛圍的客廳棟有所區別，兩棟建築之間雖然沒有直接相連的動線，但可以透過樓梯間和中庭傳達彼此氣息。將二樓的房間面積控制在最小範圍，確保了收納與浴室造景區的空間。

剖面重點

利用基地的高低差打造跳躍式樓層將空間緩和地連結

因為基地比前方道路高出1m，所以將停車場配置在地下樓，確保足夠的基地面積。將道路的高度和停車場、玄關為起點，在每往上半層樓配置一個平面，將空間彼此連結，打造成跳躍式樓層住宅。在小巧玄關旁的樓梯下方空間設置衣櫥。位於跳躍式樓層中段的小孩房，於挑高的天花板配置閣樓，活用剖面空間不浪費。

迷你書房

臥室
客廳
停車場　收納間
小孩房
食品儲藏室

小孩房（1.75坪／含閣樓）

臥室（3坪）　挑高　DN　上部閣樓　UP　小孩房2（1.75坪）　衣櫥

挑高

2F

浴室造景區

書房也是閱讀角落

藉由樓梯挑高貫穿的「迷你小書房」，挑高約有5m。在回家後的動線中經過的架子上面設置了洗手台。寬敞的樓梯踏面是小孩們的讀書角落。樓梯下方是玄關，上方深處則是客廳。

想要有美觀的收納機能

收納設計　**動線設計**

打造有效率的家事動線
面向走廊的洗衣間

在走廊的角落設置了可以放置洗衣機和毛巾的小巧洗衣間。衛浴設備與衣物間就在旁邊，是一條簡短便利的家事動線。洗衣間旁邊是衣物間的入口。

Laundry

070

充足的
隱藏式收納
打造優質住宅

收納 設計 動線 設計

三面鞋櫃收納

玄關旁的鞋子收納間。三面固定式的鞋櫃能夠整齊地擺放80雙鞋子。將鞋櫃架板往前傾斜,以便能迅速找到想要穿的鞋。在走廊與玄關土間分別設置出入口和全身鏡,出門前可以穿上鞋後透過鏡子檢視全身。

Shoecloak

隔間重點

在動線上的收納
與玻璃效果
打造寬敞的二樓

將個人空間配置在一樓,而二樓則是LDK。在將南北貫穿的玄關與樓梯間兩邊配置了各個房間。因為在玄關旁設置有內側動線連結的鞋櫃,讓玄關不會有鞋子散亂的情況。屋主O先生總是開車外出的關係,在玄關也配置了和車庫連結的便利出入口。在二樓,把客廳和衛浴空間面朝樓梯的壁面改成玻璃,視覺的穿透提高了客廳開放性。浴室前面的露台和廚房相連,打造出一個擁有大範圍迴游動線的空間。

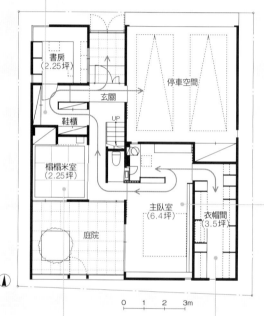

1F

書房
(2.25坪)

停車空間

玄關

鞋櫃

UP

榻榻米室
(2.25坪)

主臥室
(6.4坪)

衣帽間
(3.5坪)

庭院

0 1 2 3m

Bedroom

Tatamiroom

榻榻米室裡的
現代風壁龕

在面向南側中庭的一角,配置了和室做為預備房。提供過夜的場所讓已自立的小孩們回來時使用等,是個多用途的空間。還可以在現代風設計的壁龕裡展示花藝手腕。

收納 設計 動線 設計

方便梳妝打扮的
衣帽間和梳妝台

1 臥室雖然位於一樓,但是個具有隱私性的空間。將衣物和包包類集中收納在臥室旁的大型衣帽間。 **2** 空間深長的衣帽間提供大容量收納。照片前方是脫下後的衣服暫時吊掛的空間,裡面是能保持襯衫平整的抽屜。

Walk-incloset

2

142

ARCHITECT

柏木學＋柏木穗波／カシワギ・スイ・アソシエイツ

東京都調布市多摩川3-73-301
Tel：042-489-1363
URL：http://www.kashiwagi-sui.jp

DATA

攝影　　　：黑住直臣
所在地　　：東京都　O住宅
家族成員　：夫婦
構造規模　：木造、二層樓
地坪面積　：148.77㎡
建築面積　：168.05㎡（容積率計
算後面積：138.24㎡
）
1樓面積　：101.02㎡
2樓面積　：67.03㎡
土地使用分區：鄰近商業地區
建蔽率　　：80％
容積率　　：200％
設計期間　：2008／5～2009／2
施工期間　：2009／2～2009／10
結構設計：米村工務店

外部裝修

屋頂：防水布
外牆：Jolypate、部份杉木板
地板：磁磚

內部施工

玄關、大廳、鞋櫃
地板：磁磚
牆壁／天花板：EP環氧樹脂塗裝
主臥室、衣帽間
地板：竹地板
牆壁：PVC壁紙、部份水曲柳裝飾
合板
天花板：PVC壁紙
榻榻米室
地板：無邊緣榻榻米
牆壁：矽藻壁紙
天花板：PVC壁紙
客餐廳、廚房
地板：竹地板
牆壁：PVC壁紙、部份水曲柳裝飾
合板
天花板：PVC壁紙
盥洗更衣室
地板：磁磚
牆壁：磁磚、部份水曲柳裝飾合板
天花板：PVC壁紙
浴室
地板／牆壁：磁磚
天花板：VP塗裝

主要設備製造商

系統廚房：東洋廚房
衛浴設備：TOTO、林內、大洋金物
照明器具：遠藤照明、MAXRAY、
Panasonic

Bathroom

動線設計

把廚房和盥洗室
用迴遊動線連結的浴室

可以將單等大型洗滌物晾在露台。迴游動線將設有洗衣機的浴室、露台、廚房彼此連結。這種動線設計能讓做家事的移動距離縮短，提高效率。

Kitchen

中島型廚房是空間亮點

女主人在參觀過東洋廚房的展示間後，被中島型廚房設計深深地吸引住，所以把原本封閉型的廚房變更為開放型設計。「將來可以在這裡開班授課，教導花藝設計或是料理」。

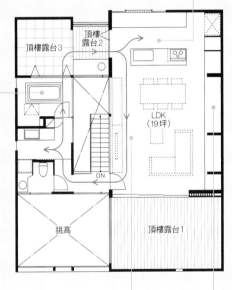

2F

頂樓露台3

頂樓露台2

LDK
（19坪）

DN

挑高

頂樓露台1

想要有美觀的收納機能

剖面重點

創造寬敞客廳的
挑高與眺望綠景的高窗

餐廳、客廳的挑高天花板高約為5m。為了能坐擁住宅旁學校的綠景而設置了高窗。將玄關與大廳挑高至二樓，讓視線可以延伸到中庭。如此一來，玄關也變成一個開放空間。為了在浴室裡設置下沈式浴缸，將衛浴設備的地板稍微架高，以及壓低鞋子收納間的天花板高度。

盥洗、更衣室

LDK

榻榻米室

主臥室

衣帽間

Living-Dining

1

2

收納設計

具有深度的壁面
收納打造寬敞客廳

1 活用結構牆面設置了有深度的壁面收納，可以放置大型花瓶等物品。女主人說：「因為容量很大，現在還有空間呢」。 **2** 使用玻璃隔間牆，打造出視覺寬敞的客廳與餐廳。藉由和露台、中庭的連接，以及能夠透過高窗眺望美景，大大提高了空間的開放感。

Child's room

**戶外用品也能
放置的玄關倉庫**

在玄關設置了可以放置登山、滑雪用具的倉庫。嬰兒車也可以放在此，保持乾淨俐落的玄關空間。照片是打開門後的倉庫樣貌。

Storage

**收納
設計**

**刻意不切割的
小孩房兼書房**

在小孩房的兩面牆壁上都設置了大容量固定式書架，屋主的藏書都收納在此。雖然當初要把空間分隔成兩個房間，但為了提供年幼的小孩寬廣的遊玩空間，目前先保持不隔間的現狀。

071

擴散動線與
分散收納
營造舒適空間

0 1 2 3m

小孩房
(4坪)

主臥室
(2.85坪)

衣帽間

UP DN

玄關

倉庫

1F

**收納
設計**

**在走廊設置樓梯下
收納櫃放置寢具**

1 臥室沒有設置寢具用收納櫃，活用樓梯下方空間設置櫃子收納棉被。具有深度的收納空間恰好可以放入寢具。 2 為了收納女主人大量的衣服，在臥室配置衣櫥。左邊是衣帽間的入口，右邊的壁面也全都設置了衣櫃。

Sanitary

**收納
設計**

**將更衣室與盥洗室
分開設計大量的收納空間**

1 在盥洗室也設置了可以放置衣物的收納空間。 2 將更衣室設置在浴室旁，與盥洗室分離。洗衣機放置在更衣室裡，可以直接走出露台曬衣服。吊櫃可以收納毛巾。木製長椅下方裝置了貼心的暖爐設計，毛巾和睡衣可以先放在這裡加溫後使用。

Bedroom

ARCHITECT

熊澤安子／熊澤安子建築設計室
東京都杉並区宮前 3 - 17 - 10
Tel：03-3247-6017
URL：http://www.geocities.jp/
yasukokumazawa

DATA

攝影　：黑住直臣
所在地　：東京都　N住宅
家族成員：夫婦+小孩2人
構造規模：木造、二層樓
地坪面積：121.83㎡
建築面積：100.34㎡
1樓面積　：50.67㎡
2樓面積　：49.67㎡
土地使用分區：第一種低層住宅專用區
建蔽率　：70%
容積率　：150%
設計期間：2009/4〜2009/12
施工期間：2010/1〜20010/7
結構設計：幹建設
施工費用：3200萬日元

外部裝修
屋頂：鍍鋁鋅鋼板
外牆：Reve※天然素材粉刷

內部施工
玄關
地板：大谷石、北歐松木實木地板
牆壁：灰泥
天花板：油漆
臥室
地板：杉木實木地板
牆壁：灰泥
天花板：油漆
客餐廳、廚房、小孩房、書房
地板：北歐松木實木地板
牆壁：灰泥
天花板：油漆
盥洗室、洗手間
地板：北歐松木實木地板
牆壁：灰泥、部份磁磚
天花板：油漆
更衣室
地板：北歐松木實木地板
牆壁：灰泥、部份木板
天花板：油漆

主要設備製造商
衛浴設備：GROHE、TOTO
照明器具：YAMAGIWA、
Panasonic、MAXRAY

隔間重點

充實各處收納
利用放射狀
動線連接各處

這次的建築計畫是，把玄關、樓梯做為核心，將動線以放射狀延伸出去。這樣的動線設計，避免房間變成動線上的通過點，賦予各個空間沉穩氛圍。依空間不同，配置了必要物品的收納櫃，確保每個空間的寬敞度。特別在需要大容量收納的二樓廚房，設置了隱藏式的食品儲藏室。而比起收納空間，客廳更注重壁面的美觀性。在一樓，將盥洗室、浴室所需要用到的換洗衣物和毛巾等，放置在容易拿取的地方，確保用水空間周圍擁有足夠的收納空間。

想要有美觀
的收納機能

剖面重點

在基地條件不佳時
以跳躍式樓層
縮短上下樓的距離

基地北側比南側低60cm。所以將基地的高低差納入考量，採用了跳躍式樓層設計。將玄關用水空間的樓層配置在上下樓中間，減少上下樓層的距離感，增加生活舒適性。二樓客廳的地板比其他樓層高，造成大化板高度降低，營造出具有包覆感的沉穩空間。

北側　　　　　　　南側

書房　　客廳
小孩房　　盥洗室
收納櫃

1 | *Kitchen*

收納設計

配置不同深度的收納架
區分開放與隱藏

1 廚房背後的矮櫃用來放置常用的碗盤類。流理台的下方不設置任何櫃子，當作垃圾桶或是紅酒架的放置場所。**2** 在食品儲藏室裡設置了開放式收納架，放置大型盤子、鍋子、料理家電等物品。配電盤也裝設在這裡。

2

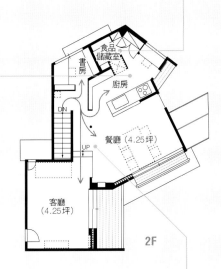

食品
儲藏室
書房
廚房
DN
餐廳（4.25坪）
UP
客廳
（4.25坪）
2F

Living, Dining

賦予變化將客廳
和餐廳區隔

客廳與餐廳以跳躍式樓層設計和斜角配置，將兩個空間適當地區隔，營造不同的舒適感。天花板較低矮的客廳，是個僻靜舒適的空間。

※Reve：商品名。一種混合矽藻土、石灰等天然素材粉刷材料。為富士川（Fujikawa）建材公司的商品。

Japaneseroom

**雙向動線設計藉由
拉門保持敞開平時
也能使用的客房**

在和室設置了往玄關大廳與
往主臥室的雙側出入口。因
為進出方便，所以隨時隨地
都能使用。將置物櫃挑高，
在下方設置間接照明。置物
櫃的門貼上印度絲。

Sanitary

**將廁所和盥洗室
合併節省空間面積**

一體化的盥洗室和廁所確保
空間寬敞。廁所和浴室之間
使用玻璃隔間讓視線延伸，
享受挑望樂趣。將固定式收
納櫃仔細區分，加強便利性。

Entrance

**內裝材料依用途
區分玄關也是
住宅的一隅美景**

為了配合挑高的天花板也將
大門的高度加高。周圍的牆
壁使用和大門相同的木板材
質。在三合土※上施用洗石子
工程，並在室溫容易下降的
玄關設置了蓄熱式暖氣。

072

大型壁面收納
連接上下樓層
促進人的移動

**與外面隔絕能夠
集中精神的書房**

書房沒有設置窗戶，藉由挑高落
下的光線和上部空間保持連續
感。屋主表示：「如果能與臥房隔
開的話，在家人入睡後也能享受
閱讀時光」。還能走上螺旋樓梯直
接通往庭院。

[平面圖 1F]
陽光室
（0.75坪）
浴室
庭院3
盥洗室
庭院2
和室
(2.2坪)
玄關
大廳
庭院1
主臥室
(3.6坪)
UP
書房
(1.9坪)
收納間
(1坪)
車庫

0 1 2 3m

Studyroom

二樓隔間重點

**從廚房就能夠
掌握全家人動向
並且和迴游動線連接**

因為住宅南側緊臨鄰宅，所以配置
了小孩房並將窗戶縮小。取而代
之設置了不會受到鄰宅影響的高
窗採光。在唯一敞開的東南角，面
向庭院設置了大面積的窗戶打造開
放空間。站在廚房就能環視全體，
透過樓梯也能感受到樓下動向的
氣息。在小孩房與餐廳、廚房之
間設置了多條便利的動線。從螺旋
梯可以直達樓下書房。

一樓隔間重點

**每個房間都有
陽光照射的隔間工夫**

在主臥室的內側刻意將窗戶做
小，營造出靜謐的書房。因為書
房藉由螺旋樓梯和LDK相連結，
所以小孩們也可以輕鬆使用。另
外在書房與臥室設置了隔間拉
門。和室和臥室之間也設置了隔
間拉門，敞開後變成一個合併
使用的空間。由於業主K夫婦是
雙薪家庭，所以配置了有屋頂的
陽光室。

※三合土：由石灰、黏土和砂三種材料所配製、夯實的一種建築材料。

ARCHITECT
高野保光／遊空間設計室
東京都杉並区下井草1-23-7
Tel：03-3301-7205
URL：http://www.u-kuukan.co.jp

DATA
攝影：黑住直臣
所在地：埼玉縣 K住宅
家族成員：夫婦＋小孩2人
構造規模：木造、二層樓
地坪面積：114.57㎡
建築面積：127.47㎡
1樓面積：67.33㎡
2樓面積：60.14㎡
土地使用分區：第一種住宅專用地區
建蔽率：60%
容積率：160%
設計期間：2008/1～2008/8
施工期間：2008/9～2009/3
結構設計：內田產業
合作：The House

外部裝修
屋頂：鍍鋁鋅鋼板
外牆：合成樹脂EP粉刷材＋光觸媒

內部施工
玄關
地板：洗細石子
牆壁：灰泥
天花板：AEP 塗裝

主臥室
地板：柚木地板
牆壁／天花板：土佐和紙

書房
地板：柚木地板
牆壁：灰泥、部份合成樹脂EP粉刷材
天花板：AEP 塗裝

和室
地板：無邊緣拼裝榻榻米
牆壁／天花板：土佐和紙

盥洗室、廁所
地板：PVC地板磁磚
牆壁：環保壁紙、部份磁磚
天花板：BirudeekuNEO® 塗料

客餐廳、廚房
地板：柚木地板
牆壁：灰泥
天花板：AEP 塗裝

主要設備製造商
廚房機器：Panasonic、參創HOU-
TECH
衛浴設備：INAX、TOTO、CERA、
KAKUDAI、GROHE JAPAN、
Interform mfg
照明器具：Panasonic、MAXRAY、
遠藤照明、大光電機、小泉產業、
YAMAGIWA

剖面重點

單斜面屋頂與跳躍式樓層賦予空間空低差

橫跨上下樓層的收納壁面與兩個樓梯讓人的移動活性化，並加強了上下樓的連續性。室內車庫上部的廚房比客廳低三階，而因單斜面屋頂也讓北側的天花板高度降低，這種連動性能夠賦予空間豐富的變化。將基地南側（圖右）封閉，客廳則藉由高窗採光。小孩房上部是頂樓陽台。

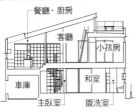

想要有美觀的收納機能

Child'sroom

將客廳旁的小孩房納入迴遊動線消去封閉感

為了避免成為一個足不出戶的空間，將小孩房的大小壓抑至最低限度。將來可以在中央隔間成為兩兄妹的獨立房。現在各在左右設置雙向出入口，分別都能通往客廳。

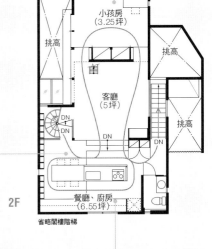

小孩房
（3.25坪）

挑高

挑高

客廳
（5坪）

挑高

餐廳、廚房
（6.55坪）

2F

省略閣樓階梯

讓來訪客人賓至如歸的開放LDK

跳躍式樓層打造出豐富變化的LDK。因為時常有客人來訪，女主人非常滿意這種餐廳和客廳的開放設計，可以一邊準備招待客人的工作一邊和客人暢快交談。照片是從樓層較高的客廳看餐廳的樣貌。從南往北斜下的天花板與白色調室內設計，讓透過高窗進入的光線能夠擴散至整間屋內。從右邊的螺旋梯往下通往書房。

料理台和餐桌連接俐落整潔的空間

在廚房背面配置工作台與收納吊櫃，並設置長型型窗戶。廚房地板比餐廳低一段，讓廚房的工作台與餐桌的高度相同，打造出俐落的空間。

※Biruddeku:（ビルデックNEO）商品名。一種壓克力樹脂NAD塗料，為日本的大日本塗料公司所販售的商品。

Living-Dining

**邊做家事邊和
家人交談的開放廚房**

中島型料理台設計的廚房地板往下降，恰好能
和坐在餐桌與架高客廳上的人相望。另外還能
藉由挑高與二樓的家人交談。

LDK

兼具大型收納功能的架高客廳

為了能打造寬廣的起居間，沒有配置收納室，
而採用了壁面和地板下的分散收納計畫。將客
廳架高，在地板下設置四個抽屜，可以收納梯
子這種長形物品。

Storage

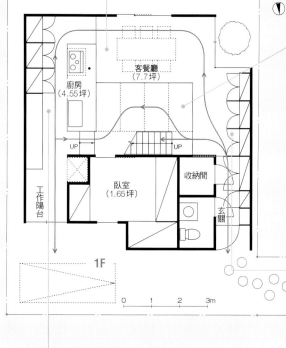
客餐廳
(7.7坪)

廚房
(4.55坪)

UP　　　UP

工作陽台

臥室
(1.65坪)

收納間

玄關

1F

0　1　2　3m

073

2Way的出入口
與分散型收納
打造寬闊空間

Entrance

Kitchen

**將光線帶入室
內的寬敞側門
是第二個玄關**

一整天都能帶來穩定光
源的北側開口部，照亮
東北側的廚房和工作陽
台。寬廣的側門口不僅
能放置垃圾，也因為和
腳踏車停車場距離近，
不論是做家事或是出門
買菜都非常便利。

**位於動線上的壁面
收納讓物品收拾更有效率**

將LDK西側的牆壁設計成固定式壁面收納，
玄關側可以放置鞋類或大衣，餐廳旁的壁面則
是母親和女主人專用的收納櫃。女主人的手工
藝材料等也放置在此，增加餐桌的實用性。

剖面重點

**在住宅中心
設置天窗保持整日明亮**

在家的中心處設置天窗，再透過
挑高將光線傳達至每個角落。圍
繞在天窗旁的三角形屋頂，將斜
面的天花板外露在二樓的房間，
這種天花板高度與樣式賦予小空
間變化性與寬敞感。另外，將地
板高度往下降的廚房，視線可以
和坐在客餐廳的家人巧妙地接上。

屋頂

孝親房　　書房

客餐廳　　廚房

ARCHITECT

富永謙／富永謙建築設計事務所
東京都目黒区中目黒1-3-5-403
Tel：03-5942-5681
URL：http://www.tominaga-a.com

DATA

所在地　：東京都 H住宅
家族成員：夫婦＋小孩2人＋母親
構造規模：木造、二層樓
地坪面積：122.62㎡
建築面積：114.51㎡
1樓面積：55.68㎡
2樓面積：58.83㎡
土地使用分區：第一種低層住宅專用區域
建蔽率　：50％
容積率　：100％
設計期間：2005/10～2006/10
施工期間：2006/10～2007/5
結構設計：渡邊技建

外部裝修
屋頂／外牆：鍍鋁鋅鋼板
屋頂露台：風鈴木

內部施工
玄關.餐廳、廚房
地板：全磁化磁磚
牆壁／天花板：AEP塗裝
客廳
地板：松木地板、OSMO COLOR塗裝
牆壁／天花：AEP塗裝
臥室
地板：松木地板、OSMO COLOR塗裝
牆壁：PVC壁紙
孝親房
地板：軟木磚
牆壁／天花：PVC壁紙
小孩房
地板：松木地板、OSMO COLOR塗裝
牆壁／天花板：西洋唐松合板、OSMO COLOR塗裝
書房
地板：松木地板、OSMO COLOR塗裝
牆壁／天花：西洋唐松合板、OSMO COLOR塗裝
浴室
獨立浴缸

主要設備製造商
廚房：e-kitchen
衛浴設備：TOTO
照明器具：MAXRAY、Panasonic、小泉產業、NIPPO

Deck

天窗與挑高是寬敞空間的關鍵

以天窗下方的挑高為中心，將各空間連結。廚房上部的空間是屋主H先生的書房。另外，圍繞著天窗的屋頂露台可以當作曬衣場或是在此眺望美景等，是個日常生活可使用的便利空間。

Child's room

有如山中小屋般的溫馨小孩房

兩個小孩使用的細長型小孩房。出入口沒有設置門扇，在牆上設置固定式書櫃可以收藏全家人的書籍。空間雖小，但充滿著猶如山上小木屋的溫馨舒適氛圍。

【2F平面圖】
浴室／盥洗室／陽台／書房(1.15坪)／挑高／孝親房(2.85坪)／DN／小孩房(4.45坪)／上部閣樓(1.85坪)／衣帽間(2坪)

2F

想要有美觀的收納機能

二樓隔間重點

多樣化的動線賦予小巧空間寬敞感

從玄關到廚房側門為止，設置了一條圍繞著架高客廳的土間通道。在這無隔間的小巧空間裡配置了LDK，並藉由這條土間長形動線將每個區域賦予適當的距離感。另一方面，將客廳配置在一樓中央位置，能縮短連接到各區域的動線。在這便利實用的動線上配置了往二樓的樓梯。

一樓隔間重點

藉由客廳上部的挑高傳達家人彼此氣息

挑高的天窗貫穿住宅的中心，並將各房間圍繞著挑高配置。為了能傳遞上下樓的動態，在各房間設置內窗。在小孩房與書房沒有設置門扇，並將空間壓縮。打造出沒有封閉感的個人空間。

074

精巧型的都市型
住宅最適合的
壁面收納

和玄關相連猶如
時尚小酒吧的餐廳

1 寬敞的樓梯狀入口通道。　**2** 和玄關連結，有如小酒吧般的餐廳。突然有客人來訪時，可以將玄關和客廳間的拉門關起遮住視線。另外，連續的壁面收納賦予小空間寬廣感。

想要有美觀
的收納機能

剖面重點

利用基地高低差打造的
跳躍式樓層為小巧的
住宅營造寬敞感

基地的內側比道路側高1.5m，利用此特性，在道路側建造了鋼筋混凝土構造的地下室做為車庫，並兼具擋土牆功能。另外，室內則採用每半層樓設置一個地板平面的跳躍式設計。以上部挑高的客廳為中心，跳躍式樓層將住宅全體縱向地緊密連結，讓小巧的都市型住宅也能擁有寬敞感。

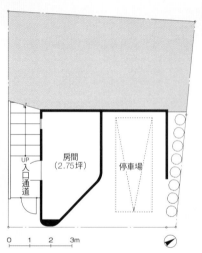

0　1　2　3m

位於中心的挑高客廳將空間彼此連結

位於跳躍式樓層中心的客廳，使用有質感的天然石打造地板，並讓充足光線照亮室內。考量到住宅防盜性，將落地窗的高度調整到只有挑高高度的一半。藉由控制窗戶大小打造出一個有如被包覆的舒適空間。

藉由內窗和客廳
相連房間型廚房

1 設置了洗衣機烘乾機，集中廚房的家事機能。
2 雖然是個能讓人專注料理的房間型廚房，但設置了內窗和客廳相連。大型的L型工作台面能大幅增加收納能力。

ARCHITECT
內海智行／ミリグラムスタジオ
東京都大田区久が原 4-2-17
Tel：03-5700-8155
URL：http://www.milligram.ne.jp

DATA
攝影　　　：黑住直臣
所在地　　：東京都　K住宅
家族成員　：1人
構造規模　：鋼筋混凝土＋木造
地坪面積　：81.41㎡
建築面積　：113.13㎡
地下室面積：30.71㎡
1樓面積　：45.67㎡
2樓面積　：36.75㎡
土地使用分區：第一種低層住宅專
用區域
建蔽率　　：60%
容積率　　：150%
設計期間　：2005/8〜2006/2
施工期間　：2006/3〜2006/8
結構設計　：ハヤマ建設

外部裝修
屋頂：鍍鋁鋅鋼板
外牆：粉刷

內部施工
玄關
地板：石灰岩
牆壁／天花板：AEP塗裝
客廳
地板：石灰岩
牆壁／天花板：AEP塗裝
餐廳、廚房
地板：石灰岩
牆壁：AEP塗裝、部份磁磚
天花板：AEP塗裝
臥室
地板：胡桃木地板
牆壁／天花板：AEP塗裝
一樓房間（收納間）
地板／牆壁／天花板：PVC磁磚
浴室
地板／牆壁：磁磚
天花板：VP塗裝

主要設備製造商
廚房：e-kitchen
衛浴設備：TOTO、INAX
照明器具：ENDO、YAMADA

一樓隔間重點

利用地板高低差
將廚房與客廳連結

踏入玄關後隨即和餐廳、廚房連接。從猶如吸引客人進入的小餐廳往上半層樓配置客廳。在空間之間設置隔間牆，再利用內窗將彼此連結。站著做家事的廚房的人，和坐在寬敞客廳的家人，能藉由地板高度差的調整讓交談更順暢。不僅是視線高度相同，還能不必繞道就能直接傳遞食物。

二樓隔間重點

追求舒適性的隱私空間

隨著樓層往上，空間的隱密性也隨之增加。客廳往上半層樓是天花板較低矮、空間沉穩的臥室。另外在臥室內設置小階梯通往小書房和朝南的明亮浴室。每個空間都以簡短的動線連接，同時又以地板高低差將空間緩和地區隔，賦予每個空間舒適的氛圍。

Bedroom

將臥室天花板壓低
營造靜謐空間

在順著天花板傾斜而下的建築物東北側配置臥室。身在臥室裡令人有被包覆的安心感。照片左邊通往客廳的挑高，右邊的小階梯通往浴室。

2F

位於最上層樓的開放浴室

建築物最上部的明亮浴室。在面向專門種植植栽的陽台設置了大面積開口部，打造開放的舒適空間。在左邊設置內窗，面向客廳的挑高。

Catwalk

客廳上部挑高打造
多種空間樣貌

在客廳上部挑高周圍配置了臥室、浴室和貓走道。透過玻璃內窗可以看到浴室內部。另外，深棕色塗裝的壁面收納將挑高空間包圍住。

Japanese room

訪客過夜可使用的靜謐和室

和其他房間保持著距離感的和室。棉被收納櫃的上方設置了空調，下方則是有如壁龕的空間。天花板的照明器具是建築師安藤親手製的。

075

在各空間設置收納打造井然有序的住宅

享受眺望綠道和庭院樂趣的孝親房

從孝親房間眺望的綠林道宛如庭院的延伸。將圍籬的高度壓低至50 cm，再藉由植栽與紙拉門守護隱私性。衣櫃、電視櫃與佛壇等都是固定式家具。出入口的寬幅也設計成可以讓輪椅出入的大小。

Mother's room

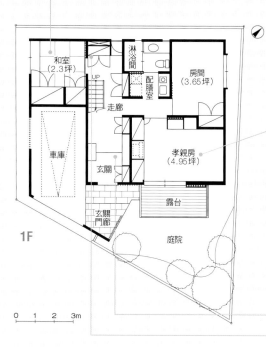

1F

```
和室
(2.3坪)    UP    淋浴間    房間
                            (3.65坪)
                配膳室
          走廊
車庫
                    孝親房
          玄關      (4.95坪)
玄關
門廊        露台

        庭院
```

0 1 2 3m

想要有美觀的收納機能

Storage

活用壁面收納增加收納容量的玄關

和樓梯間合併，成為寬敞的玄關大廳與走廊。右邊是母親的生活空間。在一進入玄關就能看見的正面配置了花藝台。在右邊內側的牆壁設置了為家裡原有物品量身訂做的壁面收納。

二樓隔間重點

能欣賞美景的窗戶是設計主題利用多條動線設置分散收納

將二樓設計成從客廳就能坐擁綠林大道美景的格局。以大廳為中心，將共用區域與私人區域分開配置。廚房配置在能夠順暢地通往衛浴設備的動線上。另外也設置了從衛浴空間經過衣櫥到達臥室的便利動線。一大房的LDK利用家具將空間隔開。「坐著的時候令人心情放鬆，站起來時能夠環視整個空間。雖然在不同空間裡，卻能互相感受到彼此氣息」（建築師田野、安藤）

一樓隔間重點

活用大面積牆壁設置固定式收納依用途有效率地區分

將玄關與走廊空間保持寬敞，做為傳達上下樓氣息的空間。在走廊大面的牆壁設置了壁面收納放置各種物品，並且控制深度，讓物品的尋找與拿取變得簡單輕鬆，並且保持整潔寬敞的走廊空間。在日照充足，景色良好的位置配置孝親房間。為了能讓輪椅也能夠通行，將出入口的寬幅加大。

ARCHITECT
安藤和浩＋田野惠利／アンドウ・アトリエ
埼玉県和光市中央2-4-3-405
Tel：048-463-9132
URL：http://www.8.ocn.ne.jp/~aaando1

DATA
攝影　　　　：黑住直臣
所在地　　　：東京都　Ｉ住宅
家族成員　　：夫婦＋母親
構造規模　　：木造、二層樓
地坪面積　　：144.70㎡
建築面積　　：165.07㎡
1樓面積　　：85.72㎡
2樓面積　　：79.35㎡
土地使用分區：第一種住宅區域
建蔽率　　　：60％
容積率　　　：160％
設計期間　　：2006/5～2006/12
施工期間　　：2007/3～2007/8
施工　　　　：滝新
建築施工費用：3660萬日元（不含太陽能發電設備費用）

外部裝修
屋頂：彩色鍍鋁鋅鋼板
外牆：砂漿粉刷、彈性壓克力樹脂塗裝

內部施工
玄關
地板：全磁化磁磚
牆壁：矽藻土粉刷
天花板：AEP塗裝
孝親房、大廳
地板：橡木實木地板
牆壁：矽藻土粉刷
天花板：AEP塗裝
和室
地板：無邊緣榻榻米
牆壁：矽藻土粉刷
天花板：杉木板
LD、書房
地板：橡木實木地板
牆壁：矽藻土粉刷
天花板：閣樓橫樑外露＋AEP塗裝
臥室
地板：橡木實木地板
牆壁：矽藻土粉刷
天花板：閣樓橫樑外露＋AEP塗裝
盥洗更衣室
地板：橡木實木地板
牆壁：GP塗裝
天花板：AEP塗裝

主要設備製造商
廚房機器：Panasonic、TOTO
廚房施工：阿部木工（阿部重文）
衛浴設備：TOTO、RELIENCE
照明器具：YAMAGIWA 、遠藤照明、工房製作
地板暖氣：NORITZ

擁有雙向出入口的廚房
廚房配置在衛浴空間附近。從走廊～客廳～廚房，構成一條順暢的迴遊動線，並藉由餐廳的窗戶欣賞絕佳景色。

Kitchen

位於餐廳內側的共用書房
在餐廳內配置了1.5坪大的書房。背面是固定式書架，剛好能遮住從餐廳而來的視線。客人來訪時也能當作物品的暫時放置空間。

配置圖重點

以綠林道路的櫻花為基準的配置計畫讓庭園融入綠意中

基地的銳角部份設置為庭院，營造出具有開放感的道路。將客廳與孝親房間配置在大櫻花樹的正面。而基地東側是擁有絕佳眺望景色的槌球場，利用此利點，將餐廳的窗戶設置在東側。因為建築位於道路的斜面上，西側的臥室也能由窗戶欣賞到室外綠意。

槌球場
綠林道路
大櫻花樹

2F

浴室
盥洗更衣室
廚房 2.5坪
書房（1.5坪）
衣帽間
主臥室（3.65坪）
大廳
DN
客餐廳（8.05坪）
露台

透過客廳的橫長窗戶坐擁綠蔭大道絕景
從綠林道路側設置的大窗戶，享受春天的賞花樂趣。LDK是 L 型的空間。將餐廳與廚房配置在客廳內側看得見的地方，增加視野的深度感，令人感到寬敞。

MasterBedroom

和衛浴設備相連的臥室內側動線
在臥室設置了雙側出入口，分別通往走廊與衣帽間。衛浴設備和臥室藉由中間的衣帽間連接，是個不論早晚都能利用的便利設計。

Living-Dining

Living-Dining

Kitchen

位於動線上
通往廚房的
食品儲藏室

將和室內設計完美結合的
雅致廚房，配置在玄關
後，通過食品儲藏室可到
達的位置。當初煩惱著冰
箱該放在內側還是外側，
最後考量到使用頻率與方
便度，決定配置在廚房前
方（上面照片右邊）。將
冰箱與收納櫃空間齊平，
並選擇和其他收納門板類
似的外觀顏色，營造出一
個乾淨俐落的廚房。

牆壁內側設置大型收納櫃
放置雜貨保持整潔俐落的客廳

雖然客廳和餐廳是一個連續空間，但藉由樓梯將兩
者隔開，營造出兩個沉穩靜謐的空間。在貼有花紋
壁紙的牆壁內側裝設收納櫃，將雜物等輕鬆整理，
保持整潔美觀的客廳。

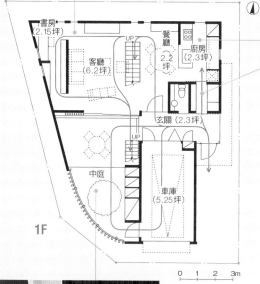

書房
(2.15坪)

餐廳

廚房
(2.3坪)

客廳
(6.2坪)

UP

2.2
坪

玄關 (2.3坪)

UP

中庭

車庫
(5.25坪)

1F

0 1 2 3m

Pantry

076

內外巡迴動線
打造親近
自然的住宅

Court

和室內同樣
舒適的中庭是
第二個客廳

將中庭以格柵圍起，並使
用一半的面積種植植物。
靠近客廳的半側則鋪上白
色磁磚，放置桌子，營造
出舒適悠閒的角落。透過
樓梯往上輕鬆到達露台。

二樓隔間重點

> ### 圍繞著衛浴空間的
> ### 家事動線讓衣服的
> ### 洗滌更輕鬆

在二樓配置了注重隱私的個人空
間。為了能讓位於深處的主臥室
每天早晨都能迎接朝陽，配置了
露台2。在露台2較不顯眼的地方
放置了曬衣桿，不論是從臥室走
去拿取衣物或是在家事間裡邊整
衣物都能有效率地進行。將盥洗
室、浴室和廁所合併為一間，並
朝露台1開放，成為一個能夠放
鬆心神的敞開空間。從露台1的
樓梯往下可以到達一樓中庭。

一樓隔間重點

> ### 多條迴游動線
> ### 將空間順暢地連結

在基地一端配置中庭，並用加裝
格柵圍牆確保隱私性。在客廳設
置落地窗，地板磁磚延長到中庭
強調連續感。從玄關大廳可以直
結客廳、中庭、車庫、或是經過
食品儲藏室到達廚房。在車庫
也設計了能直接通往中庭的出入
口，多條動線讓室內外的移動變
得極為順暢。

154

ARCHITECT

橫堀健一＋コマタトモコ／橫堀建築設計事務所

東京都港区南青山7-9-15
Tel：03-5774-1347
URL：http://www.yokobori-aa.jp

DATA

攝影　　：黑住直臣
所在地　：埼玉縣　S住宅
家族成員：夫婦＋小孩1人
構造規模：木造、二層樓
地坪面積：159.72㎡
建築面積：137.36㎡
1樓面積：76.12㎡
2樓面積：61.24㎡
土地使用分區：第一種中高層住宅專用區域
建蔽率：60％＋10％（角地緩和）
容積率：200％
設計期間：2005/7～2006/4
施工期間：2006/11～2007/6
施工　　：榊住建
合作：リビングデザインセンター
OZONE家づくりサポート（Living Design OZONE住宅建設Support）

外部裝修
屋頂：鍍鋁鋅鋼板
外牆：Jolypate、部份外牆板

內部施工
玄關
地板：磁磚34×34cm
牆壁／天花板：壁紙
LDK
地板：非洲崖豆木（wenge）地板、部份磁磚34×34cm
牆壁／天花板：壁紙
主臥室、小孩房
地板：地毯
牆壁／天花板：壁紙
盥洗・浴室
地板／牆壁：磁磚34×34cm
天花板：AEP塗裝
和室
地板：榻榻米、部份檜木板
牆壁／天花板：壁紙

主要設備製造商
廚房：客製化
廚房機器：GORHE、Panasonic、HAATZ、Blant
衛浴設備：Tform、PS heat、INAX、CERA、TRADING、MIELE、JAXSON
照明器具：山田照明、遠藤照明、MAXRAY

做為客人房使用有如獨立別館的個性和室

將地板挑高，配置了黑色榻榻米的個性和室，可以供訪客投宿時使用。和小孩房相連小窗戶賦予空間活潑的氣氛。將來預定改裝成第二個小孩的房間。

Japaneseroom

Child'sroom

充滿女孩氣息的可愛小孩房

依照女兒的個性，設計了一間明亮可愛色系的溫馨房間。固定式床的下方是收納空間，利用空間的立體性增加收納機能。

想要有美觀的收納機能

配置圖重點

設置屋外樓梯打造室內外、上下樓的迴遊動線

為了能將屋外空間自然地納入生活空間裡，在中庭與二樓浴室前的露台設置了室外樓梯將兩者連結。連同室內的樓梯在內，打造出一條能將住宅室內外全體連接的迴游動線。屋主S先生在夏天時期曾將洛地窗保持敞開，且多半時間在屋外渡過。中庭外圍設置了和建築物同樣高度的格柵圍起，不僅能守護隱私，也能讓中庭與室內都能獲得寬敞與舒適感。

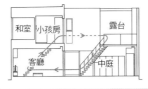

和室　小孩房　　　露台

客廳　　中庭

MasterBedroom

面向露台充滿靜謐氛圍的開放臥室

猶如飯店的主臥室。因為面向露台，每天都能沐浴在早晨清爽的陽光下。從臥室走到露台拿取晾乾後的衣服，再走向衣帽間，是個簡潔便利的動線。

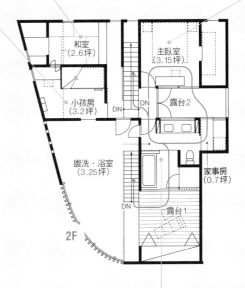

和室
（2.6坪）

主臥室
（3.15坪）

小孩房
（3.2坪）

露台2

DN

DN

盥洗・浴室
（3.25坪）

家事房
（0.7坪）

露台1

DN

2F

擁有開放感的療癒浴室空間

有如飯店般，能令人好好地放鬆身心的浴室。將落地窗敞開後，享受有如露天風呂般的泡澡樂趣。「因為沒有隔間，讓打掃起來格外輕鬆，動線也十分便利」屋主S先生說。

Bathroom

**支援忙碌的雙薪家庭食品儲藏室
與充足的廚房收納空間**

因為夫妻都在上班，所以需要食品儲藏室存放預
先買好的食材。廚房下部的固定式收納櫃，外表
是一片門板，打開後還有可細分的多層抽屜，這
種設計能讓室內更顯俐落。

**活用壁龕空間
將物品有系統的收納**

T住宅的收納計畫基本上是將箱型收納間
與食品儲藏室配置在生活空間裡，各類物
品都有配置適當的收納處，實現「用完就
收回去」的便利住宅。

077

將箱型收納間
穿插在生活
場所的住宅

**想要有美觀
的收納機能**

各得其所的收納打造簡潔俐落的客廳

從廚房能夠環視一樓整體，並藉由挑高和二樓空間連結。在正面牆壁設置壁
面收納、沙發下設置收納空間等，讓客廳隨時保持整潔美觀。

(平面圖)

食品
儲藏室

UP

浴室

大空間1
（約5.25坪）

客房
（約3坪）

廚房
（約
2.2
坪）

收納間　玄關

庭園

前庭院

1F

在點綴室內的展示區下方設置愛犬小屋

從西側進入的陽光照亮大廳。左邊是與客廳相連的通
路。腳邊傳來汪汪的狗叫聲，原來是狗狗的小屋在這
裡。愛犬小屋的上方是讓生活充滿樂趣的展示台。

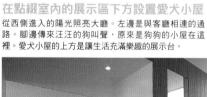

ARCHITECT

橫田典雄＋川村紀子／CASE DESIGN STUDIO

東京都新宿区若葉 1-20-105
Tel：03-5366-6406
URL：http://www.case-design.co.jp

DATA

攝影　　：石井雅義
所在地　：東京都　Ｔ住宅
家族成員：夫婦＋小孩2人
構造規模：木造、二層樓
地坪面積：153.80㎡
建築面積：117.27㎡
1樓面積：60.75㎡
2樓面積：56.52㎡
土地使用分區：第一種低層住宅專用區域
建蔽率　：40％
容積率　：80％
設計期間：2006／12～2007／6
施工期間：2007／6～2007／12
施工　　：彌彥工務店

外部裝修

屋頂：塗裝鋼板
外牆：木板OS

內部施工

玄關
地板：磚
牆壁：木板牆 OS
天花板：EP環氧樹脂塗裝

客廳（大空間1）
地板：木甲板OS
牆壁：木板牆 OS
天花板：EP環氧樹脂塗裝

廚房
地板：地板片材
牆壁：彈性裝飾板、合板OP
天花板：EP環氧樹脂塗裝、彈性裝飾板

客房、主臥室、小孩房
地板：地板片材
牆壁／天花板：EP環氧樹脂塗裝

大空間2
地板：木甲板OS
牆壁：木板牆 OS
天花板：EP環氧樹脂塗裝

主要設備製造商

廚房：Original木工
衛浴設備：INAX、TOTO、Tform、CERA
照明器具：DAIKO、YAMAGIWA、Panasonic電工

剖面重點

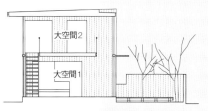

藉由挑高將上下樓連接強調客廳開放感

Ｔ住宅的中心是家族聚集的客廳。將木製框落地窗敞開後，和露台連結成一體，全面的開口部和露邊的挑高更加強了客廳的開放感，打造寬敞空間。雖然是沒有隔間的平面，但藉由挑高將上下連結。在一樓設置了蓄熱式地板暖氣，冬天溫暖的空氣藉由挑高緩慢上升至二樓，營造出效率良好的溫暖環境。

沒有隔間卻充滿沉穩氣氛的書房讓住宅更整潔

在二樓中央的通路上配置書房、鋼琴角落與盥洗室。在以前的家裡，總是將文件等堆疊在客廳，現在有了書房後，客廳總是能保持美觀整齊。

在二樓設置收納間集中收納

二樓的主臥室內沒有設置收納空間，將隔壁房間設計為收納間。大容量的空間能放置全家人的整年的衣服和一些季節性物品。

（二樓平面圖 2F）
小孩房2（約2.15坪）
小孩房（約2.15坪）
書房角落
大空間2（約3.5坪）
鋼琴角落
收納間
主臥室（約2.65坪）
挑高
DN

二樓隔間重點

分類收納打造寬廣空間

一樓以客、餐廳為中心，配置了廚房、浴室和客房。雖然LD是家族共享的舒適空間，但考慮到假日能招待朋友來訪，所以在計畫中加入了露台空間。為了能最大限度的利用這個開放空間，把廚房和收納等生活機能以箱型配置在空間兩側。室內幾乎沒有隔間，站在廚房時，視野會延伸到室外，感受空間的無限寬敞。

將上下樓連接形成一體感的挑高

在廚房、餐廳上的小孩房，藉由挑高連結，讓夫妻能夠掌握早晨小孩起床或是在大空間裡遊玩的樣子。

兼具隱私與連接性的小孩房

小孩房使用拉門隔間。平常大多是保持開放，有必要的時候才會關上。房間中央是兩張上下組合的床。

二樓隔間重點

私人空間也能保持和家人的連結感

二樓是家族的個人空間，配置了兩間小孩房、主臥室和收納間。除此之外，還在通道上配置了書房和鋼琴角落，將有限的空間做最有效的利用。女主人說，雖然書房與鋼琴角落並不是有隔間的個人空間，但因為可以環視其他場所反而更便利。為了讓小孩們不要總是待在自己房間裡，設置了小孩們用的客廳，並藉由挑高和一樓空間連結，確保了家人彼此間的聯繫。

大窗戶和露台
將室內與綠意結合

住宅東側有一片神社的廣大森林，在二樓面向東側大膽地將設置大面開口，打造一個私人客廳。將緊臨他宅的南北側關閉，並藉由南側的高窗採光。

078

箱型隔間收納
將LD巧妙地區隔

想要有美觀
的收納機能

面向中庭的浴室
雖然在北側也能保持明亮

將位於北側的浴室面向中庭，利用採光井讓光線進入。中庭也兼具淋浴間功能，另外還設置了側門。足球練習後帶著滿身泥濘，可以直接利用側門進出淋浴。

PLAN

保護愛車的摩托車停車場

將踏入玄關後的正面配置為室內摩托車停車場。和玄關沒有高低差的設計，能讓愛車進出自如。地板與土間延續。為避免汽油味飄入室內，所以在格柵狀拉門上加裝了玻璃。

能招待臨時訪客的
多用途土間房

在一樓土間裡，可以穿著鞋子遊玩，或是悠閒的泡茶交談，是一個多用途的空間。另外設置了收納櫃以及固定式工作桌，又或者搖身一變成為攝影師屋主和父親的小工作間。

二樓
隔間重點 利用具有機能性的箱子隔間
打造出開放的住宅空間

在二樓配置LDK、小孩房與收納間。沿著樓梯往上後會看到一個大箱隔間，也就是廚房和收納間。將具有機能性的箱型隔間配置在中央，另外也有將LDK的一大空間緩和區隔的作用。雖然在東西側各設置了大開口部，但因為和鄰宅與前方道路隔著一段距離，所以不必擔心外部視線問題，安心地享受開放空間。小孩房與收納間有如附帶般配置在LDK旁，打造出寬敞舒適的LDK空間。

一樓隔間重點 奢侈的大面積土間
是一個多用途空間

位於一樓中心的土間面積約為13㎡。從玄關延續到土間的這段沒有高低差的空間裡，經常是兒子踢足球的朋友或是夫婦的朋友聚集的地方。在土間中央處擺放的鞋櫃，設計成與和室同樣高度。雖然和室是屋主夫婦的臥室，但白天會將棉被等收納並且當作多用途空間來使用。建築師柏木精心設計出了一室多用的空間。浴室藉由兼用淋浴間的中庭採光，使位於北側的空間也能充滿光線。

將採光井內的光線反射至小孩房

在與LDK接連的小孩房裡配置了兩個出入口，將來可以分割成成兩個房間。雖然住宅是中央沒有支柱的結構，但將來可利用隔間將空間區分。將房間面向採光井上方的挑高，並利用採光井內部光線反射將光源引至小孩房。

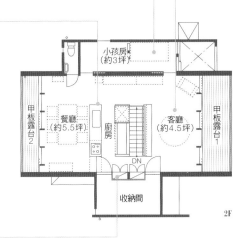

將廚房配置在二樓中央。把機能性往住宅中央集中，並且緩和地隔間成東西區域。墨色箱型隔間裝置拉門的內側放置冰箱。雖然廚房就位於空間的正中央，但卻不會因此而造成空間過多的生活感。

利用墨色箱型隔間將廚房隔間

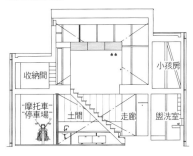

利用閣樓集中收納使客廳更寬廣

將二樓較大型的物品放置在玄關上的閣樓收納。具有深度的櫃子提供了充足的收納空間。盡量不在生活空間裡放置雜物，確保寬敞的住宅空間。

SECTION

剖面重點 **確保生活中心LDK擁有最大限度面積**

LDK是開放式K住宅的中心。為了能打造最大限度的寬敞度，將LDK之外的空間有如附帶般地設置在主要空間旁。將玄關、摩托車室和二樓的閣樓收納配置在南側，一樓的浴室和二樓小孩房則配置在北側。讓住宅主要部份以外的空間有如突出建築外的效果。這種設計讓二樓的LDK保有了寬敞的面積，成為開放舒適的空間。

ARCHITECT

柏木學＋柏木穗波／カシワギ・スイ・アソシエイツ
東京都調布市多摩川3-73-301
Tel：042-489-1363
URL：http://www.kashiwagi-sui.jp

DATA
攝影：石井雅義
所在地：神奈川縣 K住宅
家族成員：夫婦＋小孩1人＋父親
構造規模：木造、二層樓
地坪面積：210㎡
建築面積：127.23㎡
1樓面積：69.13㎡
2樓面積：58.10㎡
土地使用分區：第一種低層住宅專用地區

建蔽率：50％
容積率：100％
設計期間：2005/2～2006/2
施工期間：2006/3～2006/11
結構設計：キクシマ
造園、外結構施工：榎本造園
建築施工費：3000萬日元

外部裝修
屋頂：鍍鋁鋅鋼板、防水布、FRP防水塗裝
外牆：彈性壓克力樹脂噴漆、部份杉板

內部施工
玄關、摩托車停車場、土間
地板：有色砂漿
牆壁：彈性壓克力樹脂噴漆、部份PVC壁紙

天花板：PVC壁紙
房間
地板：紅松木地板、植物性塗料（Planet Color）※
牆壁／天花板：PVC壁紙
LDK
地板：紅松木地板、植物性塗料
牆壁：PVC壁紙、部份椴木合板

主要設備製造商
廚房：FROM ASH + BARN
衛浴設備：GROHE、TOTO、CERA

※Planet Color：商品名。一種100％植物油和植物性蠟製成的天然塗料，為日本Planet Japan所生產販售。

079

具有節奏性的
展示架排列打造
充滿趣味的住宅

沿著牆壁從上到下設置了整面展示架。另外在架上設置能夠讓「視線穿透」的設計，即使放物品也不會有壓迫感。將部份壁面換置成整面落地霧面玻璃，讓東側的陽光進入室內。在邊緣設置一扇百葉窗，增加通風與換氣效果。

能避開夏日直射陽光和露台連成一體的客廳

將客廳與露台配置在基地的對角線上。將拉門打開後兩個空間合而為一，並且能享受寬大的戶外空間。在西南側設置了細間隔的屋簷，遮擋當夏日強烈的陽光。

能環視屋內全體的廚房

從客廳看向餐廳與廚房的樣貌。站在廚房時能夠環視屋內整體，也能和餐廳與客廳的家人暢快交談。在客廳席地而座，享受寬廣開適的空間。

精巧的訂做廚房

訂做的小巧廚房是由U字型工作台集中而成。將微波爐和冰箱等巧妙地放置在內側，另外在面向餐廳的部份也設置了深淺度不同的收納櫃。開放式的架子可以用來放置調味料等物品。

想要有美觀的收納機能

收納重點　展示架將空間要點集中

「配置收納時，要考慮到住宅全體的平衡」建築師早草道。收納或是櫃子等，很容易變成停滯的空間。為了避免這種情況，先將不同高度的架子放入住宅，當作展示架。在樓梯的挑高部與臥室都設置了展示架。屋主將同類型的蒐集品、CD、相簿和書等放置在架上，並享受著收納整理的樂趣。

SECTION ▶

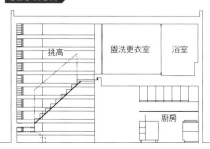

挑高		盥洗更衣室	浴室
		廚房	

一樓
隔間重點

將基地以對角線分割使客廳和露台成為寬廣的一體空間

把四方形的基地以對角線分割，半部配置建築，另一半則是庭院。如此一來就能在客廳設置最大限度的開口部，並且加強和露台的連結感。雖然為了遮住由道路而來的視線，在西南側設置高大的牆面包圍，但將圍牆設計成拉門，隨時可以敞開。為了避免三角形建築物的銳角部份成為死角，在銳角部份設計成曲面造型，變成一個可利用的鈍角空間。

二樓
隔間重點

將有隔間的個人空間賦予全體連結感打造明亮空間

二樓是以個人房和收納為主要空間，但挑高部份的收納架從一樓延續到二樓，將建築全體緩和的連接起來。雖然主臥室和衣櫃之間設置了一道門，但是兩者之間並沒有設置牆面，所以以能透過展示架看到收納間的內部。在建築物西側建造了整面由一樓延伸到二樓的外牆，這種設計能引導視線從客廳延伸至露台，也具有遮蔽西曬的作用。

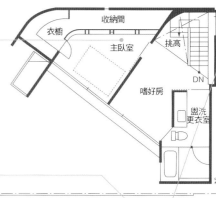

在臥室和收納間之間也設置了展示櫃
臥室也設置了可以通透的格狀置物架。「具有設計感的櫃子能讓收納也變成一種樂趣」建築師早草說。因為臥室和收納間之間只有用置物架隔間，讓空間毫無壓迫感。

不影響空間寬廣度的固定式收納
為了能讓客廳感到更寬敞，將電視櫃懸浮在地板上並且固定在牆面。當然，電線等也都實施徹底的收納。

活用曲面空間設置鞋櫃
在玄關沿著曲面牆壁，配置了鞋櫃。高度十足的收納櫃能容納大量的鞋子。使用和客廳相同的塗裝，營造出住宅全體的統一感。

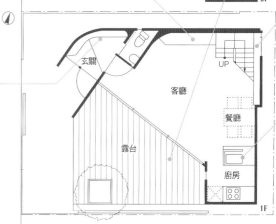

ARCHITECTS
早草睦惠／セルスペース
東京都大田区久が原3-12-3
Tel：03-5748-1011
URL：http://www.cell-space.com

DATA
攝影：桑田瑞穗
所在地：東京都 K住宅
家族成員：夫婦
構造規模：鋼結構、二層樓
地坪面積：107.30㎡
建築面積：83.63㎡
1樓面積：42.57㎡
2樓面積：41.06㎡
土地使用分區：第一種低層住宅專用地區、法22條地區
建蔽率：39.67％（容許40％）

容積率：77.94％（容許80％）
設計期間：2004/1～2004/8
施工期間：2004/9～2005/4
結構設計：深澤工務店

外部裝修
屋頂：防水布外隔熱絕緣工法
外牆：鍍鋁鋅鋼板、Lambda外牆板聚氨酯塗裝

內部施工
玄關、LD、廚房
地板：木地板
牆壁：鍍鋁鋅鋼板、EP環氧樹脂塗裝、壁紙
天花板：EP環氧樹脂塗裝
主臥室、嗜好房、衣櫃
地板：PVC片材
牆壁：壁紙

天花板：EP環氧樹脂塗裝
主要設備製造商
照明器具：遠藤照明、NIPPO、MAXRAY、YAMAGIWA
衛浴設備：INAX、TOTO、Reliance
廚房：客製化、Rosieres、Panasonic
建築五金：堀商店、秀光、Reliance

080

輕巧卻大容量！
浮在空中的
壁面收納

保有生活面積附設在
建築物外的「收納塔」

在餐廳旁配置了收納空間，做為
棉被等較少用的大型物品，或是
食品儲藏的空間。收納間約有兩
層樓高。為避免減少生活空間，
將收納間配置在有如突出建築外
般的位置。

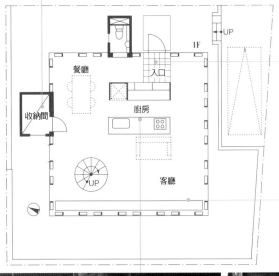

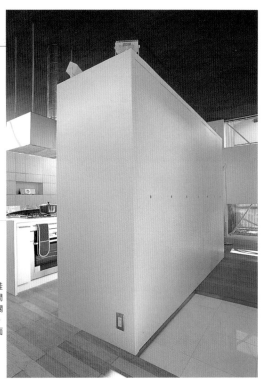

兼具玄關與室內隔間功能
的大型收納箱

在玄關配置了巨大的四方型鞋
櫃。除了收納之外，還具有空間
區隔的作用，可以避免踏入玄關
後的訪客直接將室內一覽無疑。
從兩邊都能進入室內。鞋櫃背面
是廚房收納。

方便的大容量抽屜收納

在廚房的島型料理台的背面與下
方設置收納，另還裝置了烤箱與
洗碗機。背面的抽屜用來放置碗
盤類。女主人表示：「收納量很足
夠，而且進出也非常方便」。

為使用率高的小物品打造壁面收納

利用壁面設置的客廳收納。也為電視、冷氣等家電量身打造專門的位
置，讓電器與收納呈現一體感。將收納櫃的門扇設計成各種尺寸，營
造出充滿韻律感的空間。

二樓 隔間重點 沒有走廊的迴遊動線將
空間做最大限度的利用

二樓設有兩間臥房、和室和浴室。為了打造
出隱私性高的空間，將開口部壓抑至最小限
度。將每個房間利用折疊門相連，創造出迴
游動線，省下不必要的走廊空間。在樓梯間
設置家人共用的工作間。雖然一樓的一大空
間是鋼結構，二樓則是將空間隔成多個小房
間的木造建築。較輕的重量能減少下部結構
的負擔，並且能節省預算。

一樓 隔間重點 將外部空間帶進室內打造
出比實際面積還大的寬廣感

一樓是LDK的一大空間。為了增加空間的容
量，將天花板挑高至3米3。並且在中央配置
中島廚房。一邊享受料理，一邊藉著住宅四面
開口部，在充滿開放感的空間裡享受景緻。
「自從住進這個家以後，就能常常仰望藍天了」
女主人說。下部的狹縫採光具有將外部空間拉
近室內，增加寬敞感的效果。

想要有美觀
的收納機能

將二樓大型物品集中在「收納塔」

依附在建築外側「收納塔」的另一扇門位於二樓和室內。在僅僅三個榻榻米的空間內,盡量不放置任何物品,保持可利用的空間。

小瓶罐專用的壁面收納美化浴室

使用可愛的橘色磁磚牆面將浴室包圍,並面朝露台。可以不必在意外部視線,放心地享受露天風呂氣氛的沐浴時光。並為洗髮精等瓶罐類設置壁面收納,打造美觀俐落的空間。

SECTION

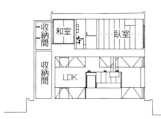

收納重點 利用集中與分散收納的配置打造大容量收納的住宅

家人愉快地聊天,並坐擁美景。要如何在不減少生活面積的前提下,打造出足夠的收納空間,是這次設計的課題。在上下都設置開口部,卻又要創造出足夠的收納空間並不容易,所以在建築南側設置了壁面。並分散收納於廚房、玄關和二樓。上下樓都能輕鬆的拿取物品,且收納空間也十分足夠。不僅物品的收納能夠各得其所,也打造出舒適的生活空間。

兼用樓梯間的工作室 不浪費空間

在樓梯間配置了工作室,有效利用面積。設置固定式的L型吊櫃與書桌,打造出全家人都能隨時使用的空間。

便利的簡潔設計

簡單大方的房間收納。把手部份的鏤空圓形設計,是建築師家中的樣式,女主人看到後也非常喜歡,所以也要求了同樣的設計。

ARCHITECT

駒田剛司＋駒田由香／駒田建築設計事務所
東京都江戶川区西葛西7-29-10
西葛西 apartments# 401
Tel：03-5679-1045
URL：http://www.komada-archi.info

DATA
攝影：石井雅義
所在地：千葉縣 石川住宅
家族成員：夫婦＋小孩1人
構造規模：鋼結構＋木造、二層樓
地坪面積：154.71㎡
建築面積：118.93㎡
1樓面積：60.75㎡
2樓面積：58.18㎡
土地使用分區：第一種低層住宅專用地區

建蔽率：39.26％（容計40％）
容積率：77.96％（容許80％）
設計期間：2003/8～2004/9
施工期間：2004/10～2005/4
結構設計：エム建築工房
施工費用：3070萬日元

外部裝修
屋頂：FRP防水
外牆：1F／彈性磁磚、2F／鍍鋁鋅鋼板

內部施工
LDK
地板：楓木地板
牆壁：EP環氧樹脂塗裝
天花板：柳安木合板 OS
臥室
地板：松木地板

牆壁：灰泥
天花板：EP環氧樹脂塗裝
盥洗更衣室
地板：地板片材
牆壁：磁磚
天花板：EP環氧樹脂塗裝
主要設備製造商
衛浴設備：TOTO、GROHE、CERA
廚房：Original 木工

081

捲門收納
增添白色調
空間的魅力

**將家事動線以直線
集中在廚房周圍**

以白色為基調，充滿著清爽感的LDK。
營造出俐落感的原因之一是將廚房設置
在中心位置。設置了附有捲門的收納以
及可以隱藏動態的料理台等貼心設計。
全家能夠一起享受餐後收拾的樂趣。從
廚房往樓梯的方向看過去，會看到右邊
是可以放置傳真機的收納角落。在往下
半層樓設置了洗衣間，將主要的家事動
線集中在廚房的直線上。

1F

盥洗室　UP

廚房

UP

庭園

客餐廳

B1F

盥洗室

UP　入口

外部倉庫　收納間

和室

UP

便利性與設計感兼具的收納

在牆壁側都設置成收納櫃。上半部是女主人指定
的德國製系統廚房品牌poggen pohl的捲門式收納
櫃。下部的抽屜收納容量也不可小覷。

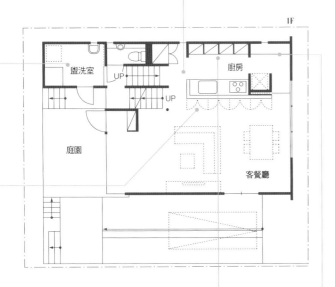

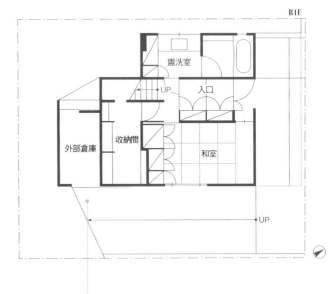

**活用露台下方空間
設置腳踏車停車場**

在停車場內側的露台下方，配置
了腳踏車停車場與置物空間。出
入口使用金屬格柵拉門，並加裝
門鎖增加防盜功能。

位於家事動線上的工作間

女主人的工作室位於廚房隔壁。上部是書籍的收納
櫃。視線從客廳無法到達此空間，若將冰箱旁的拉
門關上的話，也能阻絕從餐廳而來的視線。

在結構上下了工夫 確保LDK的開放大空間

B1、一樓隔間重點

利用基地的高低差，將建築物設計成跳躍式樓層住宅。在地下一樓配置浴室等衛浴空間與和室，另外還利用基地的高低差配置了收納間，並將不常使用的物品收納在這裡。經由跳躍樓板往上是明亮開放的LDK。客廳和外部的露台連接。雖然在一樓以上都是木造，但為了製造出LDK的大空間，將一半設計成鋼結構。

以房間為中心的隔間 巧妙地互相做連結

二樓隔間重點

二樓是跳躍式樓層的終點，在這裡配置了家人們的臥房，並將每個房間彼此連結。尤其是小孩房，視線和聲音都能與樓下的露台相連接。另外在兩間主臥室之間，利用有如家具般的大型收納櫃將空間緩和地區隔。在樓梯間配置一個出入口，可以通室外樓梯到達頂樓。不但可以環視周遭，也和露台有視覺上的串連效果。

收納重點

徹底隱藏的收納空間 配置於家事動線的收納計畫

將料理和洗衣服等集中在家事動線上，並在各位置配置有效率的收納空間。以廚房為家事的中心，在廚房周圍設置了十分足夠的收納空間，並設計捲門式的收納櫃，使空間看起來更美觀。另外阻絕了從客廳和餐廳而來的視線，將冰箱和料理台周圍的小物品巧妙地隱藏起來。在房間內也依不同用途設置了相應的收納。

便利且舒適的洗衣專用間

洗衣間設置了能夠熨燙衣服的工作台。另外上方也裝置兩根曬衣桿，若將小窗打開後就能在洗衣間裡曬衣服。

想要有美觀的收納機能

在書房角落也設置了收納櫃

在客廳往上半階的樓層配置了書房。在書房的一面牆壁上裝置固定式書架。

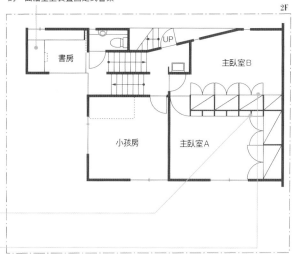

2F
書房
主臥室B
小孩房
主臥室A
UP

在整面隔間牆設置收納櫃

在兩主臥室之間放置了有如家具般的固定式收納，用來區隔空間。在收納櫃設計了深淺變化，整面都是可以收藏書籍的開放式設計。

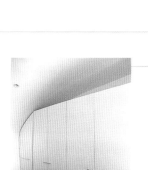

在隔間牆背面設置衣櫥

收納櫃的另一側是有裝設門扇的衣櫥。從天花板到牆壁的部份，配合屋頂曲面的弧形設計，成為空間裡的一個亮點。

為餐廳與客廳常用物品設置近距離收納空間

廚房料理台的下方兩側都設置了收納空間。面向客餐廳的部分是深度較淺的收納架，可以放置杯子或是酒瓶等物品。

ARCHITECT
內海智行／ミリグラムスタジオ
東京都大田区久が原4-2-17
Tel：03-5700-8155
URL：http://www.milligram.ne.jp

DATA
攝影：桑田瑞穗
所在地：東京都　T住宅
家族成員：夫婦＋小孩1人
構造規模：木造＋鋼筋混凝土＋鋼結構、二層樓＋地下一樓
地坪面積：130㎡
建築面積：119.49㎡（容積計算後面積）
B1面積：44.76㎡
1樓面積：61.06㎡

2樓面積：58.43㎡
土地使用分區：第一種低層住宅專用地區
建蔽率：49.93％（容許50％）
容積率：91.25％（容許100％）
設計期間：2003/8～2004/3
施工期間：2004/4～2004/12
結構設計：大同工業

外部裝修
屋頂：鍍鋁鋅鋼板
外牆：砂漿

內部施工
客餐廳、廚房
地板：楓木地板
牆壁／天花板：EP環氧樹脂塗裝

主臥室、小孩房
地板：地毯
牆壁／天花板：EP環氧樹脂塗裝

主要設備製造商
照明器具：Panasonic電工等
衛浴設備：TOTO、CERA等
廚房：客製化

不妨礙視野讓空間更寬敞的展示櫃
在客廳1的柱與柱之間，設置了固定式的收納櫃，用來收納碗盤類物品。並將高度控制在90㎝，上方空間則當作展示架，坐在椅子上的時候也不會感到空間的狹窄。

榻榻米空間下方能放入棉被的大型收納櫃
在客廳的一角配置了兩個榻榻米大小的空間，旁邊是屋主的工作室。在挑高45㎝的榻榻米空間下方設置了收納，可以放置棉被。

嵌在長椅下的簡單收納
將東側的窗戶設置猶如長椅般的窗台。在下方裝設屏板，成為一個可以放置掛膝蓋毯等物品的收納空間。

集中並且控制平衡的收納設計
在二樓設置了兩處從橫樑到地板的收納櫃。白色的收納櫃和壁面融為一體，不會帶來壓迫感。不只大型的書籍，還能容納各式各樣的物品。

[1F平面圖]
工作室　睡眠空間　1F
UP　客廳1　露台
餐廳
廚房

[2F平面圖]
DN　工作室2　2F
挑高
天窗
客廳2
UP
浴室　雜物空間

為常用的碗盤與玻璃類器皿設置特等席
將壁面的小窗設置成凸窗設計，兼用收納架，在這裡放置較常用的玻璃杯和碗盤等餐具。光線透過窗戶的壓克力板進入室內。

具有機能性簡潔俐落的廚房
簡單大方的開放式廚房。為了能讓親子能夠面對面一同料理，在料理台的兩側設計了22㎝的高低差。料理台是鐵製的框架，檯面是平板的混凝土，另外有裝設流理台和瓦斯爐。料理台下方嵌入冰箱、洗碗機等並加設門扇。

082
大小型收納讓一大空間式的住宅多采多姿

二樓主要是安立小姐和女兒所使用的工作間和浴室，和客廳空間連續沒有隔間。二樓地板使用白色磁磚，光線從四面玻璃採光的三樓落下，營造成明亮的開放空間。樓梯上部的地板和浴室都採用了部份沖孔金屬板，讓陽光往下灑落。三樓的臥室是有如二樓閣樓般的延續空間。

H住宅是沒有隔間的大空間式設計。因為沒有隔間，空間的深度打造出無限的寬敞感。在二樓和二樓分別配置了風格迥異的客廳，地下室配置書房和收納間，讓部分樓層變成一個方便的生活空間。在一樓的客廳裡，將衛浴設備和工作間的地板高度往下降45cm，在一個大空間裡藉由高低差區分領域。

收納重點　配合生活場景設置收納

在地下室設置了大容量且多種類的收納空間，書房、衣帽間和收納間。地下室沒有客人造訪的問題，所以都一律不裝上門扇，節省了門扇開關的空間，也讓出入更加方便。在客廳沿著壁面設置收納櫃，放置平時常用的物品，並設計了「展示櫃」，保持視覺空間的平衡。

想要有美觀的收納機能

面對型雙洗手台能應付忙碌的早晨
透過洗手台往廁所望去的樣貌。洗臉台採用面對型的雙水龍頭設計，拉門內側裝上鏡子，讓家人可以同時使用。

將雜物多的收納空間集中設置
地下室的書房擺滿了大量的書籍。書房內側是衣帽間，再往裡面則是收納間。若突然有客人來訪時，可以將物品暫置在這裡。

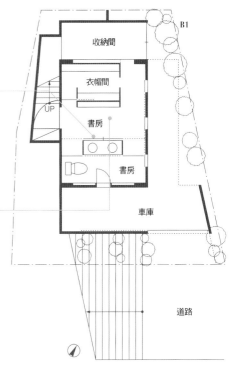

B1

收納間

衣帽間

UP

書房

書房

車庫

道路

ARCHITECT
安力悅子／atelier BLANC

DATA
攝影：桑田瑞穗
所在地：神奈川縣　H住宅
家族成員：夫婦＋小孩1人
構造規模：鋼筋混凝土＋鋼結構、三層樓＋地下一樓
地坪面積：81.61㎡
建築面積：113.12㎡
B1面積：30.53㎡
1樓面積：41.96㎡
2樓面積：36.02㎡
3樓面積：4.61㎡
土地使用分區：第一種中高層住宅專用地區、第三種高度地區、準防火地區

建蔽率：58.2％（容許60％）
容積率：138.6％（容許150％）
設計期間：2000/6～2000/9
施工期間：2001/2～2001/11
結構設計：鈴木興業
建築施工費用：2550萬日元

外部碳構
屋頂：聚氨酯防水板、部份鍍鋁鋅鋼板
外牆：水泥裸牆

內部施工
客廳1、餐廳
地板：甲板材
牆壁／天花板：水泥裸牆

廚房
地板：水泥
牆壁／天花板：水泥裸牆

收納間
地板／天花板：塗料
牆壁：塗料、部份水泥裸牆

主要設備製造商
照明器具：YAMAGIWA、遠藤照明
衛浴設備：TOTO、INAX、GROHE
廚房機器：Rosieres、Miele
建築五金：MIU、BEST

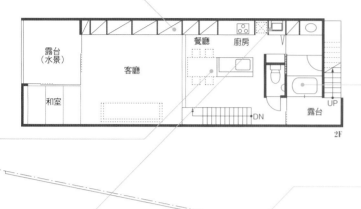

在室內收納櫃裡的郵箱

在玄關設置了一個大型櫃子，用來收納鞋類與雜物，另外設計了可以直接從室內拿取的郵箱。寒冷的日子與雨天也都能輕鬆收取信件，印章也能收納在郵箱裡。

083

超寬敞壁面收納打造美麗住宅

擁有四人份收納量的鞋櫃

使用架板將鞋櫃空間細分，確保全家人的鞋子有足夠的收納空間，讓玄關常保乾淨整潔。

收納重點 將收納和廚房一體化節省空間

「希望生活空間整潔美觀。也就是說，要俱備充足的收納空間」建築師布施說。超過10m的超長客廳壁面收納，實現了屋主伊藤先生理想的住宅。將廚房、洗臉台和收納空間一體化，讓客廳可以增加更多面積。在一樓各個房間分別設置1.5坪左右的收納空間，用來放置大型物品。而日常生活用品則放置在客廳收納櫃裡，打造出整潔美觀的住宅。

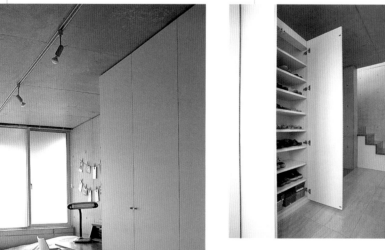

在房間設置大型衣櫥

將一樓小孩房面向南側的開口部裝置霧面玻璃，阻絕外部視線。並在各個房間都裝置了大型的固定式衣櫃。

小空間的極致活用

將玻璃類或杯子等物品放置在中島型料理台的淺型收納櫃裡。而廚房的周圍，則是在可能的範圍裡設置了大容量的壁面收納。

寬大的壁面收納打造出美麗大方的客廳

全長11m的壁面收納，將日常生活用品全都收納在此。因為將收納櫃全都緊靠在牆壁邊，所以能輕鬆環視整個LDK。刻意將天花板打開一條空間，讓室內看起來更寬大。在客廳，連照明燈具都隱藏在天花板裡，只有在餐廳上方裝置燈具，照亮空間。

想要有美觀的收納機能

站著洗鞋子的洗滌槽

在冰箱旁配置了洗鞋專用的洗水槽，並且將其隱藏。可以站著清洗沾滿污泥的鞋子或襪子。是女主人為了在體育社團練習的小孩所要求的設計。

二樓隔間重點　強調橫向連結　賦予空間寬敞感

依照屋主家人的期望，將客廳配置在二樓。二樓的天花板挑高2米5。因為基地屬於向南北橫長的長形住宅，所以不用特別將天花板挑高，只要利用橫向的連結就能賦予空間寬敞感。壁面收納也是依照屋主夫婦的要求配置在西側。將開放空間發揮至最大限度的利用。光線與涼風藉由南北側的露台和中央的天窗進入室內。

一樓隔間重點　私人空間　適度大小即可

在一樓是配置各個房間，是個擁有隱私性的樓層。以門廳為分隔區，將房間以左右兩側分開。將主臥室和小孩房的天花板高度控制在2.15m與2.25m。在「關閉」的房間裡不須要過大的空間。除了南側面向空地之外，其他方向都與其他住宅相鄰，所以在臥室與小孩房的開口部都採用了霧面玻璃，避免直接和外部視線的接觸。

ARCHITECT

布施茂／fuse-atelier
千葉縣千葉市美浜区幕張西6-19-6
Tel：043-296-1828
URL：http://fuse-a.com

DATA
攝影：石井雅義
所在地：千葉縣　伊藤住宅
家族成員：夫婦＋小孩2人
構造規模：鋼筋混凝土、二層樓
地坪面積：145.16㎡
建築面積：103.16㎡
1樓面積：52.32㎡
2樓面積：50.84㎡
土地使用分區：第一種住宅地區、第一種中高層專用地區
建蔽率：43.05%（容許60%）
容積率：71.06%（容許160%）
設計期間：2003/1～2003/10
施工期間：2004/1～2004/8
施工：長野工務店

外部裝修
屋頂：FRP防水
外牆：水泥裸牆

內部施工
LDK、臥室、小孩房
地板：木板
牆壁／天花板：水泥裸牆
盥洗更衣室
地板：PVC地板磁磚
牆壁／天花板：水泥裸牆
浴室
地板：全磁化磁磚
牆壁：全磁化陶瓷磚
天花板：水泥裸牆
主要設備製造商
廚房：特別訂製
衛浴設備：CERA、TOTO、INAX
照明器具：YAMAGIWA、山田照明、NIPPO、Panasonic電工
冷暖氣：大金

採用了面向南面的全面開口設計，營造出寬敞開適
的LDK。在緣廊上方設置了同樣寬幅的廊檐，調節
進入室內的光線。以白色為基調的現代風LDK裡，
添加了鮮艷的綠色。配合空間所挑選的家具、以及
色彩的配置，讓簡單的空間成為一幅美景。

084

美麗的大型收納櫃
將空間緩和切割

綠色的收納櫃將開放的
LDK與榻榻米室緩和地
隔開。餐廳和榻榻米室
都能夠使用的大容量收
納，讓兩個空間都能輕
鬆收拾，保持整潔。下
方的拍攝位置是面向北
側的榻榻米室。因為基
地的北側是一片寬廣的
田地，整面的玻璃設計
將室內外連成一體。開
口部使用和收納櫃同樣
材質與顏色的折疊門。
將門扇關上，可以營造
出沉穩靜謐的空間。

想要有美觀
的收納機能

在住宅東側配置了兩間預備
房（房間1、房間2），並利
用衛浴設備將空間區隔。位
於牆壁側的門簾後方是開放
式收納櫃。

1

2

3

**箱型的
大收納櫃
將空間
緩和區隔**

豐富的收納量是母親的期望之一。「家裡的物品會漸漸地增多，所以比起收納內部的細部設計，為各種隨著生活變化的物品，設置具有高變化性的大容量收納櫃，是增加生活方便性的訣竅」建築師小泉是這樣考量的。LDK的綠色收納櫃，是架板少的簡單設計。這個收納櫃也具有切割空間的功能。「收納機能再加上擴大空間的要素，打造出多采多姿的住宅空間」。在臥室裡設置掛衣桿，讓臥室內部搖身變成一個便利的收納空間。

**Ⓐ 以大型收納為中心
賦予空間生活與機能性**

1 在LDK中央配置收納，不僅使物品的拿取放置變得方便，也賦予一大空間變化性。 **2** 餐廳側的收納用來放置食品和家電。 **3** 榻榻米側將客人用的棉被收納。

**Ⓑ 擁有大容量
收納空間的整潔廚房**

除了LDK的綠色收納櫃之外，廚房下部也配置了收納空間。大容量收納使廚房常保美觀整齊。

**Ⓒ 拿取收放簡單的
沿壁式衣櫥**

在臥室的牆壁上裝置掛衣桿，搖身一變為衣櫥。使用窗簾代替門扇，窗簾可以連續拉到窗戶前方。

0 1 2 3m

ARCHITECT

**小泉一齊＋千葉万由子／Smart Running
一級建築士事務所**
神奈川県横浜市港北区師岡町245-29 #306
Tel・045-546-2477
URL：http://www.smart-running.net

DATA
攝影：黑住直臣
所在地：千葉縣 小泉住宅
家族成員：夫婦
構造規模：木造＋鋼結構、一層樓
地坪面積：449.92㎡
建築面積：162.30㎡
1樓面積：162.30㎡
土地使用分區：市街化調整區域
建蔽率：50%
容積率：100%
設計期間：2003/1～2004/5
施工期間：2004/6～2004/11
施工：屋代工務店

建築施工費：約3500萬日元（不含外結構）

外部裝修
屋頂：輕型防水布
外牆：矽酸鈣板，JointV＋SP塗裝、VP塗裝

內部施工
客餐廳、廚房
地板：地板片材
牆壁／天花板：PVC壁紙
榻榻米室
地板：地板片材＋無邊緣榻榻米
牆壁／天花板：PVC壁紙
玄關、盥洗室、浴室、廁所1
地板／牆壁：馬賽克磁磚
天花板：PB、部份矽酸鈣板

主要設備製造商
廚房：施工廚房
衛浴設備：INAX、CERA、SANWA
照明器具：ENDO、koizumi、其他

上方照片是成為LDK亮點設計的開放式收納架。另一方面，在下方設置兼用電視櫃的白色收納，巧妙地運用了「展示」和「隱藏」技巧。右下的照片是做為屋主書房的自由空間1，藉由挑高和二樓的LDK連結，能感受到比實際面積還大的寬敞度。左下方照片是將自由空間1和設置衣櫥的自由空間2相連結的跳躍式樓層。在衣櫥旁邊配置盥洗室與浴室，增加梳洗更衣的便利性。

使用自然色系的LDK。藉由和三樓自由空間的連結，營造出舒適的空間。在中央設置白色與咖啡色組成的箱型收納，巧妙地將廚房隱藏。白色牆壁的對面是可以放置食品和冰箱等廚房家電的箱型收納。將生活用品隱藏，打造乾淨俐落的空間。

想要有美觀的收納機能

085
享受裝飾樂趣與聰明收納的寬敞住宅

1 猶如土間的玄關廳。照片前方是和室，經由樓梯往上可到達LDK。 **2** 和室能利用中軸轉門將開放空間變成個人房，做為客房使用。咖啡色門扇的內部用來收納客人用棉被和鞋櫃。

**B 每天使用的地方
也有聰明收納設計**

在客廳固定式椅子下方設計了抽屜式收納。用來放置相簿或是棉織類等大小物品。

**C 兼具機能性與迴游動線
的廚房收納**

收納櫃將廚房與其他空間區隔，是一個能放置儲備品和廚房家電等的大容量收納櫃。可來回走動的迴遊動線也讓空間變得順暢。

**A 什麼都能放置的
死角空間收納**

在面積有限的住宅裡，活用死角空間是打造聰明收納的一種方法。在Y住宅裡也利用了樓梯下方空間，收納吸塵器等物品。

依照Y夫婦的期望配置了舒適寬敞的LDK與醒目的開放式收納架，具有展示的功能，並且成為空間的特色。為了打造這種「展示型」的收納空間，必須設置「隱藏型」收納來放置較雜亂的生活用品。在廚房設置大型的箱型收納，將連續空間緩和地區隔。另外在容易成為死角的樓梯下方也設置收納空間。在一樓的玄關與和室配置大型的收納櫃。「只要在空間裡設置有如收納間的大型收納櫃，就能提升生活的便利性」建築師高安說。大容量收納是增加小住宅舒適度的祕訣。

RF

頂樓露台

0　1　2　3m

3F

自由空間2

自由空間1

2F

客餐廳
（約8坪）

廚房

工作陽台

1F

停車場

和室
（約1.5坪）

玄關

臥室
（約2.5坪）

ARCHITECT

高安重一／アーキテクチャーラボ
東京都台東区雷門2-13-3-2F
Tel：03-3845-7320
URL：http://www.architecture-lab.com

DATA
攝影：黑住直臣
所在地：東京都　Y住宅
家族成員：夫婦
構造規模：鋼結構、三層樓
地坪面積：66.11㎡
建築面積：115.32㎡（1樓面積：32.42㎡、2樓面積：45.09㎡、3樓面積：37.81㎡）
土地使用分區：第一種住居地區
（建蔽率：70%、容積率：200%）
設計期間：2006/10～2007/9
施工期間：2007/9～2008/3
施工：渡部工務店

外部裝修
屋頂：防水布
外牆：鍍鋁鋅鋼板

內部施工
客餐廳、廚房、臥室、自由空間1
地板：柳安木合板上OSUC
牆壁／天花板：壁紙
和室
地板：無邊緣榻榻米
牆壁／天花板：壁紙
自由空間2
地板：地板PVC片材
牆壁／天花板：壁紙

主要設備製造商
廚房機器：GROHE、日立、Panasonic
衛浴設備：GROHE、Tform、INAX
照明器具：日本電機、Panasonic電工、Odelic、YAMAGIWA、MAXRAY

1 餐廳與廚房可以說是田中住宅的主角，4 m 長的不鏽鋼料理台搖身變為餐桌。銳利的素材與設計賦予空間輕快的氛圍。 **2** 兄弟的房間藉由挑高分開。藉由橫長型的開口部眺望美景與藍天，並將光線導入室內。

086
隱藏生活用品營造俐落空間

2 **1** 樓梯間左側是玄關。省下走廊空間，讓每個空間彼此緊臨，拉近家人之間交談的距離。 **2** 將客廳配置成能讓屋主愉快地享受 DVD 和音樂的空間。現代普普風的設計和色調營造出講究的風格住宅。

屋主田中夫妻希望營造出一個能將生活感隱藏的開放空間。於是建築師莊司利用了客廳的高低差設置了大容量的地板下收納，另外在廚房的後方設置後台空間，將繁雜的日常生活用品隱藏起來。冰箱等廚房家電都被隱藏在後台，讓LDK能夠呈現出俐落感。「買完東西回家後，可以直接收納在後台，非常方便的設計」女主人道。再將較常使用的碗盤類放置在壁面收納裡，打造出收納輕鬆便利的住宅。

Ⓐ 大容量的地板收納將生活用品隱藏

客廳位於餐廳、廚房往上一層樓的位置，在客廳下方設置地板下收納。將掃除用具和日常用品都放置在此空間裡。

Ⓑ 後台空間打造出乾淨俐落的廚房

1 巧妙的收納計畫打造出毫無生活感的廚房。 2 位於廚房後方的後台空間，放置了大型家電和料理器具等用品。 3 把使用頻率高的碗盤餐具類收納在餐廳的壁面收納裡。

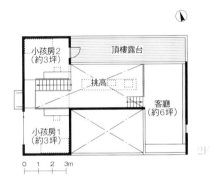

小孩房2（約3坪）　頂樓露台　挑高　客廳（約6坪）　小孩房1（約3坪）

0 1 2 3m

2F

臥室　後庭園　家事房　餐廳、廚房（約5坪）　Ⓐ 地板下收納　預備房　甲板露台　腳踏車停車場　Ⓑ

1F

ARCHITECT

莊司 毅／莊司建築設計室
東京都大田区田園調布南18-6
TCRE 田園調布南1F
Tel：03-6715-2455
URL：http://www.t-shoji.net

DATA
攝影：黑住直臣
所在地：東京都 田中住宅
家族成員：夫婦＋小孩2人
構造規模：木造、二層樓
地坪面積：198.27㎡
建築面積：122.62㎡
（1樓面積：78.68㎡、2樓面積：43.94㎡）
土地使用分區：第一種低層住宅專用地域
（建蔽率：40%、容積率：80%）
設計期間：2006/6～2007/8

施工期間：2007/9～2008/2
施工：原島建築
建築施工費用：約2255萬日元（不包含地基整備、外構造和地盤改良）

外部裝修
屋頂：鍍鋁鋅鋼板
外牆：鍍鋁鋅鋼板、部份外牆板上聚氨酯塗裝

內部施工
客廳、餐廳、廚房、預備房、臥室、小孩房
地板：樺木實木地板
牆壁／天花板：PVC壁紙

主要設備製造商
廚房：木工
衛浴設備：TOTO
照明器具：ODELIC、koizumi、Panasonic電工、其他

087

在廚房眺望綠景
享受美食與
暢快交談的愉悅生活

**沿著綠意大道
配置 LDK 與中島型廚房**

將餐廳廚房一體空間配置在面向綠林街道的位置，不論是下廚或是用餐時都能享受眺望美景的樂趣。外側一路延伸到家事空間的甲板緣廊，為住宅增添特色。妹妹一家人來遊玩時，也能輕鬆地就甲板或是土間而坐。

藉由土間、高低差、牆壁的裝潢改變生活場景

從外面的玄關門廊一直延伸到土間空間，也是喜愛雕刻的女主人的工作室。一個人靜享閒適的客廳（照片內側）、和兩人交談甚歡的廚房（照片前方），土間將兩個風格迥異的空間不急不徐地區隔開。黑色壁面是工作間。挑高的上方與臥室連結。

PLAN

[平面圖]
浴室
盥洗室
工作間（3坪）
家事空間
客廳（2.7坪）
玄關
餐廳、廚房（6.1坪）
甲板露台
1F

**隔間重點　小巧的住宅
展現多樣貌的空間**

平房（LDK）與黑色箱子的二樓建築（臥室和浴室等）的組合，抑制了建築物的容量，使住宅能夠自然地融入周邊的綠意環境裡。在兩人生活的小住宅裡，設置了開放廚房、密閉書房和屋頂露台等各種氣氛截然不同的空間。打造出彼此連接，視線能夠延伸沒有閉塞感的住宅。「藉由地板高低差和挑高的交替配置，營造出空間的深度感與變化性」（建築師莊司）

我家廚房講究的重點

A開放式廚房也考量到排油煙機的側面厚度。　B在蓋板上設置一個能放廚餘的空間，保持整潔乾淨的料理台。　C收納力強大的廚房收納櫃，營造出俐落的空間。

**精簡機能
簡單美觀的
開放式廚房**

在廚房設置了和廚房同等長度的櫥櫃。瓦斯爐旁配置了鍋子收納空間等，配合廚房的作業設計了實用性極高的收納空間。連置放餐具的架子都省去，只有椅子是另外採買加入的。有如客廳展示櫃般的美麗壁面收納櫃，營造出舒適的空間。另外，考量到屋主夫妻的飲食習慣，也省去了鮮少使用的烤魚用烤爐。將廚房的機能精簡，提升使用的便利性。外觀優美大方的廚房成為開放式廚房的一個成功案例。

隱藏小屋和爬竿
充滿玩心的住宅

二樓小箱子中的隱藏小屋（書房）是屋主別出心裁的設計。屋主認為「狹窄的空間令人鎮定心神」，所以配置了面積1.25坪、天花板高1.8m的迷你榻榻米空間，並且在地板挖出一個圓洞讓爬桿通過。有如隱藏小屋般的空間為住宅帶來變化與樂趣。

將私人空間
設置在箱子裡

沿著工作室的挑高往上走是臥室。右邊和屋頂露台相連。在屬於私人空間的二層樓箱子中，另外再設置一個有如浮在空中的小箱子。貼上木紋色的牆壁內，設置了衣帽間和屋主的隱藏小屋。

收納力強大的後台空間
讓住宅常保整潔俐落

位於工作室內側的盥洗室、浴室（圖右）配置了雙側出入口，通往工作室和收納量充足的家事空間（圖左），成為一個彼此相通的迴遊動線。「沒有死角的設計讓動線的效率增加。也賦予了空間深奧感」（建築師莊司）

將廚房
變身為
家裡的主角

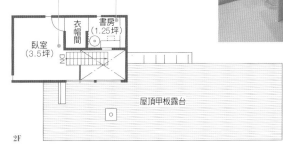

臥室
（3.5坪）

衣帽間

書房
（1.25坪）

DN

屋頂甲板露台

2F

ARCHITECT

莊司 毅／莊司建築設計室
東京都大田区田園調布南18-6
TCRE 田園調布南1F
Tel：03-6715-2455
URL：http://www.t-shoji.net

DATA

攝影：黑住直臣
所在地：千葉縣T住宅
家族成員：夫婦
構造規模：木造、二層樓
地坪面積：144.24㎡
建築面積：79.83㎡
1樓面積：59.32㎡
2樓面積：20.51㎡

土地使用分區：第一種低層住宅專用地區
建蔽率：50％
容積率：100％
設計期間：2004/9～2005/10
施工期間：2005/10～2006/3
施工：広橋工務店
建築施工費用：約2200萬日元

外部裝修
屋頂：防水布上部份甲板
外牆：大片外牆板上AEP塗裝（黑）、甲板（低層）

內部施工
客廳、餐廳、廚房、其他
地板：杉木實木板（厚30㎜）

牆壁／天花板：檜木合板片染、部份西洋唐松合板染色
家事空間
地板：地板片材
牆壁：AEP塗裝
浴室
地板／牆壁：磁磚15×15㎝

主要設備製造商
廚房：大工施工
瓦斯爐：Rosieres
洗碗乾燥機：Miele
水龍頭五金：TOTO
排油煙機：Cook Hoodle
衛浴設備：INAX、TOTO
照明器具：Panasonic電工

將廚房
變身為
家裡的主角

隔間重點 藉由空間彼此的連結和基地北側的
雜木林視線延伸打造開放住宅

在M住宅裡，以廚房為中心的開放式隔間，藉由地板高低差區分出客
廳、圖書角落、書房和音樂室等不同氛圍的空間。家人能在屬於自己
的空間裡感受到彼此氣息。利用高低差和挑高將空間相連，以及拉門
的設置，讓室內每一處都能眺望雜木林景色，打造開放住宅。另外，
將臥室配置在南側。和北側的綠意及中庭相對之下，刻意營造出關
閉、具有隱私性的個人空間。

088

將全家五人聚集
熱鬧的
「茶之間」廚房

PLAN

增加家族五人的梳洗效率
明亮開放的衛浴空間

藉由玻璃隔間和露台連結的動線，打造出具
有開放感的便利衛浴空間。在盥洗室旁設置
大型衣櫥，將全家人的衣服收納在此，讓梳
洗著裝或是整理都具有效率性。在馬桶上方
設置了便利的上折式燙衣台。

能感受到餐廳氣息的
半地下音樂室

在客廳的正下方配置了半地下音樂室，因為客廳沒有放
置電視，所以音樂室也兼用全家人的影音視聽間。為避
免孤立感產生，藉由連接客廳和餐廳的鏤空式樓梯空
隙，感受一樓的氣息。鏡子的內部是收納空間。

我 家 廚 房 講 究 的 重 點

A廚房內側的小型工作台，蓋板
採用可以揉麵團的人造大理石材
質。 B在調理台的兩側配置收
納，用來放置杯子與雜誌類。 C
蓋板使用厚度2mm的不鏽鋼，減少
因為高溫液體導致的凹陷情況。

夫婦兩人都能方便使用
的料理台高度與
工作角落的設計

夫婦兩人身高相差約20cm。為了設計出
讓兩人都能方便使用的調理台，將高度
調整至80cm，雖然高度對身材高大的
屋主而言有點低，但因為屋主比較常擔
任快炒的工作，所以這種設計反而更便
利。另一方面，將中島料理台的高度設
置成84cm，讓洗淨槽的位置能接近手
部位置，使用起來更為輕鬆方便。在水
龍頭與水槽周圍設計高低差，防止水溢
出。烤箱前方是屋主製作麵包的揉麵團
工作台，同時也是女主人的品茗小角落。

178

充滿樂趣的開放式小孩房

在大小女兒的房間中央，利用拉門將空間隔開。將床鋪設置在閣樓裡，並用娃娃和繪畫裝飾閣樓，打造成有如私人小屋般充滿趣味性的空間。往中庭方向俯瞰，可以感受到和露台的相連結，並將窗戶面向客廳的挑高，隨時都能感受到樓下家人的氣息。

能眺望雜木林的北側客廳
多樣的空間構成

在閱讀角落對面的書房，也是全家人的電腦角落。透過右邊的工作檯面可以俯視廚房。在這個小住宅裡，打造一個讓人放鬆休息、閱讀、或是唸書的舒適小角落。

和玄關連結的客廳
也能當作輕鬆的接待室

站在廚房裡，可以感受到北側的客廳、客廳上部挑高、和右邊的書房這三個截然不同氛圍的空間和餐廳不衝突地連結起來。照片左邊與土間玄關連結，餐廳同時也是M住宅的接待客人空間。

面向挑高的小窗
將一樓和小孩房連結

將暖爐圍起的圖書角落是「和暖桌有異曲同工之妙」（建築師長濱）。寒冷的季節全家人都會不約而同地聚集在這裡。在椅子下方設置收納空間。二樓的小孩房設置了三個並排窗戶，並面向客廳的挑高。在小孩房配置了可以眺望北側綠意的設計。也能藉由窗戶感受到樓下的氣息。

ARCHITECT

長濱信幸／長濱信幸建築設計事務所
東京都新宿区高田馬場 1-20-208
Tel: 03-3205-1508
URL：http://www.nagahama-archi.s1.weblife.me／nagahama

DATA
攝影：黑住直臣
所在地：千葉縣 M住宅
家族成員：夫婦＋小孩3人
構造規模：木造＋鋼筋混凝土、2層樓＋地下一樓
地坪面積：165.00㎡
建築面積：139.53㎡
地下室面積：18.22㎡
1樓面積：64.42㎡
2樓面積：48.19㎡
閣樓面積：0.70㎡
土地使用分區：第一種低層住宅專用區、法定風景區
建蔽率：40%
容積率：80%
設計期間：2005／1～2005／9
施工期間：2005／9～2006／4
施工：豐永建設
總施工費用：3600萬日元

外部裝修
屋頂：鍍鋁鋅鋼板
外牆：砂漿＋壓克力樹脂塗裝

內部施工
客餐廳、廚房
地板：柚木地板蜜蠟塗裝

牆壁：天然素材壁紙
天花板：花旗松合板、天然素材壁紙（小孩房等）

主要設備製造商
廚房施工：ATIC
瓦斯爐：林內
洗碗乾燥機：Miele
水龍頭五金：GROHE
烤箱：Miele
衛浴設備：INAX、TOTO
照明設備：Panasonic電工、山田照明、YAMAGIWA

089

讓視線延伸
為LDK帶來
寬敞的簡單廚房

代替隔間牆
藉由照明方式打造多樣的空間

在廚房設置吊燈、客廳設置上方壁燈和下照燈等採用了多種照明方式。再利用Lutron的調光系統「Grafik Eye」控制全體照明。在一個大空間裡藉由亮度的調整，營造出用餐、電影鑑賞等不同氛圍的空間。

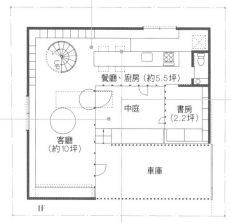

餐廳、廚房（約5.5坪）

中庭　書房（2.2坪）

客廳（約10坪）

車庫

1F

◀ PLAN

邊聽音樂邊享受
美食或閱讀樂趣的
「遊玩廚房」

在廚房的天花板埋入兩個小型擴音器，在享用美食、小孩們做功課時或是閱讀的時候能夠一邊欣賞動人音樂，並將控制的按鈕設置在牆壁上。在客廳播放的音樂能夠和廚房的家人一起共享。

客廳和餐廳是連續的空間

從廚房往餐廳望去的樣貌。中庭介於兩個空間之間，並且巧妙地將空間區隔。利用地板高低差讓廚房調理台和餐桌高度齊平，讓料理的傳遞變得更輕鬆。

我家廚房講究的重點

A雖然抽風扇和調理台的距離約為2m，但去除水蒸氣與味道的功能已經非常足夠。
B電磁爐的品牌為AEG。 C考量到調理台下方容易堆積濕氣，所以採用通風的鐵架收納。

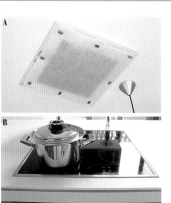

避免機器突出空間
打造出極致寬敞的LDK

不讓廚房的電器突出於空間，是使沒有隔間的LDK能保持寬敞感的原因。採用全電化系統並裝置電磁爐，讓調理台保持平坦。在天花板嵌入抽風扇。考量到若在開放式廚房裝置排油煙機的話，會妨礙室內視野，但利用電磁爐料理的時候，如何排去多餘的水蒸氣與味道也很重要，所以在上方天花板裝置了高性能的小型抽風扇。

在中心配置中庭的口字型規畫
將光線與涼風導入增加視覺寬敞度

基地屬於方正的建地。雖然目前鄰地還是空地，但考量到周邊環境可能的變化，在一樓南側配置車庫，刻意將居住空間和鄰地拉開距離。在一樓，車庫和起居室以口字型圍住中庭。在二樓車庫上方不設置任何空間，呈現L型的構造。因為住宅向南面敞開，讓陽光能夠傳遞至一樓每個空間的角落，再藉由中庭的設置，賦予室內視覺上的寬敞感。另外，相較於南面的大開口，在北側則設置通風用的窗戶，讓涼風拂入室內。

2F

將廚房
變身為
家裡的主角

和一樓截然不同的氣氛
家人的隱私空間

二樓是屬於全家人的私人空間。目前沒有隔間的小孩房，將來可以分隔成兩間房。位於中央有如箱子的房間，是廁所和浴室。洗臉台配置在箱子外側，可以在明亮的空間裡梳洗打扮。為了能讓多人同時使用，設置了兩個洗臉台。

將房間和房間連結
加強家人連結感的中庭

將原本屋主川嶋期望的緣廊改成中庭。在這既非室內也不屬於戶外的空間裡，出入口加上門鎖後，就變成一個有外殼保護的安全遊戲場所。藉由中庭將所有的空間連結，就算女主人在廚房料理的時候，也能透過中庭看見小孩們在二樓遊玩的樣子，十分令人安心。

ARCHITECT
高安重一／アーキテクチャー・ラボ
（負責：石川昂）
東京都台東区雷門2-13-3-2F
Tel：03-3845-7320
URL：http://www.architecture-lab.com

DATA
攝影：桑田瑞穂
所在地：千葉縣 川嶋住宅
家族成員：夫婦＋小孩2人
構造規模：木造、二層樓
地坪面積：132.18㎡
建築面積：112.26㎡
1樓面積：59.81㎡
2樓面積：52.45㎡

土地使用分區：第一種中高層住宅專用區
建蔽率：60％
容積率：200％
設計期間：2004／12～2005／9
施工期間：2005／10～2006／3
施工：藤田工務店
建築施工費：2300萬日元

外部裝修
屋頂：鍍鋁鋅鋼板
外牆：壓克力樹脂塗裝、灰泥
開口部：鐵門、鋁製窗框、沖孔金屬網

內部施工
客餐廳、廚房、書房
地板：PVC地板片材

牆壁：柳安木合板塗裝
天花板：GEP塗裝
浴室
地板：FRP防水上塗裝
牆壁／天花板：VP塗裝

主要設備製造商
廚房施工：大工木作
電磁爐：AEG
水龍頭五金：Dot Design
換氣扇：Panasonic
衛浴設備：INAX、Tform、TOTO
照明器具：Lutron、MAXRAY、遠藤照明、大光電器
影音設備：LINN（音響、喇叭、連接機器）

090
從廚房眺望潺潺
河水的悠閒生活

往東西向伸長的基地上設置走廊和壁面收納

這個住宅的格局是，沿著基地設置的東西向走廊，並在走廊上配置各個房間。在面向道路的北側牆壁上，設置了整排的壁面收納。在主臥室和小孩房的牆壁上方設置玻璃讓光線通過，並製作了從腰部高度到地面的書櫃。

站在比客廳高88 cm的廚房遠眺優美山色近觀潺潺河流

將廚房配置在比客廳高88cm的位置，並面向南側。邊料理，邊享受遠方山色與近在眼前的河流風光，是女主人引以為豪的場所。

以白色為主調開放的玻璃隔間為衛浴空間帶來一抹清爽

廚房和客廳的旁邊，配置了白色調、充滿清爽感的盥洗室和浴室。在廚房靠近浴室的的位置放置洗衣機，將家事動線縮短。在浴室和盥洗室之間使用玻璃門，賦予空間深度與開放感。

將廚房
變身為
家裡的主角

我 家 廚 房 講 究 的 重 點

A水龍頭使用極具設計感的德國製GROHE品牌。B有效利用細縫設置滾輪式收納。C配合簡約風格的室內設計，特別訂製的白色抽風罩。

融入空間以白色調為主的極簡風廚房

N住宅的客廳和廚房是具有一體感的空間。為了能讓廚房融入空間裡，所以決定自行設計廚房樣式。為配合住宅整體清爽的印象，調理台面採用人造大理石材質。台面靠近客廳的邊緣，裝置了10 cm的玻璃屏板，防止水流下或是物品掉落。另外配置了許多獨創設計，例如調理台下方收納、以及抽風扇等，讓廚房自然地融入空間。

廚房、客廳與和室地板
高低差賦予空間視覺的變化

在廚房、客廳與和室設置了不同高度的地板。天花板的高度也做了變化，雖然是同一個空間裡，也能賦予不同的空間調性。在客廳設置兩個出入的樓梯，使移動更加方便。

樓梯＋閣樓
變化豐富的書房空間

西側的房間是弟弟的臥室兼工作室。面向道路的壁面上也設置了相同的收納空間。從走廊往上走一段階梯，來到只能容納單人床鋪大小的閣樓，在閣樓下方設置用來放置電腦的書桌，搖身變為工作室。

PLAN

停車場

閣臥樓室

房間（約5坪）

玄關

和室（1.5坪）

廚房

客餐廳（約8坪）

甲板露台

小孩房1（約2.5坪）

小孩房2（約2.5坪）

主臥室（約4坪）

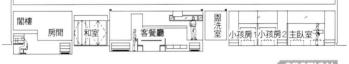

閣樓　房間　和室　客餐廳　盥洗室　小孩房1　小孩房2　主臥室

SECTION

在往河川方向突出的
舞台造型的甲板露台上
感受陽光與微風

在甲板露台上盡情享受潺潺河川與綠林美景。因為地板比左右兩旁的路面低，讓甲板露台有如舞台般向河川延展。對N先生來說，和女兒與愛犬在這裡嬉戲是最享受的時光。

陽臺重點 將所有房間都面向南側讓美景進入室內
面向道路的北側則打造成機能性收納空間

基地位於河川附近，因為是填土地的關係，具有地盤軟弱的情況。為強化建築基礎，不得不將南側地面往下挖掘，因此造成了地板的高低差，這個高低差也具有將空間區分的作用。在靠近道路較高的北側設置玄關、走廊和廚房，往下挖掘的南側則配置了客廳、主臥室和小孩房，讓所有的空間都能盡情享受眺望河川山色的樂趣。

ARCHITECT

納谷學＋納谷新／納谷建築設計事務所
神奈川縣川崎市中原區上丸子山王町
2-1376-1F
Tel：044-411-7934
URL：http://www.naya1993.com

DATA

攝影：牛尾幹太
所在地：茨城縣 N住宅
家族成員：夫婦＋小孩2人＋弟
構造規模：木造、一層樓
地坪面積：443.77㎡
建築面積：134.15㎡
土地使用分區：未設定區域區分、22條指定區域
建蔽率：60%

容積率：200%
設計期間：2005/5～2005/12
施工期間：2006/1～2006/7
施工：翔和建設
建築施工費：2000多萬日元

外部裝修
屋頂：鍍鋁鋅鋼板
外牆：鍍鋁鋅鋼板（南、北面）、壓克力樹脂塗裝（東、西面）
開口部：鋁門窗框

內部施工
客廳、餐廳
地板：硬楓木三層地板
牆壁／天花板：兩道EP環氧樹脂塗裝
廚房、走廊、廁所
地板：塑化石英磚

牆壁／天花板：兩道EP環氧樹脂塗裝
和室
地板：無邊緣榻榻米
牆壁／天花板：兩道EP環氧樹脂塗裝
臥室
地板：地毯
牆壁／天花板：兩道EP環氧樹脂塗裝

主要設備製造商
廚房施工：Y Craft
電磁爐：Panasonic
洗碗乾燥機：Miele
水龍頭五金：GROHE
照明器具：遠藤照明、YAMAGIWA

091

具有借景作用的
機能性廚房

有如溫泉旅館的大廳
靜謐的和風設計

將玄關的拉門打開，閑靜的「和風空間」躍入眼簾。在壁面設置小窗，與屋外種植的竹林借景。在玄關旁設置了可以坐著綁鞋帶的椅子。

充滿露天
溫泉風情的浴室

將浴室配置在住宅東側。玻璃窗外種植了美麗的伊呂波紅葉，營造出露天風呂的氣氛。為了不阻礙觀賞美景的視線，採用了整片玻璃，並在上方設置換氣用的小窗，避免濕氣堆積。

將廚房
變身為
家裡的主角

精簡移動路線講究家事動線的餐廳與廚房

以前的家是使用中島式的廚房，女主人表示：「如果調理台另一側沒有人的話，料理的傳遞會非常不方便」，基於過去經驗，於是希望中島調理台能和餐桌配置在一直線上。另外在廚房也能環視二樓的情況。

餐具和家電
全都隱藏在收納裡
打造俐落的空間

F住宅的廚房帶給人東西不多的簡約印象。因為女主人的期望「不想把物品外露」，所以在壁面設置了大容量的收納空間。決定家電類放置的位置，再量身訂做收納架。除此之外，也將食品和餐具等集中收納在此。洗水槽的下方放置了市售的垃圾筒，中島的側面則是杯子類的放置空間等，有效利用小地方設計成收納空間。

A系統廚房的側面是杯子和高腳杯等專用收納空間。 B洗水槽的下方放置垃圾箱。料理的時候丟垃圾非常便利。 C餐廳的後方隱藏著大容量的收納櫃。

和樓下的客廳、廚房連結
具有開放感的小孩房

在二樓的小孩房裡沒有隔間設計。藉由跳躍式樓層，能從客廳和廚房清楚地看到小孩房孩子們的情況，讓父母能夠安心。雖然目前是一個大空間，但將來也能夠做隔間設計。

隔間重點 利用跳躍式樓層
將每個房間都配置在能眺望美景的位置

Ｆ住宅的基地原本是一片果樹園的險峻傾斜地。沒有採用將基地填平，而是倚著斜坡而建造，以降低成本。另外，為了讓高處眺望的視野最佳化，將廚房、客廳和餐廳配置在1.5樓，並在景色優美的位置設置窗戶。此外，因為女主人經常在廚房做家事，為了能掌握家裡的動態，將各個房間配置在一、二樓從廚房能夠環視的位置。

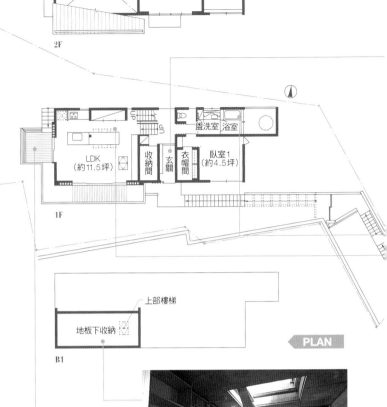

向西側的雜木林借景

中島廚房的旁邊是置有長椅的甲板露台。住宅西側是鄰宅種植的大片雜木林，為了向這片綠意借景，建築師並木決定將甲板露台設置在西側。到了夏天，全家可以在這裡烤肉，成為拉近家人間距離的最佳場所。

有效利用死角打造的地板下收納
是父親的祕密書房

因為住宅位於傾斜的坡地上，所以堅固的建築基礎是必要的，因而產生了客廳下方的死角空間，將這空間活用設置了地板下收納間。這個空間成為喜愛閱讀的父親的書籍收藏室。

ARCHITECTS
並木秀浩／ア・シード建築設計
埼玉縣川口市東川口4-10-20
Tel：048-297-3102
URL：http://www.a-seed.co.jp

DATA
攝影：梶原敏英
所在地：埼玉縣　Ｆ住宅
家族成員：夫婦＋父母＋小孩2人
構造規模：木造＋鋼筋混凝土、二層樓
地坪面積：410.93㎡
建築面積：148.86㎡
1樓面積：64.86㎡
2樓面積：84.00㎡
土地使用分區：第一種居住地域
建蔽率：60％

容積率：200％
設計期間：2003/12～2005/5
施工期間：2005/6～2006/1
施工：田中工務店
建築施工費：4200萬日元

外部裝修
屋頂：鍍鋁鋅鋼板
外牆：鍍鋁鋅鋼板
開口部：鋁製門窗框、部份木製門窗框

內部施工
玄關
地板：砂漿木鏝刀粉刷
牆壁：天然材質粉刷
天花板：EP環氧樹脂塗裝
大廳
地板：木地板

牆壁：天然材質粉刷
天花板：EP環氧樹脂塗裝
浴室
地板：板岩磚30×30cm
牆壁：板岩磚30×30cm、美國杉木
天花板：壓克力樹脂塗裝
地板下收納
地板：土間水泥鏝刀粉刷
牆壁／天花板：水泥裸牆

主要設備製造商
系統廚房：Panasonic電工
衛浴設備：INAX、Panasonic
照明器具：Louis Poulsen

092

開放與封閉
共存的獨立型
二代住宅

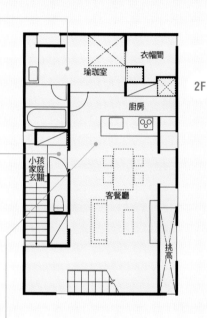

父母家庭

無障礙空間的父母家庭

一樓的父母家庭裡，客餐廳和臥室是一個連續的大空間，必要的時候可以將臥室的拉門關上成為獨立空間。和盥洗室、浴室之間沒有高低差，是完全平面的空間。

S家族的期望

- 將兩個世代完全分離
- 父母世代在明亮的一樓
- 小孩世代要阻絕外部視線
- 外部關閉 對內開放

建築專家是這樣考量的！

因為兩個家庭的生活時間與形態完全不同，所以全家人都一致希望打造出能完全分離的兩代宅。利用樓層上下分割，將父母家庭配置在一樓，二、三樓則是小孩家庭，玄關也個別設置。因為基地本身日照條件良好，父母家庭希望能設置大面積的窗口，反之，小孩家庭則以隱私性為優先考量，不設置過大的窗戶。對於這種要求，建築師山中和野上決定採用混凝土牆，將每層樓的位置錯開，讓開口部的大小與位置可以依樓層不同而改變。父母家庭希望使用自然明亮的裝潢設計，而小孩家庭則是充滿現代風與俐落感的空間。因為是分離式的住宅，所以可以根據兩個家庭的喜好不同，營造出完全相異的室內風格，並且不會互相抵觸。

衣帽間
瑜珈室
2F
廚房
小孩家庭玄關
客餐廳
挑高

臥室
1F
書房
廚房
客餐廳
父母家庭玄關

0 1 2 3m

彷彿和外部連結的寬敞廚房

廚房的內側藉由天窗將光線導入，讓北側的瑜珈室也能充滿光線。瑜珈室的牆壁與外牆使用同樣的塗裝，從室內往廚房望去時，有如向室外連續的空間般，增加室內的寬大感。

小孩家庭

父母家庭 小孩家庭

兩個分離的玄關將來可以改造成共同使用

因為是兩個完全分離的家庭，所以個別設置了玄關。雖然如此，將來也能將門廊納入室內，變成共用或是只有一個家庭使用的空間。

父母家庭

雖然是完全分離的形態設置窗戶賦予兩個家庭連結感

雖然S住宅是屬於完全分離型的二代宅，但父母家庭能藉由一樓的挑高和小孩家庭連結，藉由這個設計能夠在不會干擾生活的前提下，感受到彼此的氣息。

ARCHITECT
山中祐一郎、野上哲也／S.O.Y.
建築環境研究所
東京都新宿区若松町33-6
菱和パレス若松町11F
Tel：03-3207-6507
URL：http://www.soylabo.net
結構：鈴木 啟／ASA（負責：佐佐
間真美）

DATA
攝影　：牛尾幹太
所在地　：東京都S住宅＋S住宅
家族成員：夫婦＋父母
構造規模：壁式鋼筋混凝土、三
　　　　　層樓
地坪面積：120.98㎡
建築面積：175.48㎡
1樓面積：70.14㎡
2樓面積：68.03㎡
3樓面積：37.31㎡
土地使用分區：第一種住宅區
建蔽率　：60%
容積率　：200%
設計期間：2009/5～2010/5
施工期間：2010/5～2010/12
施工　：日本建設

外部裝修
屋頂：防水水泥
外牆：水泥裸牆
內部施工
父母家庭玄關
地板：花崗岩
牆壁／天花板：摻石粉塗裝
父母家庭LDK
地板：柚木地板
牆壁／天花板：摻石粉塗裝
父母家庭臥室
地板：楓木地板
牆壁／天花板：摻石粉塗裝
小孩家庭玄關
地板：磁磚
牆壁／天花板：摻石粉塗裝
小孩家庭LDK
地板：磁磚
牆壁／天花板：摻石粉塗裝
小孩家庭臥室
地板：銀荊木地板
牆壁／天花板：摻石粉塗裝

主要設備製造商
衛浴設備：Reliance、大洋金物、
INAX
廚房機器：Panasonic、TOTO、林內
照明器具：遠藤照明、DAIKO、
Studio NOI
其他設備：餐桌和上方壁燈照明為
S.O.Y建築環境研究所設計

多代同堂的和樂住宅

小孩家庭　小孩家庭

除了做瑜珈之外也能輕鬆利用的多用途房

1 小孩家庭的浴室。 **2** 瑜珈室位於廚房北側，和浴室連接。因為瑜珈室和衛浴設備相通，所以不只是做瑜珈而已，還能當作大型盥洗室等是個多用途的空間。

將來可以將寬敞的臥室隔出小孩房

三樓是小孩家庭的私人空間。因為和鄰宅之間有一段距離，所以將面向陽台的部份設置了較大的開口。雖然目前是主臥房，但將來可以隔出空間打造小孩房。

小孩家庭

陽台

3F

主臥室

挑高

書房

引入陽光與涼風的挑高

小孩家庭希望能擁有不受外部視線干擾的安心空間，另外，明亮舒適也是必要的。所以盡量減少窗戶，阻絕外部視線，並利用挑高採光，打造明亮空間。

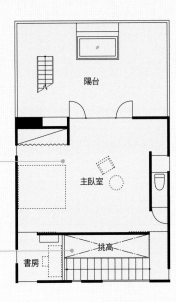

小孩家庭

小孩家庭

迎接家人歸來的是具有趣味性的玄關牆壁

二樓小孩家庭的玄關。拉門打開後正面迎來的是餐廳。利用牆壁顏色的配置使玄關為室內增添一抹情趣。室內光線的照射在上色的雅趣牆壁，營造出陰影變化。

093

有如獨立小屋般的
房間
樂享三代同堂

共同家庭　共同家庭

根據季節變換不同的隔間拉門
享受眺望庭園景色的樂趣

客廳的大開口營造出庭院和客廳的一體感，並採用
了竹簾門（圖右）和紙拉門兩種類的隔間拉門設
計。夏天使用的竹簾，具有紗門的透氣效果，並且
能阻絕強烈的陽光。而冬天使用的紙拉門可以防止
冷空氣進入室內。

O 家 族 的 期 望

- 愉快的三代同堂生活
- 擁有獨立性的父親房間
- 能感受到家人彼此氣息的隔間設計
- 想擁有庭院和室內的一體感

建築專家是這樣考量的！

O夫妻和父親以前是分開居住的。
夫妻的期望是，用餐和基本生活能
一起，但同時也希望能維持父親的
生活步調。於是建築師村田將建築
物以L型配置，並將父親的房間配置
在有如獨立小屋的位置。父親的房
間採用平房建築，並且和玄關直接
連結，提高獨立性。另一方面，為
了能享有大家族的生活樂趣，配置
了共同使用的寬敞LDK。為了能擁
有和庭院綠意的一體感，設置了大
面開口部，並利用高窗採光，打造
出明亮舒適的空間。日照良好的主
庭院不僅是小孩們的遊樂場，也具
有將LDK和孝親房連結的作用。客
廳內的挑高設計，讓家人可以感受
到彼此狀態。

平面圖標示：

北側庭院　門廊　入口通道

工作陽台　廚房　書房1　家事間　玄關收納　玄關　浴室連景區

腳踏車停車場　餐廳　餐廳　大廳

客廳

1F

和室1

甲板露台

停車場　主庭院　收納間1

孝親房　東側庭院

0　1　2　3m

擁有獨立性
幽靜的孝親房

父母家庭

平房建築的部份是父親
的房間。為了不影響父
親原本的生活節奏，提
供幽靜的空間，將房間
設置在有如獨立小屋的
位置。恰到好處的距離
感讓兩世代都能夠渡過
愉悅的生活空間。

共同家庭

將樓梯納入動線，增加家族情感交流

在客廳內部設置樓梯，不論外出或是回家時家人彼
此間能夠自然地交流。屋主提出了這種期望，「希望
小孩們走向房間時必須要通過客廳」。是一個重視家
族情感交流的設計。

ARCHITECT
村田 淳／村田淳建築研究室
東京都渋谷区神宮前 2-2-39
外苑ハウス 127
Tel：03-3408-7892
URL：http://murata-associates.co.jp

DATA
攝影　：齊藤正臣
所在地：東京都 O 住宅
家族成員：夫婦＋小孩2人＋父親
構造規模：木造、二層樓
地坪面積：330.39㎡
建築面積：177.26㎡
1樓面積：113.92㎡
2樓面積：63.34㎡
土地使用分區：第一種住宅區域
建蔽率：70％
容積率：200％
設計期間：2007／2〜2008／2
施工期間：2008／2〜2009／2
施工　：光正工務店
施工費用：7600萬日元

外部裝修
屋頂：鍍鋁鋅鋼板
外牆：特殊塗裝

內部施工
LDK.父親房間
地板：橡木地板油性塗裝
牆壁／天花板：Runafaser壁紙上
EP環氧樹脂塗裝
和室1、和室2
地板：榻榻米
牆壁／天花板：Runafaser壁紙上
EP環氧樹脂塗裝
房間1、房間2
地板：橡木地板、聚氨酯透明塗裝
牆壁／天花板：Runafaser壁紙
書房
地板：橡木地板、聚氨酯透明塗裝
牆壁：Runafaser壁紙、軟木地板
天花板：Runafaser壁紙
玄關大廳
地板：磁磚
牆壁／天花板：Runafaser壁紙

主要設備製造商
廚房機器：東京瓦斯、Miele、
SEAGULL IV
衛浴設備：TOTO
照明器具：YAMAGIWA、MAXRAY、
Panasonic、山田照明、遠藤照明

小孩家庭

在靜謐的隱私空間享受獨處時光
將屋主用來閱讀的書房，營造出密閉空間的氛圍，以便集中精神。和家人共用的寬敞LDK相較之下，將書房打造成沈靜的私人空間，賦予空間多采多姿的氣氛。

小孩家庭

能感受到家人氣息的多用途角落
在走廊設置固定式的書桌與書櫃，打造成一個閱讀角落。書櫃裡放置了夫妻兩人的藏書和小孩們的繪本，而書桌則是男長的讀書空間。將空間面向挑高，隨時都能感受到樓下家人的動靜。

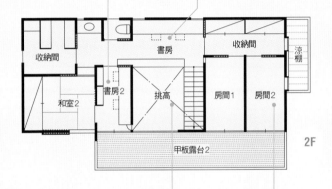

多代同堂的和樂住宅

書房　　收納間　　涼棚

收納間

和室2　書房2　挑高　房間1　房間2

甲板露台2

2F

小孩家庭

可以根據年齡增長而改變的小孩房
兩個小孩都還年幼，所以將小孩房的設計簡化。隨著年齡成長，可以自由地挑選適合的家具。將每個房間都面向甲板露台，讓陽光與涼風能夠順利進入室內。

小孩家庭

利用挑高傳達上下樓的氣息減少噪音的設計
客廳的挑高設計可以傳達家人彼此的氣息，另外為了能夠在客廳盡情演奏樂器，也設計了隔音功能。客廳上部的高窗採用電動捲窗，可以調節採光和阻隔冷空氣的進入。

094

在恰到好處的距離享受多代同堂的樂趣

父母家庭

設置採光井打造舒適居住環境

位於地下室的父母家庭，藉由採光井的設置確保通風與採光。「進入室內的光線比想像中還多，白天的時候屋內非常明亮呢」父親說。地板使用櫻花木地板。照片的右邊是和室。

BF

浴室

LDK1

盥洗室

UP

和室

採光井

0　1　2　3m

K 家 族 的 期 望

- 共享LDK空間
- 浴室和廁分開使用
- 地下室為父母家庭、二樓是小孩家庭
- 想擁有螺旋梯

↓

建築專家是這樣解決的！

屋主K夫妻對於兩個家庭共用空間和各自的專用空間，抱著非常明確的想法。建築師臼井根據兩夫妻的期望，將一樓設定為兩代共用的空間，並在上下樓設置各自的家庭專用空間。在屬於父母家庭的地下一樓設置採光井，確保採光與通風，打造舒適的生活空間。兩代家族團聚在共用的LDK裡一起料理、用餐以及交流情感。對此，為了避免生活步調不同而互相影響的情況，在兩個家庭裡各自配有衛浴空間，並且在父母家庭裡設置一個迷你廚房，保有各自的生活空間。將女主人期望的螺旋樓梯設置在通往二樓小孩家庭的動線上。此外，為了配合喜愛北歐風格的夫妻，將住宅打造成簡約自然的設計風格。

父母家庭

沉穩靜謐的和風氣氛提供安穩的睡眠空間

父母的臥室是和室的設計。父母說：「果然還是榻榻米房間能讓人心神沈靜」。雖然面向採光井使空間充滿足夠的陽光，但因為開口部是細長型的設計，更為空間增添和風氣氛。

父母家庭

簡短的動線使用起來更便利

「浴室廁所等空間可以分開使用」是家人的期望，所以在兩個家庭裡個別設置專用的衛浴空間。將父母家庭的浴室和盥洗室設置在LDK旁邊。因為廚房和盥洗室距離很近，縮短了料理和洗衣服等家事動線，非常便利。

小孩家庭

設置自由使用的空間應付家族成員的變化

在屋主夫妻專用的二樓設置了自由空間。「雖然和父母的生活節奏完全不同，但因為有專用的空間，讓彼此不會造成壓力」夫妻兩人說。將來計畫設置隔間並打造成小孩房。

多代同堂的和樂住宅

ARCHITECT
臼井 徹／U建築設計室
東京都世田谷区上野毛1-18-10-3E
Tel：03-3702-6371
URL：http://U-arc.jp

DATA
攝影　　　：齊藤正臣
所在地　　：東京都K住宅
家族成員　：夫婦＋父母
構造規模　：木造＋鋼筋混凝土、二層
樓＋地下一樓
地坪面積　：124.42㎡
建築面積　：141.53㎡
地下室面積：44.23㎡
1樓面積　：48.65㎡
2樓面積　：48.65㎡
土地使用分區：第一種低層住宅專用
地區
建蔽率　　：40%
容積率　　：80%
設計期間　：2006/5～2006/10
施工期間　：2006/11～2007/6
施工　　　：かね長櫻建設
施工費用：3600萬日元

外部裝修
屋頂：鍍鋁鋅鋼板
外牆：鍍鋁鋅鋼板

內部施工
LDK 1
地板：櫻木地板
牆壁／天花板：壁紙
LDK 2
地板：水曲柳地板
牆壁／天花板：壁紙、部份磁磚
榻榻米空間
地板：無邊緣琉球榻榻米
牆壁／天花板：壁紙
和室
地板：榻榻米
牆壁／天花板：壁紙
西式臥房、自由空間
地板：水曲柳地板
牆壁／天花板：壁紙
玄關
地板：全磁化磁磚
牆壁／天花板：壁紙
小孩家庭浴室
地板：半獨立式浴缸
牆壁：馬賽克磁磚
天花板：美耐明裝飾板
小孩家庭盥洗室
地板：硬質PVC磁磚
牆壁：壁紙、部份馬賽克磁磚
天花板：壁紙

主要設備製造商
廚房：客製化
衛浴設備：Tform、TOTO
照明器具：Panasonic、小泉照明、
Odelic

共有家庭
向公園借景
營造舒適的LDK
在兩個家庭共用的LDK設置開口，向鄰近的公園綠意借景。豐沛的綠意點綴了柔和色調的室內空間。「最喜歡從這裡欣賞風景了，令人內心平靜」女主人說。

共有家庭
共用玄關
有效利用基地
為了在有限的基地上，打造出二代同堂的住宅，必須要共用部份空間。在K住宅，將玄關共用，有效使用面積。玄關樓梯往下是父母家庭，往上則是兩家庭共享的LDK空間。

1F

玄關
DN
LDK2
DN
UP
挑高
榻榻米空間

2F

小孩家庭
充滿清潔感的
簡約衛浴空間
夫妻專用的盥洗室和浴室是以白色調為主的簡約設計。配合夫婦喜好的風格，洗臉台採用木製設計。另外裝置大面的鏡子，讓空間的寬敞感大增。

浴室
自由空間
西式臥房
盥洗室
陽台
上部閣樓
DN

小孩家庭
在小角落裡
享受一個人時光
在自由空間的一隅配置工作台，供夫妻兩人使用電腦。活用工作台的下方，設置書櫃。細長型的開口能確保隱私，並且讓光線進入室內。

095

和樂融融的三代宅

共有家庭

家族共享的寬廣 LDK

寬廣的 LDK 是家族四人共享的空間。在天花板、地板、餐廳廚房等空間裡,大量地使用了木材裝潢,營造出一個自然舒適的空間。在開放式廚房裡,將調理台架高,巧妙地隱藏了工作動態。

共有家庭

包圍甲板的住宅計畫讓彼此保持適當的距離感

T 住宅採用了將甲板露台以 C 字型圍繞的住宅計畫。是為了讓已經長時間一個人生活的母親能夠維持自己的生活步調,所考量出的計畫。母親的友人來訪時,不用通過玄關,可以直接從甲板露台進入孝親房。

収納間

廚房

小孩房

浴室 盥洗室

UP

工作陽台

客餐廳

玄關

臥室

1F

0 1 2 3m

孝親房

庭院

共有家庭

招待訪客的豐富綠意

在長形的入口通道上,種植了合歡、薔薇和櫻花樹等,這些植栽都是在屋主還年幼的時候,父母親手培植的。雖然換新家了,但這些樹木仍然保存著珍貴的回憶。

父母家庭

將甲板夾在中間讓孝親房彷彿獨立小屋

LDK 和孝親房中間隔著甲板露台。兩個空間藉由走廊連結著,所以彼此的聲音和氣息能夠互相傳達。另外,在房間旁邊設置了母親專用廁所,是為讓母親能夠享受便利生活而講究的細部設計。

停車場

共有家庭

讓涼風進入的客廳開口

面向甲板露台的大開口和客廳一角的小開口,使舒適的微風拂進室內。

多代同堂的和樂住宅

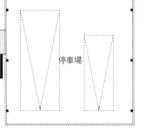

ARCHITECT

並木秀浩／ア・シード建築設計
埼玉縣川口市東川口4-10-20
Tel：048-297-3102
URL：http://www.a-seed.co.jp

DATA
攝影　　　：齊藤正臣
所在地　　：埼玉縣 T住宅
家族成員　：夫婦＋小孩1人＋母親
構造規模　：木造、二層樓
地坪面積　：650.67㎡
建築面積　：130.30㎡
1樓面積　：116.52㎡
2樓面積　：13.78㎡
土地使用分區：無指定
建蔽率　　：22.39％
容積率　　：20.03％
設計期間　：2004/5～2005/9
施工期間　：2005/10～2006/3
施工　　　：高正建設
合作　　　：The House
施工費用　：約2200萬日元

〔外部裝修〕
屋頂／外牆：彩色鍍鋁鋅鋼板

〔內部施工〕
LDK、臥室、小孩房
地板：樺木實木地板
牆壁：PB上EP環氧樹脂塗裝
天花板：耐水結構合板、橫椽外露
孝親房、瞭望台
地板：樺木實木地板
牆壁／天花板：PB上EP環氧樹脂塗裝
浴室
地板／牆壁：全磁化磁磚20×20cm
天花板：浴室用合板
盥洗室
地板：石英磚
牆壁／天花板：PB上EP環氧樹脂塗裝
玄關
地板：水泥
牆壁／天花板：PB上EP環氧樹脂塗裝

〔主要設備製造商〕
廚房機器：INAX
衛生設備：INAX、TOTO
照明器具：Odelic、YAMAGIWA、小泉照明、MAXRAY

小孩家庭

屋主期待的展望間 享盡周圍絕景

「希望能從樓上眺望周圍的景色」，依照屋主的期望在二樓設置了這樣的空間。採用兩面玻璃窗設計的展望室。「從這裡可以看到煙火大會和櫻花，真的好漂亮」屋主說。

小孩家庭

能眺望美景 並使用便利的空間

二樓不僅是可以盡享周圍美景的展望間，同時也是屋主的書房。沿著開口部設置工作台，將部份做為電腦桌使用，工作台下方則用來收納書籍和電腦硬體設備。

2F

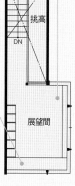

挑高

DN

展望間

小孩家庭

將房間獨立 打造適當的距離感

小學生長男的房間。建築師並木提議將房間配置在從LDK獨立出來的位置。雖然是一個小巧的空間，但因為採光充足，讓空間充滿舒適感。在天花板設置的木條也為空間增添了生氣。

T 家 族 的 期 望

- 全家人都能使用的大廚房
- 在二樓眺望周圍美景
- 設置母親專用的廁所
- 盡情享受彈鋼琴的空間

↓

建築專家是這樣解決的！

屋主T夫妻和母親以前是分開居住的。建築師並木認為，雖然料理和用餐等空間可以共享，但仍需要一個能保持恰當距離感的房間，於是配置了宛如獨立小屋般的孝親房，並在旁邊設置廁所，讓母親能過著沒有壓力的自在生活。另外，為了三代同堂的四人家族打造團聚的空間，配置了寬廣的LDK。並且在面向甲板露台的地方設置大面開口，使空間充滿開放感。可以在偌大的廚房下廚，或是滿足屋主的嗜好製作點心等。母親和長男的共同興趣是彈鋼琴，所以將鋼琴放置在將LDK與孝親房連結的走廊下，讓家族間的交流更親密。二樓是屋主的書房兼展望室。

共有家庭

活用死角空間 變成鋼琴室

連接展望間的樓梯使用了輕快的設計。光線從上方灑落，為空間增添風采。活用樓梯下的空間，放置鋼琴。走廊的後方是母親的房間，讓母親能隨時隨地輕鬆地演奏鋼琴。

096

不即不離！
多代同堂的
絕妙設計

小孩家庭

用一扇拉門
連接兩個家庭

在小孩家庭的玄關大廳裡，設置了一扇和父母家庭連結的隔間拉門。雖然是連玄關都分開的分離式二代宅，但內部卻巧妙地連接在一起。拉門內側的空間是屋主的書房。

小孩家庭

連玄關也分開
完全分離的二代宅

在建築的左右兩邊配置小孩家庭和父母家庭的玄關。照片為小孩家庭的玄關，在入口種植著主樹，營造出柔和的空間。「對於生活方式完全不同的我們而言，這種距離感拿捏的剛剛好」

H 家 族 的 期 望

- 將各個家庭完全分離
- 雅緻現代風格
- 可以進行料理教室的廚房
- 將陽光和微風引進室內

建築專家是這樣解決的！

屋主向建築師提出想要將兩個家庭完全分離的期望。於是將各個家庭的玄關分別配置在建築物的左右兩側，並將父母家庭設定在一樓，小孩家庭集中在二、三樓，實現了夫妻的期望。雖然兩個家庭是完全分離的形式，但位於小孩家庭玄關大廳的拉門將兩個家庭相連，打造出"不即不離"、恰到好處的距離感。另外，因為基地位於住宅密集區，為了確保隱私，再加上屋主希望能將戶外景色融入室內，所以在二樓設置圍屏，遮住外部視線，並打造出擁有大開口的LDK。在寬敞的LDK裡，用心挑選素材，打造出簡約現代風格的空間。此外，在家裡開設料理教室的女主人，希望增加廚房的空間。製作了附有廚房機能的餐桌，可以讓多人同時料理。

父母家庭車庫 / 父母家庭玄關 / 工作間 / 浴室 / 盥洗室 / 收納間 / 餐廳、廚房 / 主臥室 / 露台 / 書房 / 小孩家庭玄關 / 小孩家庭停車場

0 1 2 3m

1F

父母家庭

重視機能性的
餐廚空間

設置了大容量收納的父母家庭餐廳．廚房。機能性的設計讓收拾整理更加方便，在有限的空間裡也能營造出舒適的生活。「鍋類和餐具等都有收納空間，讓廚房能時常保持美觀」母親說。

共有家庭

通往居住空間的樓
梯採用輕快的設計

經由與玄關相連的樓梯往上後，可以到達小孩家庭的居住空間。顏色和設計都是夫妻兩人偏愛的簡約風格。設置開口讓光線進入室內，為空間帶來一抹和煦。

多代同堂的
和樂住宅

ARCHITECT

杉浦英一／杉浦英一建築設計事務所
東京都中央区銀座1-28-16
杉浦ビル2F
Tel：03-3562-0309
URL：http://www.sugiura-arch.co.jp

DATA

攝影　：齊藤正臣
所在地　：東京都 H住宅
家族成員：夫婦＋小孩2人＋父母
構造規模：木造、三層樓
地坪面積：152.68㎡
建築面積：229.16㎡
1樓面積：79.33㎡
2樓面積：81.81㎡
3樓面積：68.02㎡
土地使用分區：第一種住宅區
建蔽率　：59.87％
容積率　：147.18％
設計期間：2007/6～2008/3
施工期間：2008/4～2008/11
施工　：本間建設

外部裝修

屋頂：FRP防水（平屋頂部份）、鍍鋁鋅鋼板（斜屋頂部份）
外牆：鍍鋁鋅鋼板＋特殊塗料

內部施工

小孩家庭LDK
地板：磁磚60×60cm
牆壁／天花板：矽藻土
父母家庭LDK
地板：木地板
牆壁／天花板：壁紙
小孩家庭浴室
地板／牆壁：磁磚15×15cm
天花板：Ketsunonain防壁癌塗料※
父母家庭浴室
單一衛浴
小孩家庭臥室
地板：地毯
牆壁／天花板：壁紙
父母家庭臥室
地板：木地板
牆壁／天花板：壁紙
房間1、2
地板：地毯
牆壁／天花板：壁紙
小孩家庭玄關
地板：磁磚30×30cm
牆壁／天花板：矽藻土粉刷
父母家庭玄關
地板：磁磚30×30cm
牆壁／天花板：壁紙

主要設備製造商

廚房機器：Panasonic、東芝、GAGGENAU、Miele、Ariafina、TOTO、GROHE
衛浴設備：TOTO、INAX、GROHE
照明器具：Panasonic電工、MAXRAY、遠藤照明

小孩家庭

多用途的機能餐廳

廚房除了每日的下廚之外，同時也是女主人所開設的料理教室，設有餐桌與迷你廚房設備。裝置在平坦調理台上的電磁爐，融入並點綴空間。

小孩家庭

明亮寬敞的放鬆空間

小孩家庭的浴室使用充滿清爽感的素材，營造出舒適整潔的空間，並設置開口採光。因為室外有圍屏擋住，所以能不用在意外部視線，在頂級的療癒空間裡愜意的享受沐浴時光。

2F

工作陽台　廚房　UP　挑高
食品儲藏室
盥洗室　浴室
陽台　客餐廳
DN

3F

挑高　衣帽間　挑高
DN
房間1　主臥室　鋼琴室　房間2

小孩家庭

料理職人的講究廚房

畢業於法國料理名校，目前經營料理教室的女主人所使用的廚房，是講究機能設計的廚房，設置了專門的天然氣烤箱、以及放置餐具和各種大小料理器具的大容量收納空間。

※Ketsunain：商品名。一種防止結露的塗料。日本菊水化學工業生產販售商品。

利用自然素材打造的
無障礙空間

考量到行動不便的母親，在浴室裝設下沉式浴缸，讓出入變得更容易。另外洗臉台下方的空間可以放置輪椅。

俐落風格的設計
變化多端的玄關

在左邊鞋櫃的下方，設計了間接照明。將一部份門扇裝上鏡子、使用玻璃隔間等設計，增加小巧空間視覺的寬敞感。

設有早餐專用吧台的
半開放式廚房

有如駕駛艙般的ㄈ字型廚房使用便利，深受家人喜愛。另外設置了早餐專用的吧台，省去端運料理的步驟。在縱向木格柵裡面放置冰箱。

玄關　廚房　車庫
UP
客廳1
(6.8坪)　和室
(2.05坪)
儲藏室
(1.45坪)
房間1
(2.5坪)
甲板露台
孝親房
房間2
(3.25坪)

0 1 2 3m

1F

097
大人們的客廳設計

樂擁庭院綠意的客廳
藉由挑高和二樓相連

客廳藉由挑高和二樓的家人與空間連結。屋主夫妻和母親都嚮往大自然生活，所以將客廳設計成能夠坐擁庭園雜樹林美景的開放空間。

從孝親房望向
若隱若現的客廳

將孝親房設置在陽光充足，且能夠眺望庭院的位置。透過窗戶能看到客廳的動態，令人感到安心。將門關上後能夠徹底隔音，即使和屋主夫妻生活作息不同也不會受到影響。

剖面重點

有效利用立體空間
確保車庫與收納

在一樓客廳往上半層的樓梯平台上，配置了第二個客廳。再往上半層則是自由空間和走廊，第二個客廳的下方設置車庫。除了車庫之外，在一樓地板架高34cm的和室裡設有收納櫃，用來放置大量的戶外活動用品。在挑高設置高側窗，使住宅的採光與通風更良好。

客廳2　　主臥室
客廳1　盥洗室
車庫

上／攝影：石井牙義

ARCHITECT
高野保光／遊空間設計室
東京都杉並区下井草1-23-7
Tel：03-3301-7205
URL：http://www.u-kuukan.co.jp

DATA
攝影　：黑住直臣
所在地　：埼玉縣　K住宅
家族成員：夫婦＋母親＋狗
構造規模：木造、二層樓
地坪面積：239.91㎡
建築面積：161.20㎡
1樓面積：100.59㎡(包含車庫)
2樓面積：60.61㎡
土地使用分區：第一種低層住宅專
用區域
建蔽率　：50％
容積率　：80％
設計期間：2006/1～2006/9
施工期間：2006/9～2007/3
結構設計：內田產業
合作　：The House

外部裝修
屋頂：鍍鋁鋅鋼板
外牆：耐久低污染型壓克力樹脂、
鍍鋁鋅鋼板、矽藻土粉刷

內部施工
玄關
地板：洗石子地板
牆壁：矽藻土粉刷
天花板：AEP塗裝
大廳、客廳1、2、自由空間
地板：松木地板
牆壁：矽藻土粉刷
天花板：AEP塗裝
和室
地板：無邊緣榻榻米
牆壁：火山灰土壁
天花板：椴木合板
房間1、2、盥洗室
地板：松木地板
牆壁／天花板：月桃紙
浴室
地板：伊豆若草石※
牆壁：伊豆若草石
天花板：羅漢柏木板
主臥室、工作室
地板：松木地板
牆壁／天花板：土佐和紙

主要設備製造商
廚房機器：HARMAN、TOTO、
ARIAFANA、SEAGULL IV、AEG
衛浴設備：TOTO、INAX、杉田S、
Interform mfg、SUGATSUNE
照明器具：遠藤照明、大光電機、
National、MAXRAY、YAMAGIWA
、山田照明、Odelic、小泉產業

自由空間也是客廳的延長空間
在通往臥室的動線上設置了固定式書桌，成
為夫妻共用的電腦室。藉由挑高和客廳連結
成一體空間，可以輕鬆地和樓下的家人交
談。照片左邊是壁面收納櫃。

夫妻倆在第二個客廳
渡過悠閒時光
位於一樓半的第二個客廳，是屋主夫婦的專用
空間。並且為原本就擁有的家具等量身訂做收
納櫃。附設的屋頂露台使空間的舒適度大增。

多代同堂的
和樂住宅

平面圖標示：
預備房（2.2坪）　自由空間　客廳2（4.2坪）
主臥室（3.55坪）　挑高　格柵　工作室（2.3坪）　屋頂露台
UP　DN　2F

一樓 隔間重點
在孝親房與共用
LDK之間設置緩衝區
以L型圍住庭院，在左半邊配置
玄關、衛浴設備和孝親房。從孝
親房可以不用經過客廳而直接
到達衛浴空間。右半邊則配置了
LDK和樓梯。將部份客廳挑高打
造成和室，並在和室和客廳之間
放置桌子，讓兩邊都能使用。客
廳和孝親房能夠互相看到彼此的
動態。

二樓 隔間重點
兼具隱私和
客廳的連結感
二樓是屋主夫妻專用的區域。
一樓半的第二個客廳具有守護
隱私的作用。在附有書桌的電
腦區與女主人的工作室之間
設木格柵渡橋，兩個空間都能
透過挑高，和位於一樓的母親
交談。住宅動線的起點是玄
關，考量到隱私性問題，將臥
置配置在動線的終點上。

和客廳保持連結感的
女主人用工作室
製作狗狗衣服的女主人工作室。在壁面
設置了大容量的收納。將拉門打開後，
可以和一樓的母親輕鬆交談，門關上
後，可以將縫紉機的聲音隔絕，夜晚也
能繼續工作。

※伊豆若草石：日本靜岡縣伊豆所產的一種輕質凝灰岩，呈現淡綠～藍綠的顏色。常用來做門柱、石牆和浴室地板材料。

利用中庭打造舒適的臥室

雖然將屋主夫妻的臥室配置在住宅深處，但能透過中庭將綠意與微風帶進室內。若父親上下樓梯變得困難時，可以和父親交換這個離浴室較近的房間。

配置重點

在二樓從敞開的開口遠眺夕陽與綠意

一、二樓和鄰宅庭院借景

中庭

設置開口，從二樓的高窗擁抱青空

前方道路

停車場沒有設置圍屏，在道路狹窄的住宅區裡創造開放空間

約45坪大小的基地周圍比鄰著其他住家，所以將建築面朝西南端敞開。並將孝親房配置在二樓西南側，提供父親舒適的居住環境。面向道路的東側上方沒有任何視野阻礙，所以在二樓的客廳設置高側窗，坐擁一望無際的天空。家門前的停車場採用沒有圍柵的開放式設計，因為道路的前方是死路，難免給人擁擠的感覺，但設置這樣的空間後能讓住宅周圍顯得更寬敞。

在木頭圍繞的浴室裡舒緩身心

浴室採用半獨立式浴缸。在腰部以上的牆壁以及天花板使用檜木板，不僅是美麗的木紋，獨特的香氣能夠提高舒緩身心的效果。

多代同堂的和樂住宅

098

為大家族打造的最佳動線！

在走廊上配置盥洗室

早上家族的梳洗時間重疊，為避免擁擠的情況，在走廊下設置兩個洗手台，並且在其中一個洗臉台上加裝蓮蓬頭。

（平面圖標示）
收納間（1.75坪） 和室（2.25坪） 收納間（1坪大） 浴室
盥洗室
姐姐房間（3坪大） 中庭 音樂室（1.75坪大）
UP
玄關
小孩房（1.5坪大） 小孩房（1.5坪大）
1F

和樓梯、中庭與音樂間連結的玄關大廳

玄關和中庭、走廊（音樂室）相連結，使空間具有開放感。敞開設計的樓梯不僅能增加玄關的寬敞感，也引導回到家的人自然地往二樓移動。

利用樓梯平台打造電腦空間並將信件集中

在樓梯中間的平台上設置書桌，變成電腦空間。並將每日收到的信件放置在此，經過的時候可以順便拿取。在樓梯下方設置收納櫃，活用空間。

ARCHITECT
田中ナオミ（Naomi）／田中ナオミ
アトリエ
東京都八王子市大塚390-13
Tel：0426-70-2728
URL：http://homepage3.nifty.com/nt-lab

DATA
攝影：石井雅義
所在地：千葉縣 H住宅
家族成員：夫婦＋小孩2人＋父親＋
姐姐
構造規模：木造、二層樓
地坪面積：149.87㎡
建築面積：135.99㎡
1樓面積：74.21㎡
2樓面積：61.78㎡
土地使用分區：第一種低層住宅專用
地區
建蔽率　：50%
容積率　：100%
設計期間：2005/3～2005/9
施工期間：2005/9～2006/3
結構設計：かしの木建設（橡木建
設）
建築施工費：3280萬日元（未稅）

外部裝修
屋頂：鍍鋁鋅鋼板
外牆：檜木板、特殊塗料
內部施工
玄關
地板：洗石子地板
牆壁：矽藻土粉刷
天花板：Runafaser壁紙
LDK、音樂室
地板：樺木地板
牆壁：矽藻土粉刷
天花板：杉木板塗裝
書房
地板：樺木地板
牆壁：矽藻土粉刷
天花板：Runafaser壁紙
一樓和室（夫妻臥室）
地板：榻榻米
牆壁／天花板：Runafaser壁紙
二樓和室（父親房間）
牆壁：Runafaser壁紙
天花板：木結構外露
姐姐房間、小孩房
地板：樺木地板
牆壁／天花板：Runafaser壁紙
浴室
地板：半獨立式浴缸
牆壁／天花板：檜木板
主要設備製造商
衛浴機器：TOTO
照明器具：YAMAGIWA、Panasonic
地板暖氣：東京瓦斯（TES）

一樓隔間重點

在有限面積的基地上
設置中庭打造舒適住宅

位於中央的中庭，將光線與
風引進各個空間。在走廊上
設置洗臉台與音樂間，成功
地在有限的面積裡打造出多
用途空間，並且賦予空間連
續性。而在保護隱私的個人
房間裡，反而將空間定位成
「只是睡覺的地方」，將房間
的面積壓縮到最小限度。在
小孩房之間裝了可拆式的
隔間牆，等小孩們自立之
後，還能將房間改造成其他
用途。

二樓隔間重點

在順暢的動線上
配置客廳

從玄關到樓梯、直到客廳的
動線非常順暢。在空間內部
放置大餐桌，營造出一個讓
「家人聚集」的沉穩空間。
從餐桌可以眺望甲板露台與
中庭景色，且圍柵能將鄰宅
的視線隔絕，打造出開放空
間。透過甲板露台可以看見
父親的房間，令人安心。另
外，為避免房間形成孤立的環
境，在孝親房鄰側配置了書
房和廁所，促進家人之間的
情感交流。

位於靜謐位置的孝親房
能感受到家人動靜

將父親的房間配置在不受鄰宅壓迫、日照
充足的位置。能透過中庭看到客廳的動
態，雖然靜謐但不會產生孤立感。

曬衣場的貼心設計
讓家事路線更順暢

在從客廳無法一眼望去的甲板露台內
側，設置了晾衣場並加裝屋頂，下雨
也不擔心。沿著家事動線設置，將洗
好的衣服搬運到和室後，再拿到室外
晾乾。

兼具走廊功能的便利書房

通往廁所和孝親房的走廊兼用圖書空間，
是一個能眺望中庭、令人感到「余暇」的
開放空間。

（平面圖）
孝親房
和室
（2.25坪）
收納間
（1.75坪大）
甲板露台
挑高
書房
（1.5坪大）
DN
LDK
（7.5坪大）
2F

不必擔心鄰宅視線的
寬敞客廳

將家人團聚的地方打造成寬敞舒適的空
間。向東側的高側窗與甲板露台敞開，使空
間充滿陽光且極具開放感。並將窗戶位置和
鄰宅錯開，可以安心地享受開放空間。

**能令人精神集中的
大人祕密基地**

屋主N先生的書房。大容量
的手工製書架,空間雖然
小,但對一個二代宅而言,
擁有隱私性的房間能夠減緩
內心的壓迫感。

**二樓天窗的光線
透過天井玻璃窗灑落**

雖然屋主夫妻的臥室日照量較
少,但是將隔間和部份天花板
設置玻璃,讓視線從玄關延長
到庭院,營造寬敞感。另外也
藉由二樓的天窗採光。

**走廊也是倒垃圾
的方便通路**

雖然視線從玄關通過走廊
穿越到庭院,是室內設計
的亮點,但走廊也能當作
具有效率的動線:從廚房
搬運垃圾經過走廊,到庭
院的大型垃圾箱。

行道樹

散步道

陽台 | 工作間
衣櫥
盥洗空間
主臥室2（約5坪）
迴廊
客房（約3.5坪）
車庫
臥室（約4.5坪）
鞋櫃
露台
入口
腳踏車停車場

停車場

入口通道

1F

099
擁有美麗長廊的二代宅

**散步道的景觀
盡收眼底的配置**

住宅位於大小約100坪、三角形
狀、並面向散步道的寬廣基地
上。散步道過去曾是公賣局的電
車軌道,現今成為綠意盎然、風
景優美的散步街道。因此,將客
廳設置在緊臨散步街道的東側,
但為了避開道路上散步行人的視
線,將客廳配置在二樓,並設置
大面窗戶,坐擁綠光美景。在家
門前設置停車空間拉開與道路的
距離,北側的三角形部份則配置
擁有高隱私性的庭院。

**不希望小孩總關在
房裡所以縮小
小孩房空間**

將只有休憩功能的小孩房面
積壓縮至最小限度。目前是
兩人共用,但可以利用隔間
折門,將空間區分。

**大容量玄關收納
使玄關常保美觀**

在玄關旁設置縱深的鞋櫃。除了
鞋類與上衣之外,還可以容納掃
除用具和暫放物品,是個非常便
利的空間。鞋子脫下後立即收進
鞋櫃,保持玄關的整潔。

一樓隔間重點

**藉由迴廊將玄關的
視線延長到庭院**

將玄關大門設置在向右側迂
迴的入口,而非正面,所以
雖然是玻璃製的大門,也無
法一眼看透內部的空間。鋪
上磁磚的半屋外「迴廊」,將
房間分成左右兩邊。磁磚地
板與天窗延續到主臥室,讓
玄關的視線能夠一直線連貫
到庭院,營造出視覺「穿透
感」。另外屋主不想讓腳踏車
破壞了外觀景色,特別設置
了腳踏車專用的停車場。

ARCHITECT

小野里信／小野里信建築設計アトリエ

栃木県宇都宮市東簗瀬1-30-1
BOXXOB3F
Tel：028-633-1215
URL：http://www.shinonozato.com

DATA
攝影　　　：富田治
所在地　　：栃木縣 UN住宅
家族成員　：大人3人＋小孩2人
構造規模　：鋼結構、二層樓
地坪面積　：320.09㎡
建築面積　：191.12㎡
1樓面積　：97.13㎡
2樓面積　：93.99㎡
土地使用分區：第一種低層住宅專用區、法22條區域
建蔽率　　：50％
容積率　　：60％
設計期間　：2005/4～2006/1
施工期間　：2006/2～2006/9
結構設計　：丸山工業

外部裝修
屋頂：FRP防水
外牆：VP塗裝（1F）、鍍鋁鋅鋼板（2F）

內部施工
入口通道、迴廊
地板：全磁化磁磚（1F）、玻璃（2F）
牆壁：AEP塗裝
天花板：壁紙
客房（和室）
地板：榻榻米、部份花柏木板
牆壁／天花板：和紙壁紙
臥室（小孩房）、工作間、家事空間
地板：蒲櫻木（kabazakura）地板
牆壁／天花板：壁紙
客餐廳、衛浴空間
地板：柚木地板
牆壁：AEP塗裝
天花板：壁紙
廚房
地板：全磁化磁磚
牆壁：AEP塗裝
天花板：壁紙
主臥室1
地板：櫻木地板
牆壁／天花板：壁紙
主臥室2
地板：蒲櫻木地板、部份全磁化磁磚
牆壁／天花板：壁紙
浴室
地板／牆壁：全瓷器磁磚
天花板：鋁製浪板

主要設備製造商
廚房施工：amstyle kitchen
衛浴設備：INAX、T form
照明器具：遠藤照明、YAMAGIWA

設有浴室造景區的衛浴

在浴室前方設置了能夠曬衣服的浴室造景區，並圍上格柵阻絕外部視線。設置折門，讓開口可以全面敞開。洗手台採用人造大理石。

為簡約的室內增添安穩與溫馨的餐桌

「家人自然而然地聚集在這個餐桌」女主人說。總長約220cm的寬敞餐桌，可供全家人齊聚用餐，並且面向散步道的露台。

隱私與生活必要功能兼具的臥室

父親的房間。設有廁所和洗臉台，並擁有隱私感。儘管如此，父親也很喜歡待在客廳共享天倫之樂。

[平面圖 2F]
倉庫　浴室　浴室造景區
衛浴空間　家事空間
衣櫥
淋浴間　走廊
主臥室1（約5坪）　LDK（約11坪）　露台
露台
2F

全家人都能使用的開放廚房

特別訂製的中島型廚房，可以容納全家一起準備料理或是收拾。雖然是簡約風格設計卻擁有大容量收納空間。因為和客廳是一體空間，可以在做家事的同時，和家人輕鬆的互動交談。

多代同堂的
和樂住宅

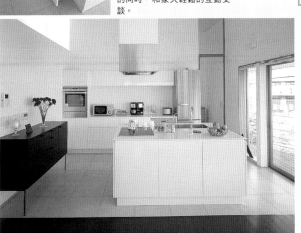

二樓隔間重點

將家事動線集中在一處的方便設計

將走廊做為緩衝區設置在客廳與父親房之間，增進家人情感交流。將走廊的地板設計成玻璃，使上下樓連結，並將天窗的光線傳遞至一樓。在LDK設置露台並面向散步道敞開。在廚房～家事空間～衛浴空間，打造一條簡短的動線，從家事空間也能直接進出浴室造景區曬衣服，非常便利。

N住宅的玄關。採用洗石子處理地板，襯托沉穩的室內風格。並在地板上嵌入方形瓦片，增添設計亮點。放置長椅，以方便鞋子穿脫。

甲板露台除了將兩棟住宅連接之外，也有讓兩住宅保持適當距離的作用。可以不用通過玄關，方便地直接從甲板露台來往兩家。

多代同堂的
和樂住宅

100
室外客廳將三世代家庭連結

1 基本的日常生活都在N住宅一樓的父母家庭，二樓是收納與預備房。一、二樓都是以樓梯為中心能夠迴遊的設計。　**2** N住宅LDK上部寬敞的挑高。和二樓收納之間裝設格柵，不僅能增加視野寬廣度，也可以遮住收納間的內部，並使樓上也能通風良好。

小孩家庭

父母家庭

在風格不同的兩個客廳享受家人團聚或是閒靜時光

I住宅有兩個客廳。一樓客廳是家人團聚的場所，二樓則是屋主夫妻的閒靜客廳。另外，若有客人來訪時，可以將設置的拉門關上變成客房。

小孩家庭

2 in 1的盥洗室、廁所為看護生活做準備

盥洗室和廁所是二合一的設計。雖然沒有門的廁所難免令人不適應，但考量到生病或是需要看護的時候，採用了無門設計。屋主說，這種一體化設計能讓空間更寬敞，平常使用起來也很方便。

為需要看護的時候預備寬敞舒適的臥室

父母家庭的寬敞臥室約有4.85坪大，並設置了約1坪的衣櫥。是考慮到需要看護的時候所設計出的隔間。和盥洗室、浴室空間連接，打造出順暢的日常生活動線。

I邸

小孩房　客廳

衣櫥

臥室2　挑高

2F

N邸

挑高　收納間

土間收納　玄關

臥室1

廚房

餐廳

客餐廳

甲板露台

玄關　衣櫥

廚房

臥室

1F

0 1 2 3m

I家庭、N家庭的期望

- 兼具獨立性和共用性
- 想減輕I住宅母親生活的負擔
- 總之要室內充滿光線
- 將N住宅打造成生活方便的平房

建築專家是這樣考量的！

「保有獨立性，尊重彼此的生活型態，並且為年屆80的父母打造出適宜居住的住宅」。這是和三位超過80歲的父母親共同生活的I先生提出的首要期望。「過去是兩棟住宅背對背的形式，所以此次的計畫是，將兩棟住宅以客廳互相對望，並設置剛好的『距離』，巧妙地將兩住宅連結」建築師明野說。而甲板露台正是這恰到好處的「距離」。兩個住宅都朝向露台甲板，並設置大面開口部，讓光線進入室內。另外在I宅，將孝親房配置在用水空間附近，而N住宅則是採用以用水空間為中心的迴遊式住宅計畫。為父母世代提供了方便的生活空間。

外部甲板露台將兩棟建築連結將來也能分割

露台甲板是兩住宅共用的「室外客廳」。有考慮將來將其中一棟出租，屆時可以將露台甲板分割，變成兩棟完全獨立的建築。

共同家庭

父母家庭

用水空間在中心能夠迴遊的平坦一樓

在父母家庭裡，將重要的廚房、盥洗室、浴室等用水空間配置在各個房間都能輕鬆到達的住宅中央，兩側配置客餐廳與臥室，形成可以迴遊的動線。並將地板設置成平面沒有高低差。

ARCHITECT
明野岳司＋明野佐美子＋安原正人／明野設計室一級建築士事務所
神奈川縣川崎市麻生區王禪寺西1-14-4
Tel：044-952-9559
URL：http://www.16.ocn.ne.jp/~tmb-hp

DATA
攝影：牛尾幹太
所在地：東京都　I住宅＋N住宅
家族成員：夫婦＋小孩1人＋岳母＋父母
構造規模：木造、二層樓　兩棟建築

I住宅
地坪面積：149.30㎡

建築面積：116.01㎡
1樓面積：60.18㎡
2樓面積：55.83㎡
建蔽率：41.28%
容積率：77.70%

N住宅
地坪面積：150.20㎡
建築面積：93.08㎡
1樓面積：68.24㎡
2樓面積：24.84㎡
建蔽率：48.97%
容積率：61.97%
土地使用分區：第一種中高層住宅專用區域
設計期間：2009/8～2010/3
施工期間：2010/4～2010/10
施工費用：I住宅2900萬日元（含太陽能發電）、N住宅2300萬日元
施工：渡邊技建設公司

外部裝修
屋頂：鋼板
外牆：高耐久低污染型壓克力樹脂

內部施工

I住宅
LDK
地板：松木地板OS塗裝
牆壁：EP環氧樹脂塗裝部份粉刷、磁磚
天花板：EP環氧樹脂塗裝
盥洗室、更衣室
地板：松木地板
牆壁／天花板：EP環氧樹脂塗裝
浴室
地板：半獨立式浴缸
牆壁／天花板：青森扁柏木板原色

N住宅
LDK
地板：橡木地板
牆壁：EP環氧樹脂塗裝、部份磁磚
天花板：EP環氧樹脂塗裝、挑高部份柳安木合板蜜蠟塗裝

主要設備製造商
衛浴設備：TOTO、KAWAJUN、杉田S、KAKUDAI
廚房機器：SUNWAVE工業
照明器具：遠藤照明、小泉產業、YAMAGIWA、Odelic、Panasonic
其他設備：olsberg（蓄熱式電暖器）

一樓父母家庭的LDK。依照母親的要求，設計了鄉村風格的廚房，再選擇與廚房搭配的收納櫃門板材質。光線柔和地灑落在簡約風格的室內，營造出優雅溫和的氣氛。

101

內部樓梯將兩個家庭相連

旗桿基地的周圍緊鄰其他住宅，所以將父母家庭的開口部設置在上方，兼具隱私性與採光，並將牆壁與天花板設計成白色，讓室內整體充滿明亮。

雖然秋山住宅沒有庭院，但長型的入口通道營造出猶如中庭的視野。在室外栽種各種綠色植栽，使空間充滿柔和氛圍。簡單的設計讓日常生活充滿多彩多姿。

多代同堂的和樂住宅

各自擁有玄關和生活區域 以上下樓區分 藉由內部樓梯往返

秋山家族的期望

- 完全分開的生活
- 一樓是父母家庭，二、三樓為小孩家庭
- 通往房間須經過LDK的動線設計
- 想在LDK的角落設置和室！

建築專家是這樣考量的！

在都市閑靜的住宅區裡，秋山夫妻買下能夠用來建造二代宅的土地，並要求將生活空間以上下樓完全區分。建築師粕谷在一樓的父母家庭，以及二、三樓的小孩家庭裡面分別設置玄關，再利用內部樓梯的設置將兩代家庭連結，確保隱私性的同時也能將兩個家庭緩緩連結。雖然是各自過著獨立生活，但必要的時候也能輕鬆地往來。另外，在小孩家庭裡，屋主希望「一定要穿越LDK才能往返房間」，所以將挑高樓梯設置在LDK的中央，除此之外上部的陽光也能透過樓梯灑落。女主人的興趣是和服穿著，因此在LDK的一隅配置了小小的和室。

隱私與採光兼具的設計陽光從樓上灑落而下

因為基地周圍被鄰宅包圍，所以讓樓上採入的光線通過二、三樓連接的樓梯，灑落至樓下，是兼具隱私與採光的設計。

小孩家庭

小孩家庭

簡單隔間 將來能靈活運用

目前小孩還很小，所以目前是將未來會打造成小孩房的臥室3當作親子臥房，臥室4則是屋主的書房，兩間臥房都是可以靈活運用改造的隔間設計。

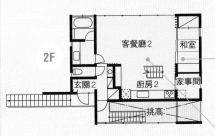

在生活空間一隅設置享受樂趣的空間

根據以和服穿著為興趣的女主人要求，在LDK的一角配置了和室。也能當作小孩換尿布或是午睡的便利空間。照片左邊為收納櫃。

小孩家庭

父母家庭

小孩家庭

將空間完全區分的同時 巧妙地將家庭連結

雖然是玄關和生活空間都完全分離的二代住宅，但配置了內部樓梯讓兩代家庭之間可以輕鬆地往返。對於在照顧兩個嗷嗷待哺小孩的屋主夫妻而言，父母在身邊的生活對於心靈層面無疑是莫大的支持。

促進家人間情感交流的住宅計畫

二樓是小孩家庭的LDK。夫妻希望動線設計成通往三樓小孩房等房間時，必須要經過LDK，因此採用了LDK中央社置樓梯的住宅計畫，並且設計成讓家人能輕鬆交流的隔間。

ARCHITECT
粕谷淳司＋粕谷奈緒子／カスヤアーキテクツオフィス
東京都杉並区高円寺北1-15-10
UNWALL 001
Tel: 03-3385-2091
URL：http://k-a-o.com

DATA
攝影：齊藤正臣
所在地：東京都 秋山住宅
家族成員：夫婦＋小孩2人＋父母
構造規模：鋼結構、三層樓
地坪面積：176.50㎡
建築面積：171.22㎡
1樓面積：72.46㎡
2樓面積：62.22㎡

3樓面積：36.54㎡
土地使用分區：第一種低層住宅專用區
建蔽率：50％
容積率：100％
設計期間：2008/3～2008/12
施工期間：2008/12～2009/7
施工：小川建設

外部裝修
屋頂：隔熱防水FRP
外牆：外牆板（UB板）

內部施工
小孩家庭LDK、臥室3（小孩房）、臥室4
地板：水曲柳實木地板
牆壁／天花板：石膏板上PVC壁紙

父母家庭LDK、臥室1、臥室2（父母家庭臥室）
地板：橡木實木地板
牆壁／天花板：石膏板上PVC壁紙
小孩家庭盥洗室
地板：水曲柳實木地板
牆壁：合板上PVC壁紙
天花板：石膏板上PVC壁紙
父母家庭盥洗室
地板：橡木實木地板
牆壁：合板上PVC壁紙
天花板：石膏板上PVC壁紙
小孩家庭玄關、父母家庭玄關
地板：全磁化磁磚
牆壁／天花板：石膏板上PVC壁紙

主要設備製造商
廚房機器：Cleanup、Panasonic電工
衛浴設備：TOTO、INAX、ADVAN
照明設備：Panasonic電工、遠藤照明、DN Lighting、YAMAGIWA

平面圖標示：

3F：露台、臥室3（小孩房）、臥室4

2F：客餐廳2、和室、玄關2、廚房2、家事間、挑高

1F：臥室1、臥室2、玄關1、客餐廳1、廚房

0 1 2 3m

Workspace

利用結構牆
打造收納棚與書桌

為了確保狹長型建築有足夠的橫向壁量，建造了並列的短牆。並且在結構短牆間設置橫板，打造成收納架和書桌空間。棚板的數量跟位置都是可變換的。

兩代家庭共用的
寬敞盥洗室

一樓的盥洗室、浴室是兩個家庭共用。因為家人彼此的生活作息不同，所以將用水空間配置在遠離父母臥室的位置。考量到家裡人數多，配置了兩個洗臉台。門扉的色彩設計賦予空間明亮感。

Sanitary

挑高

收納間
（4.9坪）

UP
DN

挑高

（小孩家庭
臥室下部）

1.5F

父母家庭LDK
（4.4坪）

玄關

UP

父母家庭臥室
（2.8坪）

1F

0 1 2 3m

102

可變換的收納
與家具
隨心所欲的住宅

剖面重點

多樣的空間設計
賦予小住宅變化的樂趣

在三層樓住宅裡，設計了五種地板高度和八種天花板高度，賦予空間多采多姿的變化。將挑高的玄關與樓梯間配置在住宅中心，將各樓層連接。在一樓的父母家庭與二三樓小孩家庭之間，將一樓天花板壓低後、配置了一間約5坪大小的收納間。另外，將父母起居室被壓縮的部份，往縱向空間增加。將客廳與臥室的天花板挑高，並設置高側窗保持空間的明亮。在設有收納間的中間樓層裡配置小孩家庭的廁所，因為天花板比收納間高，高出的部份呈現在二樓LDK的地板高度。廁所的天花板變身為LDK的矮桌，並在周圍設置內窗，打造出燈籠般的照明設計。

小孩房

小孩家庭LDK

小孩家庭臥室

收納間

父母家庭臥室

玄關

父母家庭LDK

Stair

Hall

2 **1**

承襲老家的設計風貌
拱形大門

1 玄關與起居室的中間設置了拱門型入口，做為緩衝區。採用了和老家相同、父母都很滿意的拱門設計，將老家的回憶注入新居。 **2** 在一樓通往收納間樓梯的踏板下空間，配置了收納，屋主所收藏的CD都置放在此。

想擁有一個能長久居住的家

206

ARCHITECT

鈴野浩一＋禿 真哉／トラフ建築設計事務所

東京都品川区小山1-9-2-2F
Tel：03-5498-7156
URL：http://torafu.com

DATA

攝影　　：黑住直臣
所在地　：東京都 山口住宅
家族成員：父母＋夫婦＋小孩2人
構造規模：木造、三層樓
地坪面積：76.16㎡
建築面積：104.50㎡
1樓面積：45.37㎡
2樓面積：44.02㎡
3樓面積：15.11㎡
收納間　：16.11㎡（未列入建築容積）
土地使用分區：第一種低層住宅專用區、次級防火區、第一種高度地區
建蔽率　：60%
容積率　：150%
設計期間：2009/11～2010/5
施工期間：2010/6～2010/11
施工　　：青
施工費用：約3000萬日元（建築施工費）

外部裝修
屋頂：鍍鋁鋅鋼板
外牆：外牆板、鍍鋁鋅鋼板

內部施工
玄關
地板：砂漿鏝刀粉刷
牆壁／天花板：EP環氧樹脂塗裝
父母家庭LDK、父母家庭臥室
地板：檜木實木地板
牆壁／天花板：EP環氧樹脂塗裝
小孩家庭LDK
地板：檜木實木地板
牆壁：EP環氧樹脂塗裝、彈性板兩層（耐力壁）
天花板：EP環氧樹脂塗裝
小孩家庭臥室
地板：MDF
牆壁：EP環氧樹脂塗裝
天花板：椴木合板
小孩房
地板：椴木合板
牆壁／天花板：EP環氧樹脂塗裝
盥洗室
地板：PVC地板片材
牆壁／天花板：EP環氧樹脂塗裝

主要設備製造商
廚房機器：HARMAN、Panasonic等
餐桌.椅子：藤森泰司工作室
衛浴設備：SANEI、TOTO等
照明設備：MAXRAY

多種地板高度
營造熱鬧的LDK

在LDK的深處可以看到閣樓造型的小孩房，及比LDK地板低70cm的臥室。而在廚房腳邊的矮桌，是樓下廁所的上部空間，光線透過內窗照明室內。

LDK

一樓、一樓半隔間重點

大容量的共用收納間
提供小住宅舒適的
居住空間

在細長的建築物裡，以玄關與大廳為中心，在上下左右設置空間打造簡短的動線。盥洗室、浴室是兩世代家庭共用的集中設計。另外，為了在狹小的面積上打造出二代宅，將用水空間的天花板壓低，並在上方的1.5樓配置共用的收納間。

二、三樓隔間重點

沒有隔間牆
立體的大空間
將家人連繫在一起

隨著小孩成長而逐次改造的小孩家庭，是由具有高度變化的地板和天花板所構成的。可以自由的運用沒有隔間牆的空間。另外，活用凸窗設置椅子、或是利用高低差將地板設置為桌子等，將建築部份當作家具使用，減少家具擺設，更有效率地活用空間。

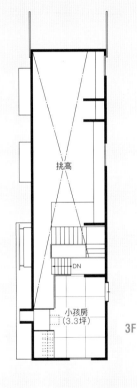

露台
挑高
小孩家庭LDK（7.1坪）
DN
挑高
UP
DN
小孩房（3.3坪）
3F
小孩家庭臥室（3.7坪）
2F

Bedroom

1

2

Bedroom

LDK的地板變身為書桌
打造成風格獨特的房間

1 位於住宅北側深處的臥室，低矮的天花板營造出沉穩氣氛。並藉由北窗將柔和的光線引進室內。 2 臥室和LDK的地板高低差約70cm，靈機一動將LDK的地板搖身變成臥室的書桌。書桌前方的樓梯通往臥室上方的小孩房。

Livingroom

103

能長住50年的
堅固鋼結構
和木造住宅

**藉由和其他空間的連續感
打造出寬敞的客廳**

將客廳與玄關、餐廳打造成互相流動的
空間，並藉由對角線配置，增加視覺上
的寬敞感。將照片中間牆面連接的地方
設計成曲面，不但能模糊距離感也能減
少空間的壓迫感。

Sanitary

**被木頭包覆
令人放鬆的盥洗室**

被水曲柳柔和的木紋包覆的盥
洗、更衣室裡，設置了泡完澡
可以休息的椅子。並在附近設
置衣帽間，收納全家人的衣服。

2F

小房間

食品儲藏室

客廳
(3.5坪)

DN　UP

餐廳、廚房
(5.65坪)

露台

1F

衣櫥

UP

衣櫥

書房
(4.4坪)

腳踏車停車場

玄關

南側庭院

停車場

0　1　2　3m

Diningroom

**想擁有一個
能長久居住
的家**

常保整潔美觀的餐廳

在餐廳和廚房之間配置了收納
櫃，阻絕部份從客廳和餐廳而
來的視線。照片右邊的內側是
食品儲藏室，可以收納雜物或
是大型物品。

**被藏書包圍
能埋首閱讀或研究的書房**

在壁面上全面設置書架，是全家人共用
的書房。為了營造出和其他房間不同的
氣氛，地板採用人字型拼花造型，並放
置了屋主用第一次領到的薪水購入並擁
有回憶的古董椅，成為一幅美麗的畫。

Library

ARCHITECT

安藤和浩＋田野惠利／アンドウ・アトリエ

埼玉縣和光市中央2-4-3-405
Tel：048-463-9132
URL：http://www.8.ocn.ne.jp/~aaando1

DATA

攝影　：黑住直臣
所在地　：東京都　I住宅
家族成員：夫婦＋小孩2人
構造規模：鋼結構、三層樓
地坪面積：89.65㎡
建築面積：119.09㎡＋3.51㎡
（腳踏車停車場）
1樓面積：45.79㎡（含3.51㎡腳踏車停車場）
2樓面積：41.87㎡
3樓面積：34.94㎡
土地使用分區：第一種中高層住宅專用區、次級防火地區、第三種高度地區
建蔽率　：60%
容積率　：160%
設計期間：2008/10～2010/2
施工期間：2009/7～2010/2
施工　：宮嶋工務店
建築施工費用：約3200萬日元
（含建築、電氣、排水施工 不含家具工程）

外部裝修
外牆：鍍鋁鋅鋼板
屋頂：外牆板

內部施工
玄關
地板：水泥洗石子
牆壁／天花板：AEP塗裝
書房
地板：橡木地板（人字形）
牆壁／天花板：AEP塗裝
客餐廳、小孩房
地板：橡木地板
牆壁／天花板：AEP塗裝
臥室
地板：榻榻米
牆壁：矽藻土粉刷
天花板：美國花旗松不燃合板
盥洗室
地板：橡木地板
牆壁／天花板：椴木合板AEP塗裝

主要設備製造商
廚房設備機器：林內、GROHE
廚房施工：阿部木工
衛浴設備：TOTO、CERA、DuPont
照明器具：ENDO、YAMAGIWA、DN Lighting

剖面重點

活用配置在北側的樓梯空間確保採光與通風

為了確保一、二樓整年都能擁有足夠的日照，將建築往基地北側移動，基地的南側則設計成空地。並活用樓梯，確保北側空間的採光與通風。在建築物北側中央配置樓梯，並且每個樓梯平台上，在手能碰觸到的位置設置窗戶。在三樓臥室前方，依照夫妻要求配置了屋頂露台，考量到夏天強烈的牆光，所以設置了屋簷，另外在從道路看不見的地方設置曬衣場。

Children's room

未來能分割成兩間房的小孩房

小孩房目前是將三扇拉門保持敞開，與大廳成為一體的開放空間。若未來小孩希望有個人空間的話，可以在房間中央設置牆壁，衣櫥也是左右分開設置的。

3F

Bedroom

無拘無束的和風臥室

將無邊緣榻榻米的現代感、古董照明、以及京唐紙的懷舊風混搭出的空間。珪藻土牆壁和「一直都想擁有」的古董家具完美地結合。在南面配置寬廣的屋頂露台。

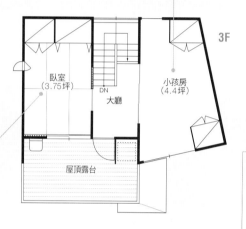

Kitchen

一樓隔間重點

將用水空間和收納集中把書房配置在和庭院連結的地方

將書房面朝東南角的庭院開放，工作或是閱讀的時候，眼睛可以望向庭園綠景放鬆休息，也能窺見道路的景色。在盥洗更衣室裡設置了長椅，泡完澡的時候可以在椅子上稍作休息。配置兩個衣櫥，將全家人的衣物集中收納。腳踏車停車場為室內設計，讓住宅外觀保持整齊美觀。

二、三樓隔間重點

樓梯空間也打造成寬敞閒適的場所

活用扇形基地的建築，將客廳面向南側並設置大的開口，使光線和涼風進入室內。並將樓梯和LDK緩緩連接，做為室內的延長空間，打造出寬敞感。在下凹的壁面設置DVD和CD的收納架，減少視覺上的壓迫感。三樓配置了寬廣的露台，成為一個能盡情享受開放感的室外空間。

由磁磚和木頭素材製作獨一無二的廚房

美麗木紋的水曲柳木當作門板，並以胡桃木把手點綴的高雅廚房，是安藤工作室的風格之作。藍白的磁磚樣式則是屋主夫妻親自設計的。

Kitchen

104

隨著小孩成長
而漸漸充實住宅

Entrance

與廚房面對的書房
輕鬆和小孩們交談

將廚房面向餐廳的方向封閉，
面向書房敞開。早晨和晚上可
以邊作家事邊和在書房的孩子
們交談。在寬敞的廚房裡可以
同時進行多種料理方式。

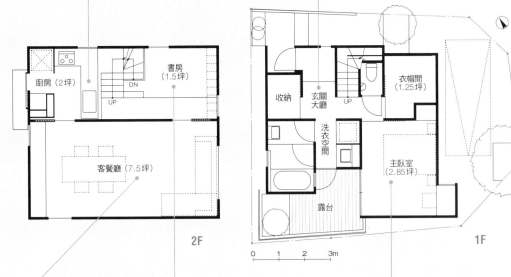

2F
廚房（2坪）
書房（1.5坪）
DN
UP
客餐廳（7.5坪）

1F
收納
玄關大廳
洗衣空間
UP
衣帽間（1.25坪）
主臥室（2.85坪）
露台

0　1　2　3m

將收納集中在玄關旁

一樓清水模質感與白色塗裝的
牆壁為空間帶來柔和的印象。
在小巧玄關裡不置放鞋櫃，鞋
類統一放置在收納間裡，保持
玄關整潔。

面向露台
獨立性高的臥室

在臥室面向露台的地方設置落地
窗，保有隱私的同時也能和外部相
連。在臥室設置固定式書桌，可以
輕鬆地閱讀或是工作。

Library

可自由變換的小空間
目前是小孩們的讀書區

現在鋪有地毯和書桌有如樓梯平台的書
房，在小孩上小學之前是只有放置軟墊
的「打滾區」。書房和廚房緊密的相連。

Bedroom

ARCHITECT

若原一貴／若原アトリエ
東京都新宿区市谷田町2-20
司ビル302
Tel：03-3269-4423
URL：http://www.wakahara.com

DATA

攝影　：黑住直臣
所在地　：東京都 H住宅
家族成員：夫婦＋小孩2人
構造規模：鋼筋混凝土造＋木造、
　　　　　三層樓
地坪面積：79.70㎡
建築面積：103.99㎡
1樓面積：37.75㎡
2樓面積：46.37㎡
3樓面積：19.87㎡
土地使用分區：第一種中高層住宅
專用區、次級防火地區、第三種
高度地區
建蔽率　：70％
容積率　：160％
設計期間：2007/11～2008/5
施工期間：2008/6～2009/3
施工　：アール、ドゥ

外部裝修
外牆：鍍鋁鋅鋼板
屋頂：Jolypate

內部施工
廚房
地板：柴栗木板
牆壁／天花板：AEP塗裝
玄關大廳
地板：柴栗木板、三合土部份洗石子
牆壁／天花板：水泥裸牆上AEP塗裝
主臥室
地板：柴栗木板
牆壁／天花板：水泥裸牆上AEP塗裝
書房
地板：地毯
牆壁：AEP塗裝
天花板／樑間：AEP塗裝
樑：AEP塗裝
起居室
地板：柴栗木板
牆壁／天花板：AEP塗裝
小孩房
地板：地毯
牆壁／天花板：AEP塗裝

主要設備製造廠
廚房機器：INAX、Panasonic、
ARIAFINA
衛浴設備：INAX
照明器具：Panasonic電工、
YAMAGIWA

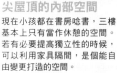

想擁有一個
能長久居住
的家

小面積裡的多功能
充滿效率感的空間設計

住宅除了西側以外其他三面都與道路相鄰。所以將建築挪向西側，東側則設定成空地（停車場），並種植主樹，有助美化街道景觀。在鋼筋混凝土造的一樓，配置用水空間、臥室等隱私性高的空間。將衛浴空間和洗衣間分開設置，並在洗衣間設置出入口通往露台，打造一條便利的家事動線。在小面積的住宅裡設計出最節省空間的配置。

在放鬆空間裡
看不見雜物的隔間設計

木造的二樓是沒有柱子的大空間。簡單的塗裝和設計打造出一個簡約美觀的空間。刻意將廚房和令人放鬆的餐廳隔開，並將廚房面向小孩們的書房。閣樓樣式的小孩房雖然和客廳相連接，但因將視線隔絕，所以從客廳不會看到小孩房物品雜亂的樣子。

小巧的小孩房是
尖屋頂的內部空間

現在小孩都在書房唸書，三樓基本上只有當作休憩的空間。若有必要提高獨立性的時候，可以利用家具隔間，是個能自由變更打造的空間。

Children's room

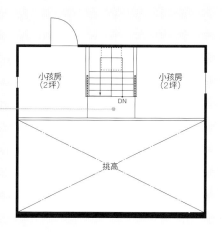

小孩房
（2坪）

小孩房
（2坪）

DN

挑高

3F

在法條限制
和基地面積之中
確保最大的空間

基地的三面都被道路包圍，並且受到斜線規制。為了克服這些困難打造出三樓建築，最後決定設計成尖屋頂型的住宅。二樓的天花板最高處有5米7，打造出寬敞的大空間客廳。將書房配置在比客廳低約兩階的位置，並鋪上地毯。不僅賦予空間變化，也打造出下陷空間的舒適感。

小孩房

客廳

書房

主臥室　衣帽間

坐在沒有繁雜感的客廳
消除一日的疲勞

在高天花板的客廳設置天窗，讓光線落入室內，並控制天窗大小守護隱私。家具和空間調性的完美結合更增添了舒適感。

Living room

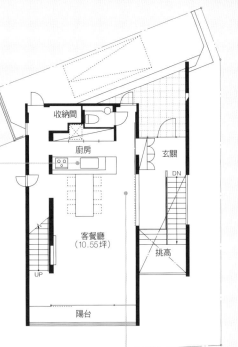

Kitchen

高機能系統廚房與吧台的組合

1 能眺望景色的面對式廚房。廚房是由設有能隱藏動態屏板的訂製調理台，和系統廚房組合而成。 2 嵌入調理台的原創餐桌。清理排油煙機旁的水泥裸牆上的油污時，比想像中輕鬆許多。

Stair

傳達上下樓氣息與通風採光的鏤空式樓梯

在一樓與地下室之間設置了沒有牆板的鏤空式樓梯，讓上下樓能夠彼此傳遞氣息。除了一樓LDK的隔間拉門之外，住宅全體幾乎沒有設置隔間門，讓空氣藉由樓梯的挑高循環流動。

Entrance&LDK

Office

105

加強空氣循環
防止壁癌與發霉

地下室隔間重點

預備改造成二代宅的隔間設計

目前為事務所的地下室，將來預計要改造成父母的起居室。在目前的書房配置排水管線，以便將來配置成盥洗室和浴室，而設有隔間的收藏室則預計要改造成臥室。另外，沒有牆板的鏤空式樓梯和一樓寬敞的土間連接，讓光線能透過樓梯挑高傳遞至樓下，也具有傳遞上下樓氣息的作用。

一、二樓隔間重點

藉由挑高感受到上下樓與家人的動態

一樓LDK和二樓臥室，藉由挑高連結成一個立體的大空間。臥室可以根據小孩的成長，利用可移動式收納隔間。將一樓的廚房內側，配置了可以容納組合櫃的壁龕和放置物品的收納空間，避免雜物露出。

【1F平面圖】

收納間

廚房

玄關

DN

客餐廳
（10.55坪）

挑高

UP

陽台

1F

【B1F平面圖】

現有擋土牆

收納間〔未來的盥洗室〕

收納間〔未來的臥室〕
（3.05坪）

書房〔未來的浴室〕

事務所〔未來的客餐廳〕
（8.1坪）

UP

UP

B1F

0 1 2 3m

既然在斜坡基地上就要設置大開口取景

進入玄關後，就能透過偌大的窗戶眺望斜坡的開放絕景。寬敞的玄關土間也能當作接待客戶的LDK與地下室事務所連接的緩衝區。「任何的生活形態都能輕鬆應對的便利空間」（建築師敦子）

具有可塑性的簡約事務所空間

將來預定改造成父母起居室的地下室事務所。辦公區是將來的客廳，左內側的書房等則預定改造成用水空間和臥室。天花板挑高3米多，所以將來也能夠為了設置衛浴設備而將地板挑高。

ARCHITECT

**尾澤俊一＋尾澤敦子／オザワデ
ザイン一級建築士事務所**

神奈川県横浜市西区西戸部町1-19-5

Tel：045-325-9712

URL：http://www.ozawadesign.com

DATA

攝影 ：中村繪
所在地 ：神奈川縣 尾澤住宅
家族成員 ：夫婦＋小孩1人
構造規模 ：鋼筋混凝土＋鋼結構、
二層樓＋地下一層
地坪面積 ：138.52㎡
建築面積 ：154.25㎡
1樓面積 ：65.37㎡
2樓面積 ：36.72㎡
3樓面積 ：52.16㎡
土地使用分區：第一種中高層住宅
專用區
建蔽率 ：60％
容積率 ：150％
設計期間 ：2008/7～2009/4
施工期間 ：2009/5～2009/11
施工 ：キクシマ

外部裝修
外牆：防水布、FRP防水
屋頂：成型水泥板、光觸媒塗裝、
水泥裸牆、氟氧樹脂塗裝

內部施工
玄關
地板：全磁化磁磚
牆壁：水泥裸牆
天花板：AEP塗裝
客廳、餐廳、廚房
地板：三層炭化處理實木地板
牆壁：水泥裸牆、壁紙
天花板：AEP塗裝
臥室
地板：三層實木地板
牆壁：壁紙
天花板：無機質壁紙
盥洗室
地板：PVC地板片材
牆壁：壁紙
天花板：無機質壁紙
浴室
地板／牆壁：全磁化磁磚
天花板：壁癌防止塗料
事務所（將來為父母的LDK）
地板：PVC地板片材
牆壁／天花板：AEP塗裝

主要設備製造商
廚房機器：mikado、林內
衛浴設備：INAX
照明器具：NIPPO、小泉照明
空調設備：大金
地板暖氣系統：SEAMLESS

Sanitary

Dining

位於臥室旁
舒適的用水空間

將用水空間配置在二樓臥室
旁。距離甲板露台的曬衣場也
很近，不論是梳洗準備或是家
事的動線都很簡短方便。盥洗
室的台面是和洗臉盆一體的特
製品，無接縫的設計為空間增
添美感。

想擁有一個
能長久居住
的家

剖面重點

空氣循環
使建築物能常保良好狀態

在這依坡地而建、幾乎沒有隔間的大空間
住宅，是一個可以自由改變隔間、擁有絕
佳視野、且陽光和涼風充滿空間的住宅。
考量到根據季節變換的太陽高度，於是在
南側的大面窗戶周圍設置了短牆。讓冬天
的陽光能進入室內深處，並遮擋夏日的直
射陽光，盡可能地不使用空調。另外，藉
由挑高將一、二樓連結成的立體空間裡，
利用冷空氣與暖空氣的比重差異，產生空
氣對流，有促進重力換氣的效果。使用空
氣循環裝置，將夏天地下的冷空氣傳送至
二樓，冬天則將二樓的暖空氣運送至地
下，打造出空氣循環不滯留的環境，避免
壁癌與發霉的情況產生，常保建築物處於
良好狀態。

衣櫥

臥室
（6.05坪）

DN

甲板露台

挑高

2F

Bedroom

利用移動式收納改造隔間

二樓的臥室藉由挑高和一樓客廳連結。
是個能透過挑高享受美景，並且緊臨甲
板露台的開放空間。目前是親子三人共
同使用這個約6坪的房間，未來可以利
用移動式收納將空間隔開。

Entrance

提供客人住宿或是舉行茶會等多用途和室

女主人的興趣是茶道，所以設置了一間能做為茶室的和室空間。也能在父母來幫忙看顧小孩時使用的臥房。另外還在水屋裡設置了小小廚房。

Japaneseroom

大容量收納保持整潔的玄關

在寬敞的玄關裡除了鞋櫃之外，還設置了一坪大的鞋類收納間。若將和室的拉門敞開，和玄關連成一體，成為一個寬敞高雅的接待間。個性風格的吊燈照明將光線散射，營造出美麗的光影氣氛。

106

在旗桿基地上使人車共存的住宅計畫

衣帽間 | **鞋櫃** | **庭院** | **水屋※**

爐灶
和室（3坪）

大廳

書房（1.4坪）

UP

土間（9坪）

主臥室（3.95坪）

停車場

1F

0　1　2　3m

一樓隔間重點

舉行茶會的時候土間空間可以當作露地（茶室庭院）或遊樂場

在旗桿型基地上，需要設置讓車子迴轉的空間，所以在一樓規劃了寬廣的土間。土間以格柵門關閉，確保住宅安全性，也讓小孩們可以安心地遊玩。可以當作茶室使用的和室，和玄關大廳相連，是個沒有日常生活感的一體空間。將書房附屬在臥室旁，衣帽間則配置在鞋子收納間旁，讓梳妝整理的動線簡潔順暢。

二樓隔間重點

藉由二樓的屋頂露台和挑高的高窗眺望藍天

將擁有挑高與高窗的客廳配置在住宅中央，兩側則配置了用水空間和小孩房。在面向住宅外圍側不設置大面窗戶，而是將空間面向屋頂露台和有如中庭的土間開放。將廚房、食品儲藏室、家事間和曬衣服的屋頂露台集中在一處，縮短家事動線，減少雙薪家庭的家事負擔。在小孩房預備了將來可以用來隔間的移動式家具和隔間門。

Bedroom

在靜謐的臥室旁設置書房

位於一樓的主臥室。面朝土間設置了大面的窗戶。在房間內附設的書房，用來收納工作用的書籍。衣物類則收納在位置較遠的衣帽間裡。

Domaspace

被格柵門守護的土間是小孩們的遊樂場

若將格柵門關上後，變成一個安全的土間空間。當車子要回轉的時候可以將格柵門打開。植栽的上方沒有屋頂，雨水會落下。「舉行茶會的時候，土間就猶如茶室庭院般的空間」女主人道。

※水屋：位於茶室旁的空間，用來準備及清洗茶道具。

ARCHITECT

柏木學＋柏木穗波／カシワギ・スイ・アソシエイツ

東京都調布市多摩川3-73-301

Tel：042-489-1363

URL：http://www.kashiwagi-sui.jp

DATA

攝影　　：黑住直臣
所在地　：東京都　S住宅
家族成員：夫婦＋小孩2人
構造規模：木造、二層樓
地坪面積：210.61㎡
建築面積：170.77㎡
1樓面積：95.49㎡
2樓面積：75.28㎡
土地使用分區：第一種住宅地區
建蔽率　：60%
容積率　：160%
設計期間：2010/2～2011/2
施工期間：2011/2～2011/10
施工　　：キクシマ
建築施工費用：5600萬日元

外部裝修

屋頂：鍍鋁鋅鋼板
外牆：彈性樹脂、部份杉木板塗裝

內部施工

玄關大廳
地板：磁磚
牆壁：水曲柳裝飾合板OP、PVC壁紙、威尼斯馬賽克磚
天花板：PVC壁紙

和室
地板：無邊緣榻榻米
牆壁：調濕壁紙
天花板：PVC壁紙

主臥室、LDK
地板：橡木地板
牆壁：PVC壁紙、部份水曲柳裝飾合板OP
天花板：PVC壁紙

小孩房
地板：橡木地板
牆壁：PVC壁紙、
天花板：PVC壁紙、部份磁性壁紙

浴室
地板／牆壁：磁磚
天花板：VP塗裝

主要設備製造商

廚房設備機器
系統廚房：poggen pohl
衛浴設備：TOTO、林內、大洋金物
照明器具：Luminabella、遠藤照明、YAMAGIWA、MAXRAY、Panasonic

Children's room

根據情況可以隨時分割的小孩房

現在靠著牆壁置放的衣櫥是可移動式的，若將衣櫥移動到細長型房間的中央，並裝上已準備好的拉門的話，就立刻完成房間的分割。在天花板上兩條明顯的線為拉門的軌道。

面向屋頂露台與庭院敞開的浴室

在浴室面向土間和屋頂露台的方向都各有設置窗戶，且是能和小孩兩人一起入浴的寬敞空間。等到土間栽種的植物長高時，就能透過窗戶欣賞綠意。

Bathroom

想擁有一個能長久居住的家

剖面重點

在住宅密集地裡利用高窗使視線延伸

南側的屋頂露台突出建築外，變成下方的停車場。露台周圍設置用來提高隱私的格柵，成為建築外觀的一幅美景。在二樓的客廳設計4.8m的挑高，並設置沒有視野遮蔽的高窗，讓視線延伸至屋外，並且讓光線進入。廚房上方設置了閣樓收納，充實收納空間。從閣樓可以通往屋頂。

閣樓收納

LDK

土間　大廳　庭院

小孩房
(4.7坪)

DN

屋頂露台
(4.85坪)

食品儲藏室　家事間

屋頂露台
(2.2坪)

LDK
(12.9坪)

挑高

2F

附設閣樓收納的開放式廚房

天花板最高部份是4.8m。由於屋主要求「大容量收納空間」，所以在廚房上方設置了閣樓收納。因為S住宅屬於經常有客人來訪的生活形態，所以設計了開放式廚房。

Living-Dining-Kitchen

主臥室部份可以分割成小孩房

面向庭院的主臥室。若將來需要小孩房的時候，可以將衣帽間和部份主臥室重新改造隔間成一個房間。

樓梯和走廊成為一體空間
寬敞舒適的玄關

纖細的鐵骨螺旋梯營造出舒適的玄關空間。樓梯間具有挑高作用，讓上部的光線灑落樓下。可以透過玄關前方的窗戶眺望庭園綠意，客人造訪時也能感受到空間的閒適感。

1F

衣帽間

盥洗室

主臥室
（約3.4坪）

浴室

UP

玄關

甲板露台

車庫

0　1　2　3m

107

有閒適感的狹小空間
具有可變化性的
隔間設計

以白色調統一的
衛浴空間

浴室位於建物中央，也是在車庫的內部，容易淪為光線不足的空間。但將裝潢統一使用白色調，賦予空間明亮清爽感。盥洗室和浴室間、以及走廊和盥洗室都使用透光材質隔間，減少侷促感並增加舒適性。

二樓隔間重點

凸窗與甲板露台
將自然美景帶入室內

在客廳一角配置了有座椅的凸窗，成為享受窗外美景的絕佳場所。在南側車庫上方架上木板，變成能欣賞景色的甲板露台。在建蔽率和容積率的嚴格限制下，打造出超越面積的寬廣空間。另外巧妙的利用基地的銳角部份，盡可能地利用面積設置收納間，打造出井然有序的舒適住宅。

一樓隔間重點

預備成為
小孩房的衣帽間

因為前方道路的關係，只能將停車場設置在南側。將玄關與樓梯間的空間一體化，營造出寬敞感。在主臥室前方設置可以眺望河川美景的甲板露台，也具有曬衣場的功能。並且計畫將來可以將衣帽間擴大，改變隔間方式，打造出小孩房。

ARCHITECT

高野保光／遊空間設計室
東京都杉並区下井草1-23-7
Tel：03-3301-7205
URL：http://www.u-kuukan.co.jp

DATA

攝影　：黑住直臣
所在地　：東京都 O住宅
家族成員：夫婦＋小孩1人
構造規模：木造在來構法、二層樓
地坪面積：90.49㎡
建築面積：66.76㎡
1樓面積：34.32㎡
2樓面積：32.44㎡
閣樓面積：4.75㎡
土地使用分區：第一種低層居住專
用區域
建蔽率　：40％
容積率　：80％
設計期間：2005/12～2006/5
施工期間：2007/1～2007/6
結構設計：司建築計畫
施工費用：約2300萬日元

外部裝修
屋頂：鍍鋁鋅鋼板
外牆：高耐久低污染彈性樹脂、鍍
鋁鋅鋼板

內部施工
玄關
地板：地板材矽藻土
牆壁／天花板：月桃紙
大廳
地板：柚木地板
牆壁：牆壁材矽藻土
天花板：AEP塗裝
臥室
地板：柚木地板
牆壁／天花板：月桃紙
盥洗室、浴室
地板／牆壁：磁磚15×15cm
天花板：矽酸鈣板NEO塗裝
大廳、閣樓、小孩房
地板：柚木地板
牆壁：牆壁材矽藻土
天花板：結構用合板OSMO塗裝
廚房
地板：柚木地板
牆壁：牆壁材矽藻土
天花板：AEP塗裝

主要設備製造商
廚房：Panasonic、H&H
衛浴設備：林內、GROHE、
CERA、INAX、TOTO、KAKUDAI
照明器具：遠藤照明、Panasonic、
小泉產業、YAMAGIWA、山田照
明、MAXRAY

想擁有一個能長久居住的家

Child's room

Kitchen

用亮紅的鍋子裝飾時尚的白色調廚房

礙於基地形狀，將廚房斜向配置在客餐廳後方，這種配置意外地具有深度，成為使用便利的廚房。冰箱也巧妙的隱藏起來，並且擁有大容量的收納空間。

兼用大人書房的小孩房

在1.75坪的小孩房裡設置固定式家具，是具有機能性的房間。另外為了讓大人也能使用，設置了簡單的書房配置，因為小孩還年幼，所以目前當作電腦間來使用。

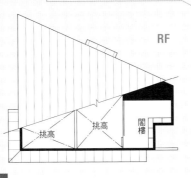
Living-Dining

RF
挑高　挑高　閣樓

2F
小孩房（約1.8坪）
廚房（約1.5坪）
DN
客餐廳（約5坪）
甲板露台

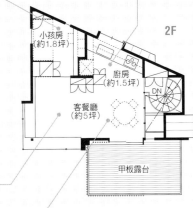
Living-Dining

不會感到狹窄讓視線延伸的LDK

LDK是大約6坪多的空間。在嚴格的高度限制下，利用天花板高度變化、或是設置凸窗等，打造出比實際面積還寬敞的空間。考量到冷暖氣的效率，在LDK與樓梯間設置玻璃隔間。使視線能延長到深處，光線也能傳遞至樓下。

配置重點

河川的眺望和鄰近的綠地均可借景來做設計

基地的西側有一條南北流向的河川，並且能夠欣賞到河川旁並排的櫻花樹。此外，南側則是一片綠地，還種植著一顆巨大的櫻花樹。於是這次的住宅計畫決定在有限的面積裡，充分地利用周邊環境。只不過前方道路狹窄蜿蜒，所以無法將車庫配置在南側。因此，在北側不整齊的基地上，將建築打造成銳角型，充分利用建築面積。

散步道
河川
櫻花樹

108

曖昧的隔間方式
打造出具有
變化性的開放住宅

剖面重點

餐廳上方的挑高設計
傳達彼此間的氣息

為了讓上下樓層能互相感受到對方氣息，在餐廳上方設置挑高，使空間緊密地連結。二樓的書房必須經過甲板露台才能到達，使書房猶如「獨立別館」般的空間，也成為建築外觀的一個特色。因為住宅位在高地上，非常顯眼，所以更要在外觀上下工夫」。（建築師荒木）

以白色為基調
充滿清爽感的浴室

利用透明玻璃隔間，讓盥洗室和浴室成為具有連續感的一體空間，並充滿著清爽氣氛，使人身心放鬆。

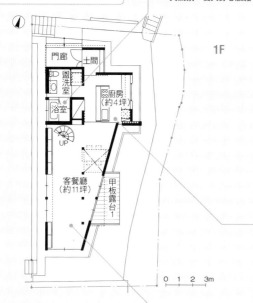

1F

0 1 2 3m

砂漿的質感和
銳利風格的廚房完美結合

銳利風格的系統廚房，是德國製的「Bulthaup」品牌。地板使用從玄關延續的砂漿地板。「就算地板髒了打掃也很輕鬆」女主人說。並設置地板暖氣，冬天也能保持腳部的舒適。

有如擴音器敞開的空間
享受配置家具的樂趣

在梯形的細長客餐廳裡，藉由家具的配置，區分出書房、客廳等空間。並將支撐二樓的四根支柱並列在細長的空間裡。

二樓隔間重點

可以根據狀況
變化的隔間方式

屋主S先生不希望小孩房變成封閉的空間，所以將小孩房、主臥室、客廳2、和收納間設置隔間門，讓空間彼此之間可以自由變換隔間方式。目前臥室和小孩房之間沒有設置隔間門，但必要的時候可以隨時裝設。在樓梯間設置書架，打造成第二個客廳。在書房和其他空間中夾著一個甲板露台，變成一個猶如獨立小屋的空間。

一樓隔間重點

根據基地形狀並
活用周圍環境
打造出開放隔間的住宅

建築沿著基地形狀而建造。將客廳與玄關集中在北側，客廳則配置在南側。基地的東側和南側位於懸崖狀的土地上，擁有絕美的景色。老家位於住宅西側，所以不必顧慮隱私問題，在住宅三面都設置了大面開口。雖然幾乎是一個大空間，但為了讓冷暖氣的運行效率更好，在廚房和客廳之間可以加裝隔間門將空間區隔。

想擁有一個能長久居住的家

利用隔間拉門曖昧地和臥室連結

主臥室也是開放式設計。依照屋主的要求，將床頭側的牆壁設置成部份玻璃。若將隔間拉門打開後，變成和小孩房相連的一體空間。

ARCHITECT

荒木毅／荒木毅建築事務所
東京都杉並区阿佐ヶ谷南1-16-9
坂井ビル4F
Tel：03-3318-2671
URL：http://www.t-araki.co.jp

DATA

攝影　　　：黑住直臣
所在地　　：神奈川縣　S住宅
家族成員　：夫婦＋小孩2人
構造規模　：木造、二層樓
地坪面積　：265.00㎡
建築面積　：104.71㎡
1樓面積　：63.78㎡
2樓面積　：40.93㎡
土地使用分區：第一種居住地區、第二種法定風景區
建蔽率　　：40％
容積率　　：80％
設計期間　：2004／11～2005／11
施工期間　：2005／12～2006／7
結構設計　：成幸建設
施工費用　：約2800萬日元（建築施工費用）

外部裝修
屋頂：鍍鋁鋅鋼板
外牆：鍍鋁鋅鋼板

內部施工
玄關、廚房
地板：砂漿鏝刀粉刷
牆壁／天花板：EP環氧樹脂塗裝
盥洗室、浴室
地板：保溫磁磚30×30cm
牆壁：磁磚30×30cm
天花板：美耐明裝飾合板
客餐廳
地板：硬絲柏（西洋檜）地板OF
牆壁／天花板：EP環氧樹脂塗裝
客廳2、臥室、小孩房
地板：柳安木合板OF
牆壁：EP環氧樹脂塗裝
天花板：椴木合板

主要設備製造商
系統廚房：bulthaup
廚房機器：bulthaup、GROHE、Miele、GAGGENAU、Ariafina
衛浴設備：INAX、CERA、TOTO
照明器具：YAMAGIWA、遠藤照明

小孩房設有兩人用的書桌

在小孩房設置了固定式的書桌，並且設計成中間可以分開的樣式，供兩個小孩使用。

充滿書香氣息
令人心情平靜的第二個客廳

在二樓客廳2配置了固定式的壁面書架，收納屋主的藏書。刻意在甲板露台的另一側配置猶如別館的書房，遮住部份視野，打造出不一樣的視野景觀。

2F

小孩房（約3坪）
臥室（約2.85坪）
DN
客廳2（約3坪）
挑高
甲板露台2
書房（約1.65坪）

利用地勢高的優點
盡享絕景的甲板露台

走出甲板後，絕美景色瞬間在眼前展開。甲板露台做為小孩們遊玩的空間也十分足夠。

Bathroom

**被木頭包圍的
療癒系浴室**

浴室的牆面和天花板都鋪著花柏甲板，窗邊設計了露台。可以一邊泡澡一邊欣賞窗外的植栽，充滿露天溫泉的風情。上面的小窗戶是作為通風用的，為了防止小偷進入，加了一根橫桿。

Bedroom

**充足收納使房間整潔俐落
通風用小窗戶讓夏天也舒適**

臥室除了設有1坪大的收納間之外，還設置了壁面收納（照片左邊）。採光拉門使進入室內的光線柔化，在冬天也具有隔熱的功能。到了夏天可以將小窗戶保持敞開，讓涼風進入室內，提供舒適快眠空間。

1F

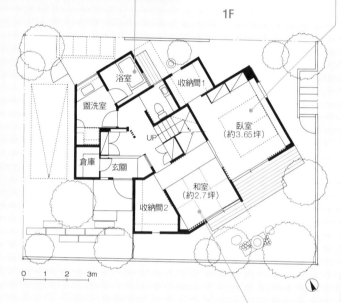

浴室
盥洗室
收納間1
倉庫
玄關
UP
臥室
（約3.65坪）
和室
（約2.7坪）
收納間2

0　1　2　3m

109

令人鎮定心神的
沉穩空間

**想擁有一個
能長久居住
的家**

配置重點

**建築斜向配置
將周圍風景帶進屋內**

基地的東西側都是道路。建築師熊澤認為東側道路擁有豐沛綠意，且行人較少，所以為了讓客廳的窗戶能夠盡量突出道路側，決定把建物以斜向配置。在多出的四個角落裡種植各種山野草，儼然成為四個小庭院。從每個房間和窗戶都能欣賞綠意，並感受到四季的變化。

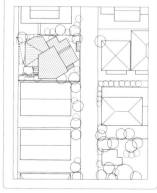

Livingroom

放鬆身心的和風空間

「想要一個能放鬆的和室空間」依照屋主的要求所設置的和室。「還可以邊眺望庭院邊品嘗美酒喔」（屋主）。客人來訪時，可以將簾子放下當作客人臥房。在壁龕裡裝飾著庭院的綠意也是一種生活樂趣。

**視線高度低
最內部的閒適客廳**

經過餐廳可以來到地板高度較低的客廳。在小巧的空間裡設計了可以迴轉的動線，賦予空間深奧感與寬敞感。將天花板壓低，讓人不自覺地坐在沙發上休息。

Japaneseroom

ARCHITECT

熊澤安子／熊澤安子建築設計室
東京都杉並区宮前 3-17-10
Tel：03-3247-6017
URL：http://www.geocities.jp/
yasukokumazawa

DATA

攝影　　　　：黑住直臣
所在地　　　：神奈川縣 A住宅
家族成員　　：夫婦
構造規模　　：木造、二層樓
地坪面積　　：135.88㎡
建築面積　　：106.16㎡
1樓面積　　：53.08㎡
2樓面積　　：53.08㎡
土地使用分區：第一種低層住宅專用區
建蔽率　　　：40%
容積率　　　：80%
設計期間　　：2007/1～2007/11
施工期間　　：2007/12～2008/6
結構設計　　：幹建設

外部裝修
屋頂：鍍鋁鋅鋼板
外牆：Reibu 粉刷

內部施工
客餐廳、書房1、2、臥室
地板：檜木實木地板蜜蠟塗裝
牆壁：灰泥、杉木甲板
天花板：油漆
和室
地板：榻榻米
牆壁：灰泥
天花板：香蒲合板
廚房
地板：檜木實木地板蜜蠟塗裝
牆壁：灰泥、磁磚10×10cm、杉
木甲板上漆
天花板：油漆
浴室
地板／牆壁：磁磚20×20、花柏
甲板
天花板：花柏甲板
盥洗室
地板：檜木實木地板蜜蠟塗裝
牆壁：灰泥、磁磚5×5cm、杉木
甲板上漆
天花板：油漆
廁所
地板：檜木實木地板蜜蠟塗裝
牆壁：灰泥、磁磚5×5cm
天花板：油漆

主要設備製造商
廚房施工：木工
衛浴設備：GROHE、TOTO
照明器具：YAMAGIWA、YAMADA
照明、Panasonic 電工、MAXRAY

Kitchen

擁有寬敞調理台的廚房
夫妻兩人可以同時下廚

夫妻時常兩人一起下廚，所以設置了
寬廣的調理台，並裝置拉門，避免油
炸料理時油煙蔓延到其他空間。調理
台後方設置了大容量的收納櫃，打造
出具有機能性的廚房。

Studyroom

將需要集中精神的
工作室遠離客廳

在北側屋主的書房裡，將開口部縮小，
營造出容易聚精會神的環境。繁忙工
作中看著窗外的樹梢，還能舒緩工作疲
勞。另外還設置了閱讀用的椅子，打造
成一個設備充足的「私人小窩」。

2F

書房2
（約2.35坪）

書房1

客廳
（約4.05坪）

廚房
（約2.1坪）　DN

餐廳
（約4.1坪）

一樓隔間重點

將私人空間集中在一樓
樓梯配置在中央

進入玄關後，樓梯隨即出現在眼
前，接著自然而然地被引導至二
樓的共用空間。因為樓梯位於
住宅中央，所以在上方設置了
天窗採光。將臥室配置在和室的
內側，增加隱私性。因為設置了
充足的收納空間，家務的整理變
得輕鬆許多。為了加強和室、臥
室、浴室與庭院的連接感，在開
口部以及植栽等下了許多功夫。

二樓隔間重點

長型動線
打造出距離感
讓兩人保有舒適的距離

A住宅是以中央樓梯為中心圍繞
的長型動線設計。將兩個書房的
位置拉開，讓一整日都在家裡工
作的夫妻兩人，保持適當的距離
感。將每個擁有不同氣氛的房間
分開，並且緩緩地連接起來。空
間的多樣化讓小住宅也能擁有寬
敞感。

與客廳分離
配置在獨立位置的餐廳

「早晨可以悠閒的看著報紙，用餐完後也能愜意地休
息」屋主希望擁有這種餐廳。將客廳和餐廳適度地
區隔，並營造出兩個沉穩的空間。

Living-Dining

利用壁面收納
打造私人衣櫥

走廊將玄關與主臥室連結,在走廊設置了大容量的壁面收納,搖身變為衣櫥。並且設置鏡面拉門,不僅著裝打扮方便,也避免了空間的閉塞感,增加視覺深度。

Closet

藉由室內外的
迴遊動線
享受開放感

設置了從庭院往LDK和甲板露台兩個方向的動線,可以迴繞於住宅內外。迴遊動線的隔間設計讓視線和動線不會佇留,增加寬敞感。

Court

110
可因應家庭變化的
可變性住宅

1F

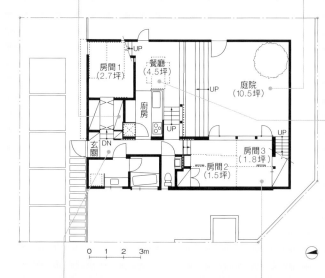

房間1
(2.7坪)

餐廳
(4.5坪)

廚房

庭院
(10.5坪)

UP

UP

UP

DN

玄關

房間3
(1.8坪)

房間2
(1.5坪)

UP

0　1　2　3m

Dining-Kitchen

挑高與庭院
連接縱橫向視線

挑高的餐廳廚房與半層樓高的客廳保持著恰到好處的距離,並藉由庭院的設置,視線緩和地和小孩房連接。

Corridor

Child sroom

巧妙利用死角空間
打造成便利場所

在玄關通往小孩房的走廊上,利用跳躍式樓層高低差所產生的空間,裝上門扇後搖身變成地板下收納,購物回家後可以立即將備用食品收納,並且能通過玻璃拉門通往樓上的廚房。

具有可變性的隔間方式
打造能長久居住的空間

在小孩房設計了簡約裝潢,小孩獨立後,房間可以自由改造。「這樣的裝潢在將來可以任意打造成臥室或書房,令人期待」屋主說。並且設有隔間建材用的軌道,可以將房間一分為二。

配置重點

將空間連結
並且產生寬敞感的
跳躍式樓層

從庭院到甲板露台、餐廳、廚房、客廳和屋頂露台,藉由跳躍式樓層連接。將空間分別以半層樓錯開,可以打造出比實際面積還要大的寬敞感與開放感。另一方面,將主臥室封閉賦予隱私性。利用地板的高低差設置地板下收納,大容量的空間可以收納各種日用品,讓住宅保持整潔俐落。另外還在收納間裡裝置了電源,還能當作電腦室使用等,打

庭院

餐廳

房間1

地板下收納

造出一個能靈活運用的空間,應對生活形式的變化。

ARCHITECT
柏木學＋柏木穗波／カシワギ・スイ・アソシエイツ

東京都調布市多摩川3-73-301
Tel：042-489-1363
URL：http://www.kashiwagi-sui.jp

DATA
攝影　　：黑住直臣
所在地　：茨城縣　F住宅
家族成員：夫婦＋小孩2人
構造規模：木造、二層樓
地坪面積：213.09㎡
建築面積：80.56㎡
1樓面積：63.75㎡
2樓面積：16.81㎡
庭院面積：26.53㎡
甲板面積：7.66㎡
土地使用分區：第二種低層住宅專用地區
建蔽率　：60％
容積率　：150％
設計期間：2007／4～2008／3
施工期間：2008／4～2008／11
施工　　：ASJ水戶スタジオ（葵建設工業）
合作　　：Architect Studio Japan
施工費用：約2500萬日元

外部裝修
屋頂：鍍鋁鋅鋼板
外牆：彈性壓克力樹脂

內部施工
玄關
地板：磁磚
牆壁：椴木合板OP
天花板：PVC壁紙
LDK、臥室1
地板：松木實木地板
牆壁：PVC壁紙、部份椴木合板OP
天花板：PVC壁紙
臥室2、3、盥洗室
地板：松木實木地板
牆壁／天花板：PVC壁紙
走廊
地板：松木實木地板
牆壁：PVC壁紙、部份椴木合板OP
天花板：PVC壁紙

主要設備製造商
廚房機器：Panasonic
衛浴設備：Panasonic、INAX、RELIANCE
照明器具：Panasonic、遠藤照明、MAXRAY、Odelic

Livingroom

漂浮在空中的可愛圓窗成為一隅美景
有如淡藍色滿月漂浮的天窗，除了有室內換氣的功能外，還能為現代風格的客廳增添一抹情趣。置放影音器材的收納櫃也是浮在地板上的設計，賦予空間輕快的印象，並在下方的空間設置照明採光。

想擁有一個能長久居住的家

2F

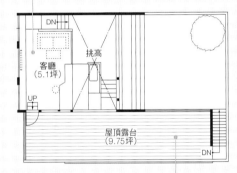

DN
挑高
客廳
(5.1坪)
UP
屋頂露台
(9.75坪)
DN

一樓隔間重點

面向庭院敞開打造視覺上的寬敞與開放感

將F住宅面向大庭院，景色在眼前一口氣敞開。比起私人小庭院，這種全面玻璃的設計方式，更能賦予空間開放感，也能藉由庭院將LDK與小孩房連接起來。利用跳躍式樓層的高低差，在主臥室和廚房的樓下配置大容量的地板下收納。在敞開的大空間裡也能保持整潔美觀，打造舒適便利的生活。

二樓隔間重點

將室內外串連的迴游動線讓視線與動線都能悠然自得

在餐廳往上半層樓設置客廳，而客廳的視線能穿透至庭院，賦予空間比實際面積還大的寬敞感。在寬廣的屋頂露台設置雙側出入口，分別通往客廳與庭院2。這種可以回繞室內外的住宅計畫，成功打造了舒適與順暢的生活動線。屋頂露台不但能當作曬衣場，也是小孩們的遊樂場所，是個能自由利用的空間。

隨心所欲使用的愜意屋頂露台
「想要一個能曬衣服的陽台」根據女主人的要求，建築師柏木設計了一個極為寬敞的屋頂露台。可以從客廳進出的設計，除了增加女主人做家事的便利性外，「到了夏天，還能放個充氣游泳池，讓小孩們遊玩」女主人說。遠眺東南側的山景也是生活樂趣之一。

Deck

將空間集中在
生活的中心
──客廳

小孩家庭的客廳與餐廳。盡量縮小個人房間的面積，並將空間集中在屬於生活中心的客廳，打造出能夠因應各種變化的住宅。一樓為小孩家庭，二、三樓則是父母家庭。

111

能分租或是改變
隔間的二代宅

1F Living room

將來能自由改變隔間的父母家庭

在一樓父母家庭的大空間裡，利用拉門隔間。準備了木造牆壁和隔間建材等，能夠因應生活形態的變化而隨時改變隔間方式。設置了L型的開口，讓室內和中庭連結成一體空間。

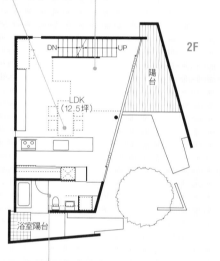

Bathroom

2F

DN　UP

LDK
(12.5坪)

陽台

浴室陽台

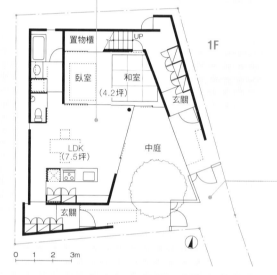

置物櫃

臥室

和室
(4.2坪)

UP

玄關

1F

LDK
(7.5坪)

中庭

玄關

0　1　2　3m

Entrance

兩個大門與兩個玄關
完全獨立型的二代宅

各別設置大門、入口通道和玄關，打造出完全獨立的二代宅。考量到未來可能將父母家庭住宅出租，所以水電表和管線等也都是獨立配置。

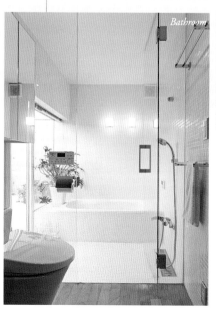

Bathroom

在有限空間裡做
最大利用的浴室

小孩家庭的浴室採用了三合一的設計。當初女主人還很猶豫是否要採用這種浴室和廁所一體化、以及在中間設置玻璃隔間的計畫，但實際使用之後，非常滿意這種明亮且便利的設計。

二、三樓隔間重點

大略區分生活的中心
LDK
因應未來變化

在二、三樓的小孩家庭裡，二樓的LDK是生活的中心。將空間集中在LDK，讓之後的改造計劃變得更輕鬆。在東南側的斜面大開口，可讓視線與室外的陽台和中庭連結，使LDK的開放感大增。在父母家庭裡也同樣設計了面向中庭的開口部，讓陽光與涼風進入室內。不僅目前住的舒適愉快，未來也能夠輕鬆改造。

一樓隔間重點

面向梯形中庭
將光和風導入
機能型的父母家庭住宅

為了讓整棟建物都能獲得良好採光與通風，設置了梯形中庭，並在南北兩側都設置牆壁將建築物包覆，就算周邊的環境出現變動，也能維持良好的室內居住空間。在一樓父母家庭裡，雖然是個面向中庭，並附有小廚房與衛浴設備的一大空間，但另外還設置了地下收納空間，更加提升住宅的機能性。

ARCHITECT
庄司寬／庄司寬建築設計事務所
東京都渋谷区道玄坂2-15-1-1316
Tel：03-3770-3557
URL：http://www.shoji-design.com

DATA
攝影　：石井雅義
所在地　：東京都　N住宅
家族成員：夫婦＋小孩1人
構造規模：鋼筋混凝土、三層樓
地坪面積：136.23㎡
建築面積：148.73㎡
1樓面積：62.68㎡
2樓面積：48.60㎡
3樓面積：37.45㎡
土地使用分區：第一種中高層住宅
專用地區
建蔽率　：70％
容積率　：160％
設計期間：2005／5～2005／12
施工期間：2006／3～2006／11
施工　：黑潮建設

外部裝修
屋頂：FRP防水、外隔熱工法
外牆：FRC隔熱板＋聚氨酯塗裝

內部施工
玄關
地板：洗石子地板
牆壁／天花板：水泥裸牆＋EP環氧
樹脂塗裝
1、2樓LDK
地板：櫻木地板聚氨酯塗裝
牆壁／天花板：水泥裸牆＋EP環氧
樹脂塗裝
和室
地板：琉球榻榻米
牆壁／天花板：水泥裸牆＋EP環氧
樹脂塗裝
浴室
地板／牆壁：馬賽克磚2.5×2.5cm
天花板：彈性漆＋MP塗裝

主要設備製造商
廚房機器：INAX、Harman、中外
交易、富士工業
衛浴設備：INAX、GROHE
照明器具：YAMAGIWA、KECK、
koizumi、Panasonic、

想擁有一個能長久居住的家

利用天花板高度
營造不同氣氛的空間
相對於挑高兩層樓的客廳，反而將餐廳廚房的天花板壓
低，營造出閒適安穩的氣氛。在廚房的後側打造收納
櫃，用來放置冰箱、家電和餐具等物品。

Privateroom

可以將收納拆卸
改變隔間
三樓是設有主臥室和小
孩房的私人空間。位於
正面的黑色收納箱是可
拆卸式的。等到小孩獨
立之後，將收納箱拆
除，便可擴大主臥室的
空間等，可以依照生活
形態而輕鬆改變隔間。

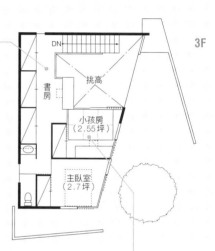

3F

DN

書房

挑高

小孩房
（2.55坪）

主臥室
（2.7坪）

剖面重點

浴室
陽台

主臥室　小孩房

挑高

LDK

玄關

LDK

和室

以樓層區分的二代宅
部份使用
內部樓梯連結

在三層樓的建物裡，將一樓設定
為父母家庭，二、三樓則是小孩
家庭，以樓層將生活空間完全區
分。雖然是完全分離的形態，但
若在來往兩個居住空間沒有設置
動線的話，會非常不方便，所以
在面向北側樓梯的一樓和室裡裝
置門扇，使兩個家庭連結。若
將來出租時，可以將這扇鐵門鎖
上，成為兩戶完全獨立的住宅。

Privateroom

和風設計的小孩房可以藉由
紙拉門的開關自由變化
鋪設琉球榻榻米的小孩房。將紙拉門關上
後，可以成為完全獨立的房間。拉門敞開的
時候，能和書房、2樓的LDK相連，在享受
個人時光的同時也能互相感受到彼此的氣息。

能立即將衣物收納的衣帽間

在臥室前方配置了衣帽間，回到家後可以立即將脫下的衣服收納。在動線上設置收納能讓家務收拾變得更輕鬆，使居住環境常保整潔。

將內外空間連結具有緩衝作用的玄關土間

將玄關設計成一個寬敞的土間空間，並且利用格柵門採光，讓光線能進入走廊。在進入餐廳之前的位置配置洗手台，回到家中後可以立即洗手。

112

能應對
生活變化的
中庭住宅

將封閉式的廚房面向庭院保持明亮與舒適

雖然廚房是封閉式的獨立設計，但是設置玻璃窗開口並面向中庭，營造出開放的空間。另外透過中庭也能看到客廳的動態。

平面圖標示：

臥室（約2.6坪）、衣帽間、玄關、走廊、DN、土間、衣帽間、UP、客廳（約6坪）、UP、UP、餐廳、中庭、廚房、停車場

1F

高低錯落的天花板強調客廳的開放感

從低天花板的餐廳往客廳望去，能感受到空間的活力感。位於南側的中庭，在整天與整年之中都能將光線引入室內。在客廳坐擁蔚藍藍天空與白雲的千變萬化。

一樓　隔間重點

靈活的對應生活型態的改變

雖然目前客廳和自由空間是互相連結的狀態，但根據未來家族成員或是生活形態的變化，可以利用門簾等將空間區隔。另外，有如浮在自由空間上方的預備房，未來預定打造成小孩房。往南側最深處的箱子則是面向中庭的浴室，是個採光與通風條件都很優良的舒適空間。

二樓　隔間重點

利用「箱子」組合成獨特的跳躍式樓層住宅

高橋住宅採用了跳躍式樓層設計。利用室內配置「箱子」的高度差，打造出不同的樓層。進入玄關後將右側箱子的地板往下挖掘 30cm，配置臥室。餐廳配置在與地面同高度的位置，往上半層樓則是客廳，再往上半層設置自由空間。並且將樓梯與室內空間一體化，並盡量節省走廊空間，有效利用有限的面積。

ARCHITECT
柏木學＋柏木穗波／カシワギ・
スイ・アソシエイツ
東京都調布市多摩川3-73-301
Tel：042-489-1363
URL：http://www.kashiwagi-sui.jp

DATA
攝影　：石井雅義
所在地　：東京都　高橋住宅
家族成員　：夫婦
構造規模　：木造、二層樓
地坪面積　：106.24㎡
建築面積　：91.91㎡
1樓面積　：52.17㎡
2樓面積　：37.26㎡
半地下面積　：2.48㎡
土地使用分區：第一種低層住宅專用地區
建蔽率　：60%
容積率　：100%
設計期間　：2006/4～2007/4
施工期間　：2007/5～2007/12
施工　：丸山工務店
施工費用　：約2550萬日元

外部裝修
屋頂：防水布
外牆：Jolypate粉刷

內部施工
玄關
地板：砂漿鏝刀粉刷
牆壁：椴木合板塗裝、壁紙
天花板：壁紙
LDK、自由空間
地板：紅松木地板
牆壁：水曲柳裝飾合板OP、VP塗裝、壁紙
天花板：壁紙
臥室、預備房
地板：紅松木地板
牆壁／天花板：壁紙
盥洗室、更衣室、浴室
地板／牆壁：磁磚
天花板：VP塗裝

主要設備製造商
廚房：東洋廚房
衛浴設備：GROHE、TOTO、大洋金物、WEST、Fuji Coporation
照明器具：YAMAGIWA、遠藤照明、Panasonic電工、MAXRAY、山田照明

有如浮在空中的小房間是第二個私人空間

彷彿漂浮在空中的箱子，是第二個私人空間。在箱子與天花板之間設置的狹縫窗，是除了南側以外，唯一能仰望天空的窗戶。照片左邊為白色箱子的內部，是位於北側的預備房。在住宅裡，只有一樓臥室和預備房是獨立的房間。

和客廳連結的自由空間

客廳往上半層樓的自由空間。將來家族人數增加的時候，可以設置隔間打造成個人房。雖然和客廳只有半層樓的差異，但卻衍生出不同的視野景觀。

（平面圖標示）
自由空間（約4.5坪）
預備房（約2.25坪）
DN
客廳上部
工作室（約1.5坪）
UP
DN
中庭上部
盥洗更衣室
浴室

※屋頂省略。

2F

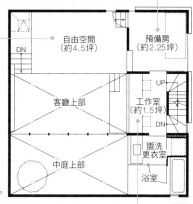

想擁有一個能長久居住的家

從狹縫窺視客廳猶如電影播放室的工作室

在預備房與浴室之間的走廊上設置工作室，也在這裡裝置投影機，利用對面的牆壁播放電影。

（剖面圖標示）
自由空間
臥室
LDK
庭院
地板下收納

剖面重點

被牆壁包圍的開放空間裡創造出私人空間

高橋住宅是一棟對外封閉，對內開放的住宅，將兩層樓貫穿的客廳打造出令人印象深刻的大空間。相對於開放的客廳，屬於私人空間的房間或浴室卻被納入「箱子」之中。往東西向延長的一樓箱子是臥室，南北向延長的二樓箱子則是工作間和浴室。將兩個大箱子在大空間裡交差，打造出水平、垂直兩個方向都具有豐富變化的住宅。

Bathroom

Sanitary

2 **1**

設置鞋子收納間
讓玄關常保整潔美觀

在設置玻璃隔間，帶有設計感的玄關裡，除了照片中的鞋櫃之外，還另外在玄關左邊設置了鞋類的收納間，讓住宅能保持整潔。可以將設置在鞋櫃對面的拉門關上，確保隱私，也能使冷暖氣的效率提高。

113

隔熱與太陽能發電
讓每個房間
擁有舒適感

Entrance

明亮方便的用水空間
使收納與洗衣服動線更順暢

在洗臉台的後方放置衣物收納架以及洗衣機。並且可以直接通往附設屋簷的曬衣場，讓洗衣服的動線更輕鬆。浴室南側設置了大面窗戶，將窗戶打開後，成為猶如露天風呂般的浴室。日照直射的關係，讓浴室能保持乾燥，減少發霉的情況。

將臥室配置在
整年室溫穩定
的地下室

由於地下室冬暖夏涼的特性，所以將臥室配置在舒適的地下空間。並將上部空間露出，解決採光與換氣問題。「安靜又舒適的臥室實在是太完美了」屋主滿意地說。

Bedroom

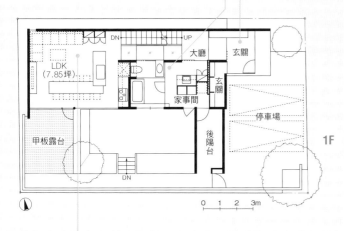

```
大廳       玄關
LDK
(7.85坪)         玄關
              家事間

甲板露台                停車場
              後陽台
```

DN UP DN

1F

0 1 2 3m

```
收納間      臥室
(3.7坪)     (4.2坪)   大廳
                臥室       衣帽間
                (3.2坪)
         中庭    雨水水塔
```

UP UP

B1F

開放式 LDK
促進家人情感交流

雖然8坪大的LDK並不是特別寬敞，但利用開放式中島廚房的設置，與固定式家具的配置，打造出簡潔俐落的空間。另外藉由挑高，以及和庭院、玄關的連結，賦予空間開放性與寬敞感。

藉由天窗將光線傳遞至地下室大廳

在容易淪為陰暗空間的地下大廳裡，利用一樓走廊玻璃地板的設置，讓光線透過天窗照亮地下，打造出舒適又節能的空間，也能使地下室和樓上的空間互相連結。

Living-Dining-Kitchen

Hall

ARCHITECT

庄司寬／庄司寬建築設計事務所
東京都涉谷区区道玄坂2-15-1-1316
Tel：03-3770-3557
URL：http://www.shoji-design.com

DATA

攝影　：黑住直臣
所在地　：東京都　A住宅
家族成員：大人4人＋小孩5人
構造規模：鋼筋混凝土、二層樓
　　　　　＋地下一樓
地坪面積：171.51㎡
建築面積：163.95㎡
地下室面積：40.76㎡
1樓面積　：68.59㎡
2樓面積　：54.60㎡
土地使用分區：第一種低層住宅專
用地區
建蔽率　：40%
容積率　：80%
設計期間：2009/5～2009/11
施工期間：2010/1～2010/9
施工　　：黑潮建設

外部裝修
屋頂：FRP防水外隔熱工法
外牆：外隔熱灰泥、FRC斷熱板
（外斷熱）＋撥水劑

內部施工
**LDK、臥室、書房、小孩房、盥
洗室**
地板：橡木地板特別訂製色
牆壁：杉木紋清水模、灰泥漆
天花板：水泥修補＋灰泥漆
浴室
地板／牆壁：全磁化磁磚
天花板：水泥修補＋耐水光澤漆

主要設備製造商
廚房施工：SSI
廚房機器：Panasoinc、富士工
業、中外交易、GROHE
衛浴設備：TOTO、INAX、GROHE
照明器具：YAMAGIWA、小泉照
明、Panasonic、KECK
太陽能發電系統：SHARP（太陽
能面板發電功率4.0kW）

和客廳連接的書房

將讀書空間與房間分開，設置
在面向客廳挑高的位置。在中
央放置大桌子，小孩們能夠圍
著桌子一起讀書，也可以和樓
下的家人輕鬆地交談。

Study

隔間重點

經由大廳引進風和光的三層大空間

為了克服嚴格建築規制，打造出
包含地下室的三層樓建築，也提
供家族9人充足的生活空間。把
臥室配置在安靜且室溫穩定的地
下室。在一樓配置用水空間和
LDK，並利用玻璃隔間賦予室內
明亮。三樓是小孩們的空間，在
與客廳和挑高相連的位置配置共
用的書房。未來計畫在小孩房設
置隔間牆，打造五個小孩的個人
空間。一、二樓都是往東西向延
展的細長型空間，所以減少隔間
牆的設置，讓視線能往多方向延
伸，營造出悠然自得的舒適空間。

2F

這樣子實現　環保生活

利用外斷熱工法與地下室「節省」能源
利用太陽能發電與太陽熱「創造」能源

A住宅採用了外斷熱工
法，在鋼筋混凝土構造
的建築物外側包覆一層
斷熱材。並利用混凝土
蓄熱的特性，提升冷暖
氣效率以節省能源。在
冬天，太陽直射南側開
口部和天窗，使牆壁和
地板溫度提高，發揮暖

氣效果。屋頂上裝置的
太陽能發電面板提供電
力來源，就算是全電氣
化的住宅，也能大大降
低電費。另外，將臥室
配置在冬暖夏涼的地下
室，並配合空調的使
用，成功打造出舒適的
快眠空間。

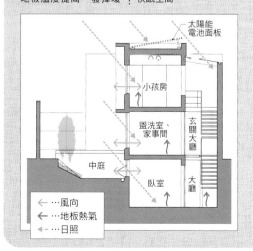

太陽能
電池面板

小孩房

盥洗室、
家事間

玄關大廳

中庭

臥室　大廳

← …風向
← …地板熱氣
◄‐ …日照

Children's room

能夠對應人數
變化的小孩房

在東西向延長的細長型小
孩房裡，放置可移動式的
家具，可以任意更換空間
佈置。到了小孩們需要個
人空間的時候，在二樓設
置隔間牆，包括讀書空間
在內，可以分隔出五個房
間。另外也在二樓設置了
五個相同形狀的窗戶，為
將來分割房間作預備。

重視環保
生活的住宅

229

Kitchen

**與土間和側門連接
景色絕佳的廚房**

在對面式的廚房裡，視線越過客廳享受絕景。洗淨槽下方是放置垃圾桶的寬敞空間，可以放置多種分類垃圾桶。在流理台面上設置屏板，遮住廚房雜亂的空間。

**Shaker
造型的柴火暖爐使
整棟住宅都溫暖起來**

從北側的甲板露台可以看見客廳和餐廳。俐落的設計並且擁有開放性的空間，讓人無法相信只有僅僅的6.25坪大小。Shaker造型的柴火暖爐，是長野工房「山林舍」所製作的。利用柴火暖爐加溫後的暖空氣，藉由挑高往二樓流動，到達住宅每個角落。

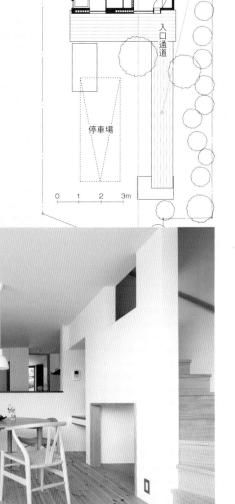

北側甲板露台

客餐廳
（6.25坪）

UP

柴火暖爐

換氣扇

廚房

儲藏室　食品藏室

收納間

UP

玄關

入口通道

停車場

1F

0　1　2　3m

**利用甲板打造
長形入口通道**

基地北側擁有絕佳的景色，所以將建築往北側挪動，並配置了細長的甲板入口通道。從開放式的玄關可以眺望對面的綠意。左邊的木門是住宅的側門，通往置放狗屋的土間。

114

冬天的柴火暖爐
夏天的舒適涼風

這樣子實現　環 保 生 活

**利用通風與簡易的空氣循環裝置
和柴火暖爐組合使用**

利用大窗戶的配置，讓夏天能夠擁有絕佳的通風效果，不依賴冷氣也能享有舒適環境。以柴火暖爐為主要的暖氣設備，並藉由上方的挑高，讓暖空氣也能流動至二樓空間。另外，採用增加空氣循環效率的「Counter Arrow Fan」換氣扇。原理是利用導管和風扇的簡單設備，在冬天時將二樓的暖空氣往下送，夏天則將地下的冷空氣往上送至二樓。「濕氣較重的時候，也能使用換氣扇讓空氣循環」屋主小寺先生將換氣扇的功能發揮得淋漓盡致。

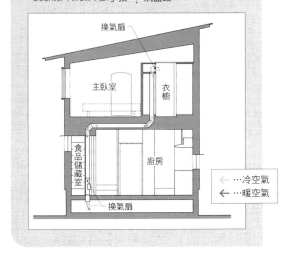

換氣扇

主臥室　衣櫥

食品儲藏室　廚房

換氣扇

← …冷空氣
← …暖空氣

中庭

ARCHITECT
伊禮 智／伊禮智設計室
東京都豐島区目白3-20-24
Tel：03-3565-7344
URL：http://irei.exblog.jp

DATA
攝影　　　　：黑住直臣
所在地　　　：神奈川縣 小寺住宅
家族成員　　：夫婦＋犬
構造規模　　：木造、二層樓
地坪面積　　：188.18㎡
建築面積　　：82.18㎡
1樓面積　　：41.70㎡
2樓面積　　：40.48㎡
土地使用分區：無指定、第四種法
定風景區、住宅地施工區
建蔽率　　　：40％
容積率　　　：100％
設計期間　　：2010/4～2010/12
施工期間　　：2010/1～2011/7
施工　　　　：安池建設工業

外部裝修
屋頂：鍍鋁鋅鋼板
外牆：杉木羽目板
開口部：木製門窗框、鋁製門窗框

內部施工
玄關、收納間
地板：馬賽克磁磚
牆壁／天花板：Venus Coat 粉刷※
廚房
地板：軟木磚
牆壁：磁磚
天花板：Venus Coat 粉刷
客餐廳、臥室
地板：紅松木地板
牆壁／天花板：Venus Coat 粉刷
和室
地板：無邊緣榻榻米
牆壁／天花板：Venus Coat 粉刷、腰壁：椴木合板
浴室
地板：馬賽克磁磚
牆壁：花柏甲板材、腰壁：馬賽克磁磚
天花板：花柏甲板材

主要設備製造廠
廚房設備機器：客製化（設計：伊禮智設計室）
衛浴設備：TOTO、INAX
照明器具：Panasonic 電工、MAXRAY、YAMAGIWA、山田照明、ODELIC
暖氣設備：Shaker型柴火暖爐
換氣設備：Counter Arrow Fan（三菱換氣扇）

在盥洗室梳洗打扮的同時享受眺望景色的樂趣
在二樓走廊盡頭的洗臉台上方設置窗戶，從窗戶可以欣賞屋外的綠意，窗戶關上後是一面移動式的鏡子，貼心的小設計能增添每天的生活趣味。

通風良好的木板浴室
傾斜的天花板讓浴室充滿靜謐的氛圍。採用獨立式浴缸設計，賦予空間輕快的印象。透過窗戶遠眺美景和保持通風。天花板與牆壁的日本花柏木板，營造出舒適的療癒空間。

Bathroom

隔間重點

在小巧的住宅裡令人舒適的隔間設計

在北側配置了敞開的客廳，坐擁絕美景觀，並利用甲板露台強調與室外的連續性，賦予空間寬敞感。和愛犬從海邊散步回來時，為了能馬上沖洗，另外設置與玄關分開的側門，通往設有收納的土間，並且在土間裡設置沖洗區。土間也能直接到達廚房或是玄關，是一條非常方便的迴遊動線。二樓設置了訪客留宿可以使用的和室、景觀絕佳的衛浴空間以及臥室。在臥室裡，使用櫃子將部份空間區隔，搖身變成衣帽間，並且與面向南側，通風良好的曬衣間相鄰，形成一條方便的家事動線。

【2F 平面圖】
大廳　和室　挑高　DN
衣櫥　主臥室（5坪）　換氣扇
曬衣間　工作室

Closet

附設衣櫥和書房的臥室
在臥室裡，附設了一間女主人工作用的0.75坪小空間，並設置了一個有如茶室小矮門般的出入口。在臥室裡，利用收納櫃隔間（圖上），將部份空間做為衣帽間。照片裡格柵的部份，是和一樓地板下導管連接的換氣扇出風口。

Laundry

日照和通風良好的曬衣間
因為女主人有花粉症的困擾，所以必須將曬衣場設置在室內。因此，設置了面向南側的曬衣間。地板是防水的馬賽克磁磚，而牆壁和天花板則使用耐濕性強的杉板。和衣櫥連結的設計讓便利性大增。

Bedroom

※Venus Coat：商品名，一種由天然原料製成，強調對人體無害且環保的室內粉刷塗料，日本MTECS公司販售。

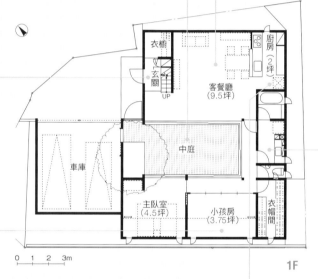

Court

裸足漫步在木板中庭

在中庭鋪上耐磨性高的巴勞木
（Bangkirai）甲板，成為室內的延長空
間。中庭的主樹姬紗羅，茂密的枝葉為
夏天提供涼爽的庇蔭，冬天葉子落下，
溫暖冬陽充滿室內。

115

利用中庭和窗戶
調節光與風

衣櫥　廚房（2坪）
玄關
UP
客餐廳（9.5坪）

中庭
車庫

主臥室（4.5坪）　小孩房（3.75坪）　衣帽間

0　1　2　3m

1F

Living-Dining

在自然風格的客廳
享受與庭院相連的一體空間

變化豐富的天花板高度、與面向中庭的
開放性，打造出舒適的LDK空間。另外
也和二樓的工作間直接相連。自然素材
的裝潢，不只營造出高雅的室內風格，
也能令人身心放鬆。

重視環保
生活的住宅

Kitchen

一邊做家事
一邊環視
家中動態

廚房宛如家中的司令台
般，能夠環視客廳，以及
透過中庭看到房間。做家
事的同時也能確認小孩們
的動態。為了阻絕從客廳
而來的視線，在流理台上
設置了屏板。

Sanitary

提高用水空間
的隱私

人造大理石的洗手台面營
造出充滿清潔感的盥洗
室。將收納架隱藏在鏡子
後方，避免空間出現雜亂
感。在開放住宅裡，打造
出高隱私性的用水空間。

ARCHITECT
杉浦英一／杉浦英一建築設計事務所
東京都中央区銀座1-28-16
杉浦ビル2F
Tel：03-3562-0309
URL：http://www.sugiura-arch.co.jp

DATA
攝影 ：黑住直臣
所在地 ：神奈川縣 S住宅
家族成員：夫婦＋小孩2人
構造規模：木造、二層樓
地坪面積：260.81㎡
建築面積：158.14㎡
（加入容積率計算後為126.51㎡）
1樓面積 ：129.16㎡
2樓面積 ：28.98㎡
土地使用分區：第一種低層住宅專用區
建蔽率 ：50%
容積率 ：100%
設計期間：2010/1～2010/8
施工期間：2011/1～2011/6
施工 ：中川工務店

外部裝修
屋頂／外牆：鍍鋁鋅鋼板

內部施工
玄關
地板：磁磚
牆壁：壁紙
天花板：LVL材、椴木合板OP
LDK、工作間、臥室、小孩房
地板：橡木地板材
牆壁：壁紙
天花板：LVL材、椴木合板OP
盥洗室
地板：CF地板片材
牆壁／天花板：壁紙

主要設備製造商
廚房設備機器：Panasonic、富士工業、Pamouna
衛浴設備：TOTO、INAX
照明器具：Panasonic、MAXRAY

這樣子實現 環保生活

窗戶的高低差促進空氣流動 利用中庭採光

向中庭斜下的單斜面屋頂是S住宅的特徵。設有閣樓的二樓，藉由挑高和一樓的空間串連。利用低側窗將空氣引進，再藉由高側窗將空氣排出，使屋內保持通風。在中庭設置短屋簷，讓冬天的陽光能直射屋內深處，並決定不裝置暖氣設備。

在夏天計畫用防水帆布（tarpaulin）遮住強烈陽光，所以在屋簷下準備了掛鉤。為了增加美感，採用露出椽架屋頂的設計，但如此一來就必須要將屋頂厚度打薄。而為了補強屋頂的隔熱功能，使用了隔熱等級較高的發泡樹脂。

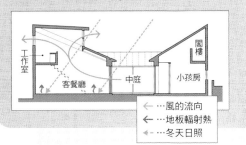

← …風的流向
← …地板輻射熱
◄-- …冬天日照

隔間重點

將共用與私人空間分開 並藉由中庭連結 輕鬆愜意的隔間設計

因為在基地南側設置了停車場，所以採用了中庭住宅的設計，阻絕外部的視線。對外設置小窗，營造出安穩沈靜的居住環靜。再將每個空間圍繞著中庭，並設置大幅的落地窗，打造成對內的開放住宅。在日照良好的中庭北側配置LDK和玄關，南側則是個人房，將共用與私人空間明確地分開，連結的部份則配置了衛浴空間。猶如被分開的兩棟建築，藉由甲板中庭連結，成為一個寬敞的大空間。

Entrance

緩緩地隔間設計 能眺望庭院的中庭

玄關和客廳以及上部空間緩和地互相連接。把門打開後，視線立即被引導至中庭。照片正面的門內是1坪大的衣櫥，另外也利用了樓梯下方設置成收納空間。

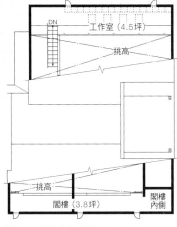

DN 工作室（4.5坪）
挑高
挑高
閣樓（3.8坪）
閣樓內側

2F

Children's room

Children's room

採光拉門打造出具有靈活性的小孩房

將來計畫將小孩房分割成兩個房間。小孩房附有閣樓收納。雖然將紙拉門關上後，是一個獨立性高的房間，但是若將拉門打開，便成為一個和中庭與客廳相連的一體空間。

兩個縱向的洞穴
打造出通風住宅

在餐廳可以享受眺望中庭的樂趣。照片右邊內部與餐廳連結的空間是客廳。中庭的另一側則是臥室。因為屋主夫妻的生活大多是在LDK渡過，所以將LDK配置在中庭北側，讓南側的光線進入。在客廳設置部份可以開閉的內側窗，和採光及通風良好的玄關連結。LDK介於玄關大廳和中庭之間，在LDK北面和東面的牆上設置小窗，雖然住宅外側是封閉的狀態，但仍能打造出多樣的通風方式。

LDK

Court

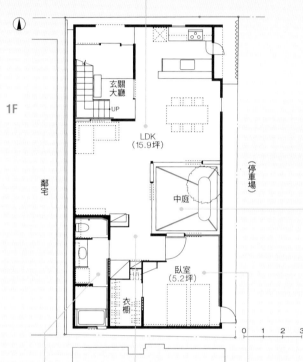

1F

玄關
大廳

UP

LDK
（15.9坪）

（停車場）

鄰宅

中庭

臥室
（5.2坪）

衣櫥

鄰宅

0 1 2 3m

中庭開口部的雙
層隔間隔熱設計

中庭使用了雙層玻璃的固定式窗戶，開口部則是木製的隔間門。在擁有大面開口的一樓，利用內外兩層的隔間門以增加隔熱效果。另外，在一樓外側與二樓的隔間門也使用隔熱材料來製作。

116

向上敞開
藉由庭院挑高
來採光與通風

隔間重點

中間狹窄的空間
與隔間的調和

在建築物東側的中央位置配置中庭，使長方型建築的中間部份變狹窄。在一樓，面向中庭的客廳與餐廳藉由中間變細的部份，將空間緩緩區隔，賦予大空間舒適的變化性。而二樓面向中庭的三個空間，未來預計規劃成診療室、等待室與事務室。在一樓設置排水管道，讓衣櫥在未來能改造成衛浴空間。另外，在一樓動線上的固定式家具、窗邊等裝上扶手，打造出無障礙的生活空間。

Bedroom

Bathroom **3** **2** *Hallway*

避開陽光直射
將私人空間配置在中庭南側

1 臥室配置在中庭的南側，每天早晨都能迎接從中庭照入的朝陽。拉門內部是大容量的衣櫥。 **2** 將動線上的固定傢具裝上具有設計感的扶手裝置，提供無障礙生活空間。 **3** 在浴室設置直長型窗戶通風，雖然是小巧的南窗，但是將窗戶打開後，能讓風以南北向通過住宅內部。用水空間是提供上下樓給排水管線設備的核心。

ARCHITECT
長坂 大／Méga
京都府京都市左京区高野清水町71
Tel：075-712-8446
URL：http://www.mega71.com

DATA
攝影 ：黑住直臣
所在地 ：神奈川縣 萩原住宅
家族成員 ：夫婦
構造規模 ：鋼結構、二層樓
地坪面積 ：140.94㎡
建築面積 ：199.33㎡
1樓面積 ：101.04㎡（中庭除外）
2樓面積 ：98.29㎡（包含露台）
土地使用分區：商業地區
建蔽率 ：80%
容積率 ：400%
設計期間 ：2009/2～2010/6
施工期間 ：2010/7～2011/4
施工 ：大同工業
施工費用 ：4540萬日元（建築施
工費用、不含稅）

外部裝修
屋頂：鍍鋁鋅鋼板
外牆：鍍鋁鋅鋼板
內部施工
玄關、大廳
地板：砂漿
牆壁／天花板：EP環氧樹脂塗裝
客廳、餐廳、臥室
地板：橡木地板＋臘塗裝
牆壁：椴木合板＋OSCL塗裝
天花板：杉木板
廚房
地板：橡木地板＋聚氨酯塗裝
牆壁：椴木合板＋OSCL塗裝＋鍍
鋁鋅鋼板
天花板：杉木板
盥洗室
地板：橡木地板＋聚氨酯塗裝
牆壁：AEP塗裝、花崗岩
天花板：杉木板＋防腐塗裝
浴室
地板：花崗岩
牆壁：AEP塗裝、花崗岩
天花板：杉木板＋防腐塗裝
主要設備製造商
廚房施工：田邊製作所
廚房設備：TOTO、東京瓦斯、富
士工業
衛浴設備：TOTO、大和重工、其他
照明器具：小泉照明、DAIKO、
Touzai、Panasonic
空調：大金工業

為將來準備的多用途空間

雖然二樓目前是自由空間，但將來屋主萩原成立牙醫診所時，預計將二樓當作診療室。並且為了使衣櫥能改造成用水空間，預先設置了給排水管道。也能在日後當作兒子與媳婦的住宅空間。

Multi-purposeroom

重視環保生活的住宅

將建築貫穿的洞穴成為光線和涼風的通道

和樓梯間成為一體空間的玄關大廳挑高。若往LDK的方向看去，能看到由中庭進入的光線，也能看到兩條直向洞穴貫穿建築的樣子。另外，一樓的內側窗與二樓的內嵌窗將風與光導入室內。

Entrance

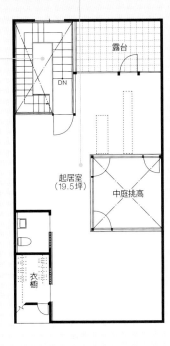

2F

露台
DN
起居室
（19.5坪）
中庭挑高
衣櫥

這樣子實現 環保生活

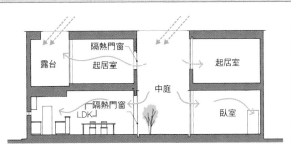

隔熱門窗
露台
起居室
起居室
中庭
隔熱門窗
臥室
LDK

從上空俯瞰萩原住宅外觀。靠近建築物中心的洞穴是中庭，靠近北側道路的則是二樓露台。盡量不在住宅外圍設置開口。擁有冷峻簡約外觀的住宅，在喧鬧的都市環境裡反而特別醒目。

← …風的流向
← …日照

將周圍關閉朝上方敞開
都市住宅的縱向洞穴計畫

減少住宅外圍的窗戶，在不受都市環境影響的住宅上方、與面向北側道路的位置設置窗戶。起居室則配置在圍繞中庭上方的空間。中庭有如一條縱向的洞穴，將光線與風導入室內，二樓的露台也具有同樣的作用。另外，利用通風用的小窗、內窗和面向中庭開口部的木製隔間門窗，維持室內的溫熱環境。考量到關東南部地區的氣候與夫妻兩人的活動量，將冷暖氣的範圍縮小。沒有裝設冷暖氣的部份，則由拉門或是內窗調節和玄關挑高的連結。使用自然通風或冷暖氣時，可以利用不同的窗戶調節，增加效率。

Bedroom&Hall **1**

Bedroom **2**

將臥室配置在整年室溫安定的地下室

1 在樓梯間往下半層樓的位置，設置了半地下的臥室。夏天藉由窗外的噴霧裝置提供涼爽空氣，以及涼快的地板，創造出涼爽舒適的環境。冬天則利用中間層的地板（臥室天窗），將輻射熱傳導至樓下，打造溫暖空間。 **2** 臥室和樓梯間的牆壁是可拆式設計。另外還設置了促進夏天通風的小窗。

117

自然地控制空氣流動和室溫

Hall

人和空氣都能順暢移動的「風之谷」

將挑高的樓梯間設置在住宅中心，成為風的通道。右邊的混凝土層，是夾在半地下臥室和二樓LDK中間層的地板。能做為一個蓄熱體，將位於混凝土層上方空間中的冷熱空氣排出。

小孩房
(4.5坪)

DN

LDK
(9.25坪)

露台

2F

和室
(2.25坪)

玄關

UP

UP

臥室
(6.25坪)

1F

0 1 2 3m

隔間重點

具有靈活性的空間能對應可能變化的生活形態

在小巧的T住宅裡，為了在遵守建築基準法容積率的同時，也能擁有寬敞的居住空間，將一樓臥室設置在半地下的位置。並在臥室和二樓LDK之間，設置了具有蓄熱式冷暖氣功能的設備空間與收納空間。考量到日照與轉角地的隱私性，將LDK配置在二樓。和連接著樓梯挑高的小孩房之間，可以藉由活動式拉門隔間。另外，被木製格柵圍繞的露台和LDK連結，賦予二樓開放感，營造出猶如戶外客廳般的空間。

Terrace

LDK

根據季節變換有如蓋簾的裝置

1 利用拉門紙將塑膠中空板包覆，製作成隔熱拉門。在冬天日落之後，可以利用這種隔熱拉門保持室溫。而白天則藉由日照，保持溫暖的室內環境。 **2** 在炎炎夏日裡，使用可拆卸式的遮篷阻絕直射陽光。「雖然只是普通的內隔熱方式，但配合季節不同使用，也能創造出舒適的環境」建築師山田說。

ARCHITECT

二瓶 涉＋山田浩幸／チーム・
ローエナジーハウス・プロジェクト
東京都世田谷区代田6-6-8-501
Tel：03-5790-9920
URL：http://www.team-lowenergy.net
岡村 仁／KAP（結構設計）
大原 彰／施工
朝妻義征／監造

DATA

攝影 ：黑住直臣
所在地 ：東京都 Ｔ住宅
家族成員：夫婦＋小孩1人
構造規模：木造＋部份鋼筋混凝土、
二層樓＋地下一樓
地坪面積：105.62㎡
建築面積：84.44㎡
1樓面積 ：29.36㎡（地下室臥室除
外）
2樓面積 ：55.08㎡
土地使用分區：第一種低層住宅專用
地區
建蔽率 ：60％
容積率 ：80％
設計期間：2009/1～2010/1
施工期間：2010/1～2010/9
施工 ：TH Morioka

外部裝修
屋頂：鍍鋁鋅鋼板
外牆：水泥裸牆＋杉木板

內部施工
玄關
地板：上色砂漿鏝刀粉刷
牆壁／天花板：EP環氧樹脂塗裝
LDK、兒童空間
地板：橡木實木地板
牆壁：EP環氧樹脂塗裝
天花板：結構用合板＋樑外露
臥室
地板：OSB合板＋EP環氧樹脂塗裝
牆壁：EP環氧樹脂塗裝
天花板：水泥裸牆
和室
地板：拼裝榻榻米
牆壁：EP環氧樹脂塗裝
天花板：水泥裸牆
盥洗室
地板：PVC磁磚
牆壁／天花板：AEP塗裝

主要設備製造商
廚房施工：福本木工
廚房設備：林內、Panasonic、TOTO
衛浴設備：TOTO、CERA
照明器具：遠藤照明、Panasonic、
YAMAGIWA
空調方式：中間板蓄熱地板幅射冷暖
氣方式※（熱源：瓦斯加熱）
冷空氣裝置：噴霧

※申請專利中

LDK&Kidsspace

提高通風效率的大隔間設計

1 二樓是一個由LDK和兒童空間所連結成的開放大空間。天花板的樑是從位於樓層中心的谷間（樓梯間）開始，沿著斜面天花板，往風流動的方向設置。這是構造專家所精心設計出的通風重點。 **2** 在LDK和小孩房之間設置了可移動式的隔間拉門，在兩端都設置了門扇，為將來的小孩房做準備。

Hall

重視環保
生活的住宅

這樣子實現 環保生活

根據季節和時間切換環境模式

風的流向以冬夏、早晚交替。冬季（圖上）的白天，日照角度較低的太陽光，透過南面的大窗戶照入室內（直接熱源）。在夜晚，利用內側的隔熱門，將白天蓄積的熱源保留。另外，在半地下室與二樓LDK之間，設置了一層高約1m的設備區，在地板（混凝土板）裝置了輻射面板（中間板蓄熱輻射地板＊專利申請中）。利用通過（冷）熱水方式蓄熱，並放射熱源至上下樓，猶如一個（冷）暖氣裝置。因為設備簡單，設置的成本也很低。此外，夏季（圖下）的白天，將竹林吹拂而來的冷空氣，利用噴霧再次冷卻，並導入半地下的臥室。在二樓，藉由蝴蝶型的屋頂設置，加強熱氣排出的效率。夜間因考量到住宅安全性，將臥室的窗戶關閉，並啟用夜間模式，中間層將冷空氣傳入室內。

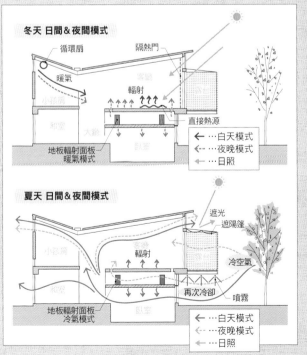

冬天 日間＆夜間模式
循環扇　隔熱門
暖氣
客廳
輻射
小孩房
直接熱源
和室
臥室
地板輻射面板
暖氣模式
◀━ …白天模式
◀┅ …夜晚模式
◀ …日照

夏天 日間＆夜間模式
遮光
遮陽篷
客廳
輻射
小孩房
冷空氣
和室
再次冷卻
臥室
噴霧
地板輻射面板
冷氣模式
◀━ …白天模式
◀┅ …夜晚模式
◀ …日照

沒有隔間和收納的簡約小孩房

雖然盡量減少兩個男孩的房間面積，但因為設置了地下的收納間，所以置放在房間的物品也減少了。目前使用簡單的家具隔間，但隨著小孩成長，未來考慮可以將房間分割。面向客廳的窗戶不但能增進家人間交流，也能保持良好的採光與通風。

Child's room

Child's room

Storage

能將收納集中的大容量地板下收納

在小孩房下方，設置了4.75坪的超大容量地板下收納間。因為天花板高度是1.4m，在建築法規裡被認定為「閣樓收納」。使用簡約的裝潢設計，照明燈具也是屋主所持有的物品。

1F

- 小孩房（約4.85坪）
- 盥洗室（約2坪）
- 臥室（約3坪）
- 玄關
- UP

B1F

- 地板下收納（約4.75坪）
- UP

0 1 2 3m

118
依個人喜好打造出簡約自然的家

創意構想
打造獨特的動線

將盥洗室配置在要穿越玄關土間的位置上，當建築師提出這種獨特的構想時，屋主齊藤一家人也欣然接受這個計畫。另外還有將廁所和盥洗室一體化等設計，在狹小的基地上有效地利用空間。

成本考量

以舒適性為優先考量
思考需要不需要的空間
重疊設計

雖然在這個地區可以蓋三層建築，但為了壓低整體工程預算，決定採用二層樓建築的計畫。另外，利用跳躍式樓層，設置了地板下收納間，將家中的收納集中，並且儘量減少室內固定式家具的設置。門窗也盡可能減少數量。另外，將盥洗室浴室和廚房設置在上下重疊的位置，縮短上下樓水道與瓦斯管線的配置，這也是一種降低成本的妙招。

住宅講究重點

- 客廳使用自然素材
- 想要一個能當作客房的和室
- 希望能設置大容量地板下收納

成本控制重點

- 採用減少規模的二樓建築
- 減少固定式家具和門窗
- 縮短用水空間的管線

COST DATA	
建築面積	111.08㎡
總施工費※	2,463.3萬日元

〔明細〕

假設工程	129.1萬日元
大地工程	27.3萬日元
基礎工程	159.6萬日元
屋頂工程	63.0萬日元
木作工程	746.5萬日元
磁磚、粉光工程	168.0萬日元
金屬門窗工程	130.2萬日元
木製門窗工程	59.8萬日元
五金工程	42.0萬日元
木作家具工程	107.1萬日元
裝潢工程	44.1萬日元
粉刷工程	120.7萬日元
雜項工程	39.9萬日元
建築工程費用	1,837.3萬日元

其他工程費用

結構工程	101.9萬日元
電氣設備工程	131.3萬日元
給排水衛浴設備工程	158.6萬日元
冷暖氣工程	14.7萬日元
換氣設備工程	25.2萬日元
瓦斯工程	12.6萬日元
雜項	181.7萬日元

※不含設計監工費

ARCHITECT

明野岳司＋明野佐美子／明野設計室一級建築士事務所

神奈川県川崎市麻生区王禅寺西
1-14-4
Tel：044-952-9559
URL：http://www.16.ocn.ne.jp/~tmb-hp

DATA

攝影　：黑住直臣
所在地　：神奈川縣　齊藤住宅
家族成員：夫婦＋小孩2人
構造規模：木造、二層樓
地坪面積：96.02㎡
建築面積：111.08㎡
地下面積：17.66㎡
1樓面積　：56.31㎡
2樓面積　：54.77㎡
土地使用分區：市區街道化區域、第一種中高層居住專用地區、次級防火地區、第二種高度地區
建蔽率　：60%
容積率　：200%
設計期間：2007/3～2008/1
施工期間：2008/1～2008/7
施工　：渡邊技建

外部裝修
屋頂：鍍鋁鋅鋅鋼板、部份FRP防水
外牆：高耐久低污染性彈性壓克力樹脂噴漆

內部施工
地板下收納
地板：結構用合板
牆壁／天花板：柳安合板無塗裝
玄關
地板：砂漿鏝刀粉刷
牆壁／天花板：天然塗料
臥室、小孩房
地板：松木實木地板
牆壁：PVC壁紙
天花板：椴木合板無塗裝
客餐廳、書房
地板：松木實木地板
牆壁：天然塗料
天花板：椴木合板無塗裝
廚房
地板：松木實木地板
牆壁：全磁化磁磚 15×15cm、EP環氧樹脂塗裝
天花板：EP環氧樹脂塗裝

主要設備製造商
廚房機器：Rosieres、Miele、富士工業

將和室納入家事動線內

巧妙地利用客房，變成日常生活也能使用的空間。在客房附近放置洗衣機，洗好的衣服拿到和室撐起衣架，再拿到和室窗外曬乾，而曬乾的衣服可以再收進和室折疊。

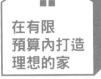
Japanese room

Kitchen

在有限預算內打造理想的家

白色調的明亮簡潔ㄈ字型廚房

廚房使用料理動線簡短且使用便利的ㄈ字型廚房。除了不鏽鋼台面是訂製的，其他部份都是請木工或是門窗公司訂做的。調理台下方省去細部收納櫃的製作工程，放入現有的收納架。

Bedroom

小臥室和寬敞衣帽間

雖然臥室只有3坪大小，放置床之後幾乎就佔滿空間，但在照片左邊設有約2坪大的衣帽間。為降低預算，省去門的設置，並使用了原有衣櫥等，採用了簡約設計。

```
2F
和室 (約2.25坪)
書房
DN  UP
客餐廳
(約8.25坪)
廚房 (4.375坪)
陽台
```

客廳是家中最舒適的地方

和小巧的房間對照之下，客餐廳是舒適寬敞的空間。在客餐廳沒有設置固定式收納櫃，利用現有的家具佈置空間。因為家人大多時間在客餐廳渡過，所以較講究牆壁和天花板的塗料，使用灰泥風格的油漆塗裝。

隔間重點

利用跳躍式樓層賦予空間寬敞感與明亮

隔間重點
基地是一個29坪且狹窄的基地。為增加空間的使用效率，盡量省下走廊空間。房間也盡可能的縮小，讓LDK擁有寬敞的面積，營造出空間的抑揚頓挫感。

剖面重點
齊藤住宅是一個擁有四種地板高度，並以每半層樓錯開的跳躍式樓板設計。利用高低差將各層樓連接，營造出室內寬敞感。將客餐廳配置在天花板挑高的二樓，讓陽光充滿室內。

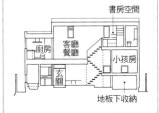
```
書房空間
廚房
客廳
餐廳
小孩房
玄關
地板下收納
```

Living room

將用水空間集中
打造簡短的
家事動線

將小巧的衛浴設備納入廚房旁邊的箱子裡。簡短的家事動線能夠減緩雙薪家庭的負擔。另外，廚房調理台和餐桌都是使用集成材，並請木工製造而成。

Kitchen

在箱型房裡
透過內窗眺望美景

二樓的臥室也是配置在箱子裡。雖然只有2.5坪多的大小，但設置了內側窗和挑高連結，使空間不會產生閉塞感與孤立感。另外還面向北側的露台，營造出一個充滿柔和光線的舒適空間。

Bedroom

LDK

簡約的箱型住宅裡
多采多姿的
空間組成

有如浮在挑高的箱子，為室內增添豐富的變化。左邊的箱子是玄關和衛浴空間，上方可以看到部份工作間。內部客廳的上方箱子則是家庭電影院。

1F 平面圖

- 甲板露台
- 預備房（2.65坪）
- 衣櫥
- 餐廳、廚房（4.7坪）
- 客廳（6.65坪）
- 鞋子收納間
- 玄關
- UP

0 1 2 3m

1F

119

利用箱型空間
和挑高賦予
住宅變化的樂趣

成本考量

設置多用途空間
並規劃出最節省
預算的建築規模

A住宅利用了不同的地板高度，打造出變化豐富的空間，另外再藉由空間的有效利用，成功了壓低建設的預算。包括了多用途的工作間、能夠改造為其他用途的家庭電影院等，另一方面，避免設置固定用途的空間，例如收納間或是小孩房等，另外還精簡集中用水空間，減少建築規模。此外，在室內統一使用相同裝潢材料，廚房則請木工製作等，極力減少工程項目減低成本。

住宅講究重點

● 擁有不同地板高度的空間
● 能傳遞家人間氣息的隔間
● 夢想有一間影音視聽室

成本控制重點

● 多用途空間
● 縮小建築規模
● 減少裝潢材料成本與工程種類

COSTDATA

建築面積	94.28㎡
總施工費※	2,404萬日元

〔明細〕

假設工程	75萬日元
基礎工程	202萬日元
木作工程	606萬日元
屋頂、板金工程	78萬日元
石頭、磁磚工程	61萬日元
門窗工程	315萬日元
外壁工程	135萬日元
粉刷工程	144萬日元
雜項工程	108萬日元
住宅設備工程	60萬日元
電氣設備工程	102萬日元
給排水衛生工程	115萬日元
雜項	115萬日元
建築工程費用	**2,116萬日元**

其他工程費用	
地盤改良	38萬日元
結構工程	55萬日元
家具工程	90萬日元
訂製廚房	105萬日元

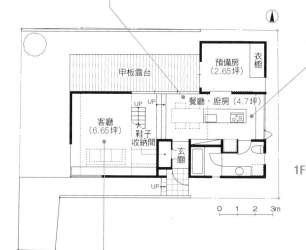

Livingroom

壓低天花板高度
營造安穩氣氛的客廳

客廳的地板高度比客餐廳來的低。上方設置了家庭電影院箱子，使天花板高度降低，營造出安穩的空間。將固定式收納櫃的門打開後，搖身一變成為小孩的遊戲角落。

※不含設計監工費

ARCHITECT
莊司 毅／莊司建築設計室
東京都大田区田園調布南 18 - 6
TCRE 田園調布南 1F
Tel：03 - 6715 - 2455
URL：http://www.t-shoji.net

DATA
攝影　　：黑住直臣
所在地　：東京都　A住宅
家族成員：夫婦＋小孩1人
構造規模：木造、二層樓
地坪面積：138.85㎡
建築面積：94.28㎡
1樓面積：58.79㎡
2樓面積：35.49㎡
土地使用分區：第一種低層住居專
用地域
建蔽率　：50％
容積率　：100％
設計期間：2005／12～2007／5
施工期間：2007／5～2007／12
施工　　：廣橋工務店

外部裝修
屋頂：鍍鋁鋅鋼板
外牆：外牆板上塗裝

內部施工
玄關
地板：磁磚30×30cm
牆壁／天花板：AEP塗裝
**客餐廳、廚房、臥室、家庭電影
院、預備房**
地板：樺木實木地板
牆壁／天花板：AEP塗裝
工作間
地板：PVC磁磚
牆壁／天花板：AEP塗裝
閣樓、露台
地板：澳洲檜木（甲板材）
牆壁／天花板：AEP塗裝
浴室
地板／牆壁：磁磚15×15cm
天花板：浴室用合板
盥洗室
地板：PVC磁磚
牆壁／天花板：AEP塗裝

主要設備製造商
廚房機器：TOTO、HERMAN、
Cook Hoodle
衛浴設備：TOTO、INAX
照明器具：Panasonic 電工、
YAMAGIWA、Odelic

位在室內
有如光之箱子般的
屋頂露台

在二層樓的建築裡，設置了
各種不同的地板高度。玄關
箱子的上方是工作室，再往
上半層樓為閣樓和露台。嵌
入室內的屋頂露台將光線引
入住宅空間裡。

在有限
預算內打造
理想的家

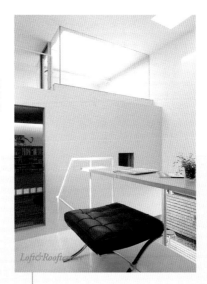

Loft & Rooftop Terrace

Closet

設置衣帽間
有效利用空間

臥室旁的衣帽間，兼具通往
內側廁所的通道功能。在裝
有臥室和衣櫥箱子的上部，
也另外設置了閣樓收納，可
以用來放置季節性物品或是
大型物品，可以利用梯子到
達閣樓收納。

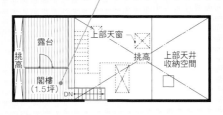

LOFT　　　　　　　**2F**

隔間重點

將房間和衛浴
設備納入箱中
打造開放式LDK

隔間重點
在一樓LDK的大空間裡，將客廳
的地板往下降，營造出不同的氛
圍。另外，在廚房附近配置衛浴
設備，縮短家事動線。不設置用
途受限的空間例如小孩房、收納
間等，而配置了多用途的工作間
和家庭電影院。

剖面重點
將房間和衛浴設備都裝進箱子
裡，再利用箱子圍出天井，打造
出共用空間。可以藉由天窗和屋
頂露台眺望藍天，營造出閒適的
開放空間。

充滿光線的挑高
營造出寬裕舒適的空間

從最上方的閣樓俯視居家中。位於住宅中
心，4.5m高的四方形天井，將各個空
間相連。光線藉由天窗灑落開放空間，
讓每個房間寬敞感大增。

Void

Bedroom

向中庭敞開
充滿木頭香氣的浴室

泡在高野羅漢松製的浴缸裡，並將面向中庭的窗戶打開，彷彿置身日式旅館的露天風呂般享受。原本屋主擔心著冬天是否會太冷，結果「根本不需要擔心那麼多」。

Bathroom

木製台面設計
讓開放式廚房
融入空間

由木板打造的廚房，猶如木製家具般融入空間。若能立即將水漬或油污擦拭的話，就可以避免污漬留在台面上不易清潔的困擾。將廚房的地板設置比餐廳低一段。

Kitchen

稍微遠離日常空間
有如別館的
閒靜臥室

雖然和室設計的臥室只有區區1.5坪，但是因為將天花板降低，並且面向中庭敞開，營造出一個舒適的空間。「每天早晨一醒來就能呼吸到新鮮的空氣，真的很棒呢」屋主說。

1F 平面圖

餐廳、廚房（3.6坪）
緣廊
衛浴
緣廊
臥室（1.8坪）
中庭
玄關
UP
UP
架高

0 1 2 3m

1F

120
在緣廊感受四季變換
融合和風生活的
現代感住宅

Diningroom

餐廳分別和客廳
與中庭相連

在餐廳裡，視線分別往挑高的垂直方向、與往中庭延伸的水平方向延長。將餐廳一部份的天花板壓低，強調和挑高的對比。「這種細膩的設計真是令人佩服」屋主K先生讚歎地說。

成本考量

節省預算的同時
打造出夢想的
生活形態

「好像沒有因為預算問題而放棄想要的設計」屋主K先生說。建築師岸本沒有採用「一口氣削減」的方案，反而是邊調整細項，邊將屋主的要求納入計畫，成功地取得了預算與屋主期望的平衡。在項目中比較大的更改是，將走廊設置成外部空間的和風設計部份，縮小基礎和施工面積，省下施工的勞力時間和材料費。另外，鋁門窗的價格是到達一個尺寸後就翻倍上漲，所以藉由抑制窗框的長度，達到削減預算的成果。

住宅講究重點
● 室內外緊密連接的和式風格
● 內壁粉刷珪藻土
● 車庫使用格柵設計

成本控制重點
● 縮小外走廊工程面積
● 不使用高單價的長形窗框

COSTDATA

建築面積	88.69㎡
總施工費	2,440萬日元

〔明細〕

防水工程	19.9萬日元
假設工程	80.4萬日元
基礎工程	141.5萬日元
木作工程	460.6萬日元
裝潢工程	170.3萬日元
屋頂、板金工程	77.4萬日元
外壁工程	62.4萬日元
金屬製門窗工程	48.8萬日元
木製門窗工程	149.7萬日元
粉光工程	170.4萬日元
石頭、磁磚工程	17.7萬日元
粉刷工程	84.5萬日元
雜項工程	41.5萬日元
電氣工程	115.6萬日元
瓦斯工程	20.5萬日元
給排水設備工程	77.4萬日元
搬運、其他費用	153.6萬日元
住宅設備工程	160.7萬日元
建築工程費用	約2,052萬日元

其他工程費用

地盤調查費	4.0萬日元
木作家具工程	15.6萬日元
空調換氣工程	9.8萬日元
結構工程	33.1萬日元
設計、監工	325.5萬日元

ARCHITECT

岸本和彥／acaa

神奈川県茅ケ崎市中海岸 4-15-40-403

Tel: 0467-57-2232

URL：http://www.ac-aa.com

DATA

攝影　：石井雅義
所在地　：神奈川縣 K住宅
家族成員：夫婦＋小孩1人
構造規模：木造、兩層樓
地坪面積：100.00㎡
建築面積：88.69㎡
1樓面積：48.87㎡
2樓面積：39.82㎡
土地使用分區：第一種住宅專用地區
建蔽率　：50%
容積率　：100%
設計期間：2007/10～2008/9
施工期間：2008/9～2009/3
施工　：青木工務店

外部裝修

屋頂：鍍鋁鋅鋼板
外牆：混稻草砂漿鏝刀粉刷
緣廊：地板／檜木、牆壁／天花板：EP環氧樹脂塗裝

內部施工

餐廳、廚房、客廳、小孩房、書房
地板：杉木板塗裝
牆壁：矽藻土鏝刀粉刷
天花板：EP環氧樹脂塗裝
臥室
地板：榻榻米
牆壁：矽藻土鏝刀粉刷
天花板：EP環氧樹脂塗裝
浴室
地板：檜木
牆壁：磁磚 15×15cm
天花板：浴室用合板

主要設備製造商

廚房機器：林內、Panasonic
衛浴設備：TOTO、SANWA
水龍頭五金：INAX、ToTo、Kakudai
照明器具：MAXRAY、DAIKO、Panasonic

Child's room

通過「懸空庭院」到達小孩房

猶如獨立別館的小孩房。左邊內側是收納間。雖然是獨立性高的房間，但目前只有練習鋼琴和睡覺的時候使用，小孩唸書時則是待在餐廳或客廳。

Study

獨立性與連續感兼具的書房

在客廳往下看到的位置配置書房。書房擁有適度的封閉感，是一個靜謐的空間，屋主在假日時，總是窩在這個空間裡。坐在這裡也能和家人交談，所以不會有被隔絕的感覺。

在有限預算內打造理想的家

隔間重點

緣廊和懸空庭院讓室內外連結創造出和風住宅

隔間重點

K住宅是以建築物包圍中庭，並將車庫納入建築的中庭住宅。兩棟建築藉由室外走廊連結，和室和盥洗更衣室可以直接從室外走廊（緣廊）進出，打造出傳統的和室住宅。

剖面重點

在車庫上部設置客廳，雖然將客廳和餐廳廚房分開，卻又以挑高連結起來。另外再打造出高低起伏的天花板高度，營造出具有躍動感的空間。

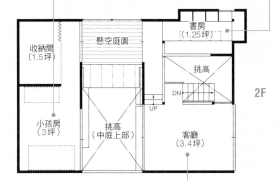

（平面圖標示）
收納間（1.5坪）
懸空庭園
書房（1.25坪）
挑高
DN
UP
2F
小孩房（3坪）
挑高（中庭上部）
客廳（3.4坪）

坐在客廳地板上享受多樣化的美景

藉由錯開地板高低差、以及黑色牆壁的設置，讓斜下方的餐廳和客廳之間，形成「若隱若現」的關係。讓兩個空間無法互相看清楚，營造出深奧感與距離感，在K住宅隨處可見這種設計手法。

Livingroom

Kitchen

**完全被隔起來
充滿靜謐氛圍的和室**

從和室眺望鋪有白色石子的小庭園。右邊的採光紙拉門和客廳連結，而下方的拉門打開後，是利用地板高低差打造的地板下收納空間。在開放的住宅中，和室是唯一有隔間的房間。

Japaneseroom

**採用系統廚房
實現不鏽鋼廚房的期望**

屋主希望能擁有全不鏽鋼的廚房。如果採用訂製廚房的話，價格會過高，所以最後採用設計和價格都能夠令人接受的系統廚房。在右邊內側，為屋主所持有的收納架量身訂做空間。

Livingroom

**被格柵圍欄包覆的中庭
也是客廳的延長**

客廳前方的中庭使用木製格柵圍起，不僅賞心悅目，還能賦予被守護的安心感。電視背後的壁面當初原本計畫要粉刷，但為了降低預算，所以改採用壁紙。

1F

停車場

庭院1
(2.5坪)

餐廳、廚房
(5.25坪)

榻榻米室
(2.6坪)

客廳
(4坪)

庭院2
(4.1坪)

下部地板下收納

玄關

UP

0　1　2　3m

121
跳躍式樓層
將小空間紛紛連結

**在沒有直射日照的地方
下工夫營造舒適感**

雖然餐廳位在的場所很容易變得昏暗，但利用中庭的反射光採光，另外光線也能從客廳側進入空間裡。利用寬幅面的樓梯與客廳連接，賦予空間比原有面積還大的寬敞感。

Diningroom

成本考量

沒有隔間的連續空間
設計一次解決預算和
狹小土地問題

若將中庭和閣樓一起算入施工面積的話，工程費用是非常划算的。因為跳躍式樓層的設計，將各房間之間緩緩地區隔，因此門窗的設置減少，使成本降低。屋頂採用了屋頂隔熱板，不僅提高隔熱性，也能降低材料與工程預算。另外還利用不同等級的材料等仔細地計算成本，並且在預算範圍內成功地打造出屋主所要求的廚房、浴室和地板暖氣。

住宅講究重點

● 想擁有一體感的空間
● 希望打造出明亮的浴室
● 絕對要裝置地板暖氣
● 希望廚房是不鏽鋼製

成本控制重點

● 減少門窗至最低限度
● 活用材料打造出不同氛圍的裝潢

COST DATA

建築面積	88.16㎡
施工面積	128.30㎡
總施工費※1	2,659.3萬日元

〔明細〕

假設工程	83.5萬日元
基礎工程	182.2萬日元
木作工程※2	655.2萬日元
屋頂、板金工程	75.1萬日元
磁磚工程※3	8.4萬日元
粉光工程	16.3萬日元
門窗工程※4	276.7萬日元
裝潢工程	62.0萬日元
粉刷工程	92.4萬日元
外壁工程	96.1萬日元
防水工程	24.7萬日元
隔熱工程	12.1萬日元
雜項工程	170.1萬日元
住宅設備工程	141.8萬日元
電氣設備工程※5	140.2萬日元
給排水衛生工程※6	179.6萬日元
結構工程	27.8萬日元
其他	83.8萬日元
雜項	251.5萬日元
建築工程費用	**2,579.5萬日元**
其他工程費用	
地盤改良	46.7萬日元
百葉窗施工	33.1萬日元

※1不含設計監工費用　※2包含家具工程　※3只有施工費，磁磚業主提供
※4包含鋼製門窗　※5包含照明器具　※6包含系統廚房

ARCHITECT

柏木學＋柏木穗波／カシワギ・スイ・アソシエイツ

東京都調布市多摩川3-73-301
Tel：042-489-1363
URL：http://www.kashiwagi-sui.jp

DATA

攝影　：黑住直臣
所在地　：東京都　M住宅
家族成員　：夫婦＋小孩1人
構造規模　：木造、二層樓
地坪面積　：110.22㎡
建築面積　：88.16㎡
1樓面積　：44.08㎡
2樓面積　：44.08㎡
土地使用分區：第一種低層住宅專用地區
建蔽率　：40%
容積率　：80%
設計期間　：2006/12～2007/5
施工期間　：2007/5～2007/11
施工　：キクシマ

外部裝修
屋頂：鍍鋁鋅鋼板
外牆：彈性壓克力樹脂、部份杉木板塗裝

內部施工
玄關
地板：有色砂漿
牆壁／天花板：PVC壁紙
餐廳、廚房
地板：蒲櫻實木地板
牆壁：PVC壁紙、部份不燃板
天花板：PVC壁紙
和室
地板：無邊緣拼裝榻榻米、部份蒲櫻實木地板
牆壁／天花板：PVC壁紙
客廳
地板：部份蒲櫻實木地板
牆壁／天花板：PVC壁紙
小孩房、書房、主臥室
地板：松木實木地板
牆壁／天花板：PVC壁紙
盥洗室
地板：保溫恤磚20×20cm
牆壁／天花板：PVC壁紙
浴室
地板：保溫磁磚20×20cm
牆壁：磁磚20×20cm
天花板：矽酸鈣板、VP塗裝

主要設備製造商
廚房機器：ARIAFINA（循環扇）
系統廚房：Nasluck
衛浴設備：TOTO、INAX、林內、大洋金物

Child's room

面向露台的明亮浴室
享受露天風呂般的氣氛

為了能得到充足的光線，將浴室配置在二樓，並且在浴室外側設置了兼用曬衣場的露台。露台被縱向的格柵包圍著，若將百葉窗打開後，便能享受有如露天風呂般的沐浴時光。浴缸是具有設計感的琺瑯材質。

Bathroom

在有限預算內打造理想的家

具有可變性的小孩房
目前是第二個客廳

在約5坪大的小孩房裡，未來計畫分隔成兩間各1.5坪的房間，並將動線預先規劃完成。目前是當作第二個客廳來使用，另外還在角落設置書房區。

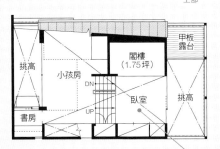

2F
上部

閣樓（1.75坪）
甲板露台
挑高
小孩房
DN
臥室
書房
UP
挑高

2F

甲板露台（1.2坪）
挑高
小孩房（5.15坪）
盥洗室
DN
臥室（2.6坪）
書房區
UP
挑高

藉由和其他空間的
連續性賦予臥室寬敞感

最上層是2.6坪大的臥室，雖然放了床之後就幾乎佔滿空間，但藉由和閣樓與小孩房的連接，使臥室不會產生狹迫感。沒有牆板的鏤空式樓梯能讓視線延長到深處，並且讓光線能充滿空間。

隔間重點

房間之間共有的
立體空間是打造出
寬敞感的重點

隔間重點

在一樓配置共用性高的空間，例如餐廳與客廳等，而樓上則配置了房間和浴室等隱私性高的空間。將建築南側封閉，在東西側各別設置庭院，確保室內的採光、通風和視線的延伸。利用樓梯和空間的一體化，打造出比實際面積還寬敞的空間。

剖面重點

將客廳挑高半層樓，並在下方設置地板下收納。並用同樣的高低差，將樓層往上堆疊，形成四層的跳躍式樓板住宅。這是在受北側斜線的規制下，充分利用容積所設計出的住宅計畫。

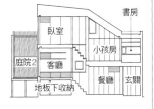

臥室
書房
小孩房
庭院2
客廳
餐廳
玄關
地板下收納

Bedroom

利用收納將臥室和用水空間連結打造出內部動線

在一樓臥室和盥洗．浴室．廁所之間，配置衣帽間。在每個空間都設置了能讓輪椅通過的門扇隔間，地板的高低差也是無障礙設計，為將來做準備。

利用拉門調節和客廳的連接

客餐廳旁的臥室，可以藉由拉門的開關，控制空間的連結。屋主在夜晚保持關閉，而白天大多是半開放狀態。可以從正方形的窗戶眺望庭院景色。

Closet

兩側並排型的便利廚房

和餐廳連結的小巧廚房，藉由狹縫窗戶營造出開放感。在深度淺的壁面收納當作碗盤架。另外，將洗水槽下方空出，可以放置椅子坐下來進行家務。

Kitchen

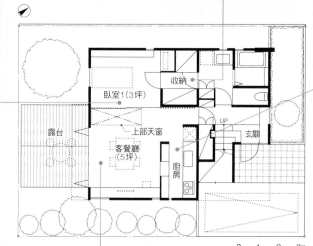

Bedroom

122

被光線和繪畫圍繞的生活家就是一個小美術館

1F

製造高低錯落賦予空間變化性

從客餐廳能夠窺見部份畫室。客餐廳的天花板高度為3.1m，畫室下方的廚房高度是2.1m，而左邊拉門內的臥室高度2.4m。藉由設置抑揚頓挫的高度，賦予空間豐富的變化性。

平面圖標示：卧室1(3坪)、收納、露台、上部天窗、客餐廳(5坪)、廚房、UP、玄關

0 1 2 3m

Living&Dining

成本考量

合理的計畫將預算、採光和屋主要求三個願望一次滿足

因為基地南側緊臨其他住宅，所以採用了設置天窗的計畫。減少周圍窗戶的箱型住宅，除了能有效降低成本之外，也能確保屋主S先生所繪製的畫有足夠展示的牆面。另外，設置小窗通風，眺望景色的窗戶則使用固定窗以減少窗框成本，採光窗設計成標準尺寸並設置在高處等，合理的規劃便能降低窗框和玻璃的費用。除此之外，為了調整預算，重點式設置固定式家具，並省去隔間和門扇的塗裝。

住宅講究重點

- 絕對要有畫室和掛畫的壁面
- 無障礙生活空間
- 充滿光線的室內

成本控制重點

- 簡單的箱型外觀
- 配置合理的窗戶尺寸
- 省略收納間的粉光工程

COST DATA	
建築面積	100.35㎡
總施工費※	2,667萬日元
〔明細〕	
假設工程	138萬日元
基礎工程	121萬日元
防水工程	53萬日元
磁磚、石材工程	33萬日元
木作工程	670萬日元
板金 五金工程	235萬日元
粉光工程	16萬日元
鋼製門窗工程	227萬日元
木製門窗工程	63萬日元
粉刷工程	96萬日元
雜項工程	62萬日元
家具工程	182萬日元
電氣設備工程	129萬日元
給排水衛生工程	179萬日元
空調設備工程	83萬日元
瓦斯設備工程	68萬日元
結構工程	62萬日元
各項經費	250萬日元

※稅另計。不含設計監工費用

ARCHITECT
山縣洋／山縣洋建築設計事務所
神奈川県川崎市多摩区三田1-26-28
ニューウェル生田ビル302
Tel：044-931-5737
URL：http://www.5d.biglobe.
ne.jp/~joy

DATA
攝影　：黑住直臣
所在地　：神奈川縣　S住宅
家族成員：夫婦＋小孩1人
構造規模：木造、二層樓
地坪面積：145.83㎡
建築面積：100.35㎡
1樓面積　：58.32㎡
2樓面積　：42.03㎡
土地使用分區：第一種低層住宅專
用地區
建蔽率　：40％
容積率　：80％
設計期間：2008/12～2009/5
施工期間：2009/6～2009/11
施工　：中島建設

外部裝修
屋頂：防水布
外牆：遮熱塗裝鍍鋁鋅鋼板、部份
彈性壓克力樹脂噴漆
內部施工
玄關
地板：全磁化磁磚
牆壁／天花板：AEP塗裝
客餐廳、廚房、臥室1、2、
畫室、收納間、盥洗室
地板：胡桃木地板
牆壁／天花板：AEP塗裝
浴室
地板／牆壁：全磁化磁磚
天花板：矽酸鈣板VE塗裝
陽台
地板：樹脂製甲板
主要設備製造商
廚房：客製化
衛浴設備：INAX
照明器具：YAMAGIWA、
Panasonic等

賦予嗜好房機能性
有效利用空間
利用大窗戶與玻璃隔間的畫室，是箱型住宅裡的"光之核心"，擔任將光線傳遞至室內的要角。另外，目前還兼用女主人的臥室，讓嗜好房成為一個多用途空間。

省去後陽台空間的塗裝
降低成本
設置了可以收納大型畫布的收納間。以寬廣性為優先，柳安板製的木作收納採用無塗裝設計。並且不將收納細分，依照使用的方便性，放置了市售的收納箱。

在有限
預算內打造
理想的家

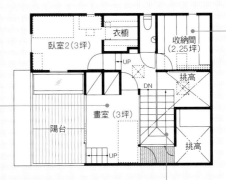

2F

隔間重點

簡單的隔間方式和
巧妙的剖面計畫
打造充滿光線的舒適宅

隔間重點
一樓是平坦的無障礙空間。將收納設置在通往臥室和用水空間的通路上，並可以藉由拉門開關隨時使用。將常用的收納設置在動線上，而收納間則配置在二樓畫室旁，保持整潔美觀的室內空間。

剖面重點
面向陽台的二樓畫室，猶如放置在箱型住宅裡的"光之核心"。藉由玻璃隔間，將光線傳遞至玄關和樓下的客廳，也讓上下樓的視線互相延伸，營造出寬敞感。

有如展示畫作藝廊的
玄關大廳
藉由天窗採光的玄關大廳，同時也是展示畫作的藝廊。在大廳的挑高樓梯，將梯牆高度降低，並增加梯面的面積，使樓梯呈現緩和的斜度，不僅讓上下樓變得更輕鬆，也能悠閒地欣賞美麗的繪畫。

Hall

Kitchen

使用集成材的木作廚房有效降低成本

為了能眺望周圍景色，採用開放式廚房。集成材製的木作廚房，連同調理台都是由木工所製作的，不僅能融入室內整體設計，也有效降低成本。

Dining

沒有下側牆壁的大窗戶強調天花板與庇蔭的連結

面向綠蔭道路的餐廳。窗戶使用了規格最大的住宅用鋁窗框。在窗戶下方設置內甲板，增加地板高度，打造出彷彿落地窗效果的設計，增加住宅美觀性。

1F

123

大庇蔭為
小巧的空間
帶來舒適感

主臥室（1.65坪）
廚房（2.5坪）
客餐廳（8坪）
玄關 UP **室內甲板**
UP **甲板露台**

成本考量

有效利用空間和預算用節省下來的部份打造出舒適寬裕的空間

將結構和隔熱等建築物性能部份確實地納入預算，並採用隔間少的開放住宅計畫。可變動式的隔間設計也能減少未來住宅改造的費用。固定式家具由木工打造。另一方面，在共用空間裡設置庇蔭和內甲板等，也為空間帶來無比的舒適與寬敞性。

COST DATA

建築面積	103.06㎡ ※1
總施工費	2,065萬日元

〔明細〕

建築工程費用	1,850萬日元 ※2
照明器具	26萬日元
衛浴設備器具	38萬日元
換氣設備	13萬日元
木作家具	58萬日元
廚房工程	80萬日元

※1建築面積包含閣樓。不包含庇蔭、緣廊部份。　※2建築工程費用包含假設工程、電氣設備工程、配管工程、和各項經費。

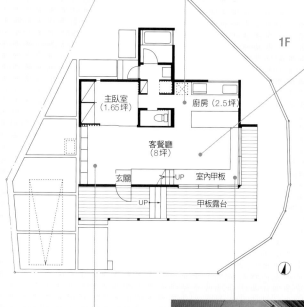

Deck

庇蔭下的緣廊和室內甲板將內外連結

被寬大的庇蔭覆蓋的緣廊寬度約為1.8m。庇蔭和天花板、以及緣廊和兼用餐廳椅子（下部收納）的內部甲板，呈現連續的平面，使得室內的寬敞感大增。緣廊空間將綠意盎然的景色帶入室內，點綴生活空間。

Entrance

客廳＋玄關多用途的空間

進入玄關後，寬廣的客廳立即映入眼簾。將停留時間短的玄關大廳，和客廳的一角共用打造成書架區，有效地利用空間不浪費。

ARCHITECT
飯塚豐／i＋i設計事務所
東京都新宿區西新宿4-32-4
ハイネスロフティ709
Tel：03-6276-7636
URL：http://www8.plala.or.jp/
yutaka-i

DATA
攝影　：黑住直臣
所在地　：神奈川縣 N住宅
家族成員：夫婦＋小孩3人
構造規模：木造、二層樓
地坪面積：182.30㎡
建築面積：103.06㎡（含閣樓）
1樓面積：52.17㎡
2樓面積：43.06㎡
閣樓面積：7.83㎡
緣廊面積：20.29㎡
土地使用分區：第一種低層住宅專用地區
建蔽率　：40%
容積率　：80%
設計期間：2006/1～2006/7
施工期間：2006/7～2006/12
施工　：青木工務店

外部裝修
屋頂：鍍鋁鋅鋼板
外牆：側柏、鍍鋁鋅鋼板

內部施工
客餐廳、其他
地板：唐松地板
牆壁：Runafaser
天花板：椴木合板
浴室
地板／牆壁：磁磚
天花板：美耐明不燃裝飾板
玄關
地板：黑板岩
牆壁：Runafaser
天花板：椴木合板

主要設備製造商
廚房：木工製作
廚房機器：Panasonic、富士工業、其他
衛浴設備：INAX、TOTO、其他、GROHE
照明器具：朝日電器、Panasonic、其他

剖面重點

平屋頂與跳躍式樓層 剖面空間的極致活用

為了確保建築物的隔熱性能，採用沒有棚頂的平屋頂設計，活用剖面空間不浪費。另外，利用跳躍式樓層，將兩層建築的容量打造成三種地板高度的住宅。將客廳餐廳上部的開放挑高、在低天花板的共用收納上方設置閣樓收納等，根據不同的天花板高度打造出不同空間。此外，貫穿建築中央的挑高具有傳達家人氣息的作用。

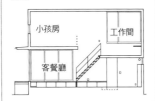

隔間重點

利用空間的高低錯落 確保寬敞的團聚場所

為了讓建築物規模能符合生活形態與預算，當初在設計的時候，再一次仔細的檢視是否有任何浪費的空間。將只用來睡覺的臥室和玄關大廳的面積縮到最小限度。另一方面，確保家人團聚空間是否足夠寬廣。此外，將玄關大廳和客廳、以及餐廳和緣廊一體化等，將空間多用途化，打造出沒有死角空間、充滿生氣的住宅。

Closet

活用走廊設置 衣帽間

在二樓，將兩個樓層連接的通路設置了家族共用的收納，讓原本只具有通行功能的走廊和使用頻率低的收納結合，靈活運用了空間組合。

在有限預算內打造理想的家

2F

共用收納1（2.5坪）
共用收納2
DN
小孩房1（1.5坪）
工作間（3.5坪）
挑高
小孩房2（1.5坪）
DN
小孩房3（1.5坪）

0　1　2　3m

將用水空間集中的廁所塔

把上下樓的用水空間往廁所塔集中。在一樓以這個塔為中心迴繞，將廚房和用水空間以簡短的動線連接。塔上部的窗戶將天窗採光引入室內。

Toilet

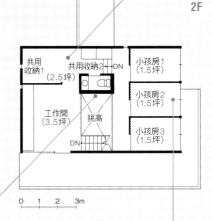
Child'sroom

和戶外美景與挑高連接 舒適的小房間

為了確保共用空間有足夠的寬廣度，極力減少二樓房間面積。雖然只有僅僅的1.5坪大小，但因為和客廳上部挑高以及窗外景色連結，成為一個沒有閉塞感的舒適空間。

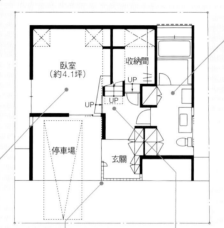
LDK

Kitchen

L型廚房與迴遊動線讓家事更輕鬆

在寬大的L型廚房裡，設置了與通道和餐廳連結的兩個出入口，增加便利性。廚房的地板較客餐廳低兩段，使廚房的人能和坐在LD的家人視線高度相同。另外還利用天花板的高度配置了吊櫃，增加廚房的收納力。

124
小面積的多層空間住宅

全方位自然光打造明亮LDK

在面向西側道路的唯一開口上，設置了採光用的陽台。陽台使用白色牆壁包圍，在中午之前，陽光能藉由反射效果進入室內。光線也能藉由挑高進入空間，雖然在密集的住宅區裡也能擁有明亮的室內空間。

1F

BF

Bathroom

重視細節的用水空間

將浴室、盥洗室、更衣室一體化，打造成開放的衛浴空間。浴室地板採用十和田石。水龍頭和浴缸這種每天使用的物品，選擇了較好的材質。

1F 平面圖
- UP / DN
- 客廳
- 廚房（約2.15坪）
- （11坪）
- 餐廳
- 陽台
- 0 1 2 3m

BF 平面圖
- 臥室（約4.1坪）
- 收納間
- UP
- 停車場
- 玄關

成本考量

不削減項目重新檢視內容調整成本

在這棟幾乎是依照屋主要求所打造出的M住宅裡，成本調整的規劃是，極力維持結構、設備等基本性能的部份和規模等的預算，並重新評估粉刷、收納部份等細部的成本。以LDK和屋頂露台的寬廣度為優先考量，另一方面統一塗裝材料，以降低成本。而在玄關的部份空間則砸下了大成本。

COST DATA

建築面積	103.92㎡※1
總施工費	2,817萬日元

（明細）

建築工程費用	2,123萬日元※2
照明器具	19萬日元
衛浴設備器具	116.4萬日元
空調換氣	80.9萬日元
地板暖氣、浴室暖氣乾燥	80.7萬日元
木作家具	50.9萬日元
廚房工程	152.8萬日元
結構、屋頂露台	137.2萬日元
其他	56.1萬日元

※1 建築面積不包含屋頂露台　※2 包含假設工程、電氣設備工程和配管工程。

從半地下到最上層光和風通行無阻

在半地下臥室的天窗上，設置能透光的PC聚碳酸脂板小窗。這個窗戶顯露在客廳樓梯周圍地板高低差的地方，也成為一樓LDK的一隅美景。將小窗稍微打開後，變成促進半地下到最上樓層空氣流動的通氣口。

Entrance

猶如店家的玄關

屋主M先生希望能擁有一個玻璃磚製的玄關空間，於是打造了一個「宛如店家的入口空間」。明亮開放的玄關不會讓人覺得是個半地下空間。

Stair

白色的樓梯間將光線傳遞至半地下

將LDK明亮的光線，藉由樓梯間傳遞至半地下室。因為這個連接四層樓的樓梯沒有重疊在同一個位置上，所以上下樓梯間都是開放的空間。

ARCHITECT

中辻正明＋中辻雅江／中辻正明•
都市建築研究室

東京都渋谷区惠比寿西1-3-5-601
Tel：03-5459-0095
URL：http://www2u.biglobe.
ne.jp/~m-naka

DATA

攝影　：黑住直臣
所在地　：東京都　M住宅
家族成員：夫婦＋小孩2人
構造規模：木造＋鋼筋混凝土、
二層樓＋地下一樓
地坪面積：79.36㎡
建築面積：103.92㎡
地下室面積：36.47㎡
1樓面積：44.48㎡
2樓面積：22.97㎡
2樓．頂樓屋頂露台：31.31㎡
土地使用分區：第一種低層住宅專
用地區
建蔽率　：60％
容積率　：150％
設計期間：2006/5～2006/9
施工期間：2006/10～2007/4
施工　：榮港建設

外部裝修

外牆：鍍鋁鋅鋼板
屋頂：鍍鋁鋅鋼板
屋頂露台：側柏

內部施工

玄關、大廳
地板：磁磚30×30cm、PVC磁磚
牆壁／天花板：AEP塗裝、部份玻
璃磚
LDK
地板：PVC磁磚
牆壁：AEP塗裝
天花板：PVC壁紙
臥室
地板：PVC地板材
牆壁：PVC壁紙
天花板：PVC壁紙、FRP沖孔金屬
板上PC
小孩房
地板：松木實木地板無塗裝
牆壁／天花板：PVC壁紙
浴室
地板：十和田石
牆壁：磁磚5×5cm
天花板：浴室用裝飾板
1樓廁所
地板：PVC磁磚
牆壁／天花板：美耐明板、PVC壁
紙

主要設備製造商

廚房：客製化
衛浴設備：INAX、TOTO、Tform
照明器具：DAIKO

讓住宅和家人擁有一體感的迴游動線&明亮的挑高空間

為能強調一樓LDK的寬敞度與一體感，打造出擁有迴游動線和挑高設計的一大空間。為了壓低家事動線上L型調理台的高度，將廚房地板往下降，讓空間能保持開放感。客廳藉由挑高和小孩房連接，並且能互相傳達彼此氣息。另外，刻意將樓梯位置以上下樓錯開，賦予人的移動和視線變化的樂趣。

在有限預算內打造理想的家

Child's room

預備將來能隔間的小孩房

二樓小孩房。面向挑高的書架也具有欄杆的功能。地板使用無塗裝實木地板，便於損傷和污漬的修復。將來預定分隔成兩間房。

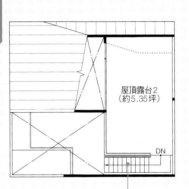

RF

屋頂露台2
（約5.35坪）

DN

屋頂露台1
（約2.6坪）

挑高

DN

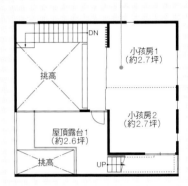

2F

DN

挑高

小孩房1
（約2.7坪）

小孩房2
（約2.7坪）

UP

高窗採光與半地下的通氣層讓涼風在室內流動

利用自然通風與採光，不過度依賴設備等建築設計，打造出舒適的室內環境。在半地下設置的通氣層，夏季的時候提供上層樓清爽的涼風。而在半地下的臥室與收納的天窗上，都裝設了兼具換氣與採光的半透明通氣口。二樓小孩房與客廳、各層樓與屋頂露台、以及能傳遞家人動態的客廳挑高等，都是新鮮的空氣與陽光的通道。

屋頂
露台

小孩房

客廳

臥室　收納間　浴室

Stair

擁有兩種地板高度的閒適屋頂露台

從二樓的屋頂露台，到最上層的屋頂露台之間的樓梯。為了阻絕外部視線而設置的牆面，將上下兩個露台連結打造出一體感。

Bedroom

**開放式收納
的廚房**

廚房採用具有機能性的開放式棚架收納。在棚架上整齊地排放著喜愛的鍋具、或是造型可愛的容器等。透過流理台前方的窗戶可以欣賞到窗外的四照花，讓料理的時光變得更愉快。

Kitchen

小空間裡拉門的妙用

考慮到冬天的防寒性，在玄關入口也設置了拉門。住宅整體多使用拉門設計，就算保持敞開也不會妨礙空間，對於小空間更是有效果。

Entrance hall

Doma

**確保寬敞性
打造成「能用」的玄關**

配置了2.25坪大的玄關土間，兼用腳踏車停車場。並設置大面固定式落地窗，讓空間充滿明亮。右邊的出入口是柴火暖爐用的薪柴放置場。

125

將動線往樓梯集中
連結成立體的生活空間

1F

玄關土間
(2.25坪)

衣櫥

UP

主臥室
(4.15坪)

UP

甲板露台

**木板貼皮的天花板
營造悠閒舒適的沐浴時光**

浴室的天花板使用了耐水性強的花柏板，美麗的木紋也有讓人放鬆身心的效果。將觀景的固定窗和換氣的推窗分別設置。

Bathroom

**超高的挑高
打造開放的
家人團聚場所**

一大空間的客餐廳。雖然四方形的房間容易淪為單調空間，但是將餐廳配置在角落，營造出沉穩氣氛，而客廳則設置大面的開口，賦予空間不同的調性。

成本考量

**合理不浪費
縮小建築規模
降低成本**

建築工程費用是根據工程面積來決定的。在計畫M住宅的時候，為了調整成本，刪減了連接廚房和家事間的動線，縮小規模。另外，盡量將動線往樓梯集中，省下走廊空間，成功地節省面積壓低成本。

COST DATA

建築面積	109.30㎡
總施工費	2,420萬日元

〔明細〕

建築工程費用	1,936萬日元※
家具工程	120萬日元
結構工程	30萬日元
電氣工程	101萬日元
給排水工程	123萬日元
地板暖氣工程	110萬日元

※建築工程費用包含假設工程、電氣設備工程和配管工程。

Masterbedroom

**減少開口
營造出靜謐的快眠空間**

主臥室配置在獨立性高的一樓。為了營造出沉穩的氣氛，細心設計了開口的位置和大小。另外為了能輕鬆收納棉被，設置了幅面較寬的收納櫃。

ARCHITECT

森 博／森ヒロシ建築設計所
神奈川県鎌倉市材木座 3-2-27
Tel：0467-25-2584
URL：http://www.mstudio.jp

DATA
攝影 ：黑住直臣
所在地 ：神奈川縣 M住宅
家族成員：夫婦＋小孩2人
構造規模：木造、三層樓
地坪面積：103.54㎡
建築面積：109.30㎡
1樓面積 ：43.06㎡
2樓面積 ：43.06㎡
3樓面積 ：23.18㎡
土地使用分區：鄰近商業地區、次
級防火地區
建蔽率 ：80%
容積率 ：200%
設計期間：2005/4～2006/2
施工期間：2006/3～2006/8
施工 ：大同工業湘南本店

外部裝修
屋頂：防水布
外牆：壓克力樹脂木鏝刀粉刷

內部施工
客餐廳
牆壁：灰泥木鏝刀粉刷
天花板：Runafaser（無塗裝）
地板：杉木板
廚房
牆壁：已塗裝矽酸鈣板
天花板：Runafaser（無塗裝）
地板：杉木板
主臥室、小孩房
牆壁／天花板：Runafaser（無塗裝）
地板：杉木板
書房
牆壁／天花板：Runafaser（無塗裝）
地板：榻榻米
浴室
牆壁／天花板：磁磚15×15cm
地板：花柏木板

主要設備製造商
衛浴設備：INAX、CERA Trading、TOTO
照明器具：YAMAGIWA、Odelic、MAXRAY、山田照明、三信船舶、Panasonic、青山電燈

和客廳連結的開放式小孩房

位於最上層的小孩房，因為在未來預計要劃分成兩個房間，所以預留了較大的空間。在小孩房裡能往下俯視客廳，並且互相感受到彼此氣息。

在有限預算內打造理想的家

Studyroom

宛如另一個世界的小小和室

位於二樓半的書房可以從樓梯直接進入。想想集中精神或是轉換心情時，這個小房間是不二之選。目前是小孩的遊戲場所。

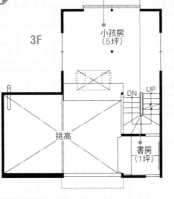

3F　小孩房（5坪）　DN　UP　挑高　書房（1坪）

2F　廚房　家事間（2·25坪）　DN　UP　客餐廳（6坪）　置物間

0 1 2 3m

剖面重點

以三次元來考量動線、收納、房間的連結

二樓的客廳擁有兩層樓份的挑高，能盡情享受開放感。將二樓半的書房和三樓的小孩房面向客廳敞開，藉由和挑高的連接，打造出一個家人之間能夠輕鬆交談的空間。在一樓浴室和二樓半書房之間的死角，配置了收納間。「從樓梯直接出入」這種奇想設計，使住宅的收納量大增。

挑高　小孩房　書房　客餐廳　置物間　臥室　盥洗室　浴室

隔間重點

不設置走廊增加收納空間井然有序的生活

將衛浴空間也配置在一樓，提高主臥室的獨立性。而客廳餐廳則配置在二樓，並設置挑高，加強和三樓小孩房的連結感。動線以樓梯為主軸，省去不必要的走廊空間，省下的部份則增加到收納空間裡，讓住宅擁有大容量收納。雜物不散亂在生活空間裡，打造一個常保整潔美觀的家。

Living-Dining

**和庭院相連
開放的衛浴設備**

盥洗更衣室和浴室都面
向庭院。藉由玻璃和鏡
子的設置，讓空間顯得
明亮寬敞。在庭院中種
植楓樹，將窗戶打開，
可以一邊泡澡一邊眺望
庭院美景。

Sanitary

**超細長型的房間
但卻擁有無比的
舒適性**

一樓兒子的單人房寬幅
約1.8m。在這個細長
型的房間裡，於前方設
置了半疊的榻榻米區做
為睡覺空間，下方則是
收納，打造成一個雅緻
靜謐的房間。

Bedroom

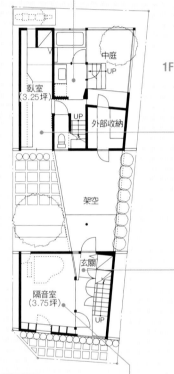

1F

中庭
私室
(3.25坪)
UP
外部收納
UP
架空
玄關
隔音室
(3.75坪)
UP

**能夠盡情演奏
也可以當作沙龍的隔音室**

放置著平台鋼琴的隔音室。女主人的
專長是鋼琴，而兒子則擅長薩克斯風
演奏。偶爾女主人將隔音室當作沙
龍，邀請音樂同好到這裡邊喝茶邊討
論演奏會的內容等。

Musicroom

126

在單色調裡
品味藝術和醇酒
我家就是私人美術館

Entrancehall

明暗對比強烈的單色調玄關大廳

在南側建築的一樓，從玄關土間到深處為止都用黑色
塗裝的砂漿地板。陰暗天花板的低矮玄關深處是，明亮
且天花板高的樓梯間。這種抑揚頓挫的空間變化能引導
人走向樓上。右邊是玻璃隔間的隔音室。

成本考量

**不做浪費的大空間
控制規模**

建築師岸本認為，若將思考方式
從「房間」轉換到「起居室」的
話，空間在設計時會變得較有彈
性。以在每個場所都能舒適地進
行的活動為基準，並跳脫「寬敞
＝舒適」這種固有的觀念，便能
打造出小巧舒適的住宅，並大大
節省了空間與成本的浪費。

COST DATA

建築面積	128.63㎡
總施工費	2,765萬日元

〔明細〕

建築工程費用	2,106.2萬日元※
住宅設備	198.2萬日元
電氣設備	111.3萬日元
給排水衛生	117.5萬日元
空調換氣	33.6萬日元
瓦斯	19萬日元
結構	50.6萬日元
各項經費	128.6萬日元

※建築工程費用包含假設工程、電氣設備
工程和配管工程。

ARCHITECT
岸本和彥／acaa
神奈川県茅ケ崎市中海岸4-15-40-403
Tel：0467-57-2232
URL：http://www.ac-aa.com

DATA
攝影　　　：黑住直臣
所在地　　：東京都　櫻井住宅
家族成員　：夫婦＋小孩1人
構造規模　：木造軸組、兩層樓
地坪面積　：121.78㎡
建築面積　：128.63㎡
1樓面積　：49.32㎡
2樓面積　：62.33㎡
停車場面積：16.98㎡
土地使用分區：第一種低層住宅專用地區、第一種高度地區
建蔽率　　：60％
容積率　　：100％
設計期間　：2007／7〜2008／2
施工期間　：2008／2〜2008／9
施工　　　：青木工務店
合作　　　：The House

外部裝修
屋頂：鍍鋁鋅鋼板
外牆：鍍鋁鋅鋼板、砂漿彈性壓克力樹脂塗裝

內部施工
客廳
地板：楓木地板
牆壁／天花板：EP環氧樹脂塗裝
餐廳
地板：塑化石英磚30×30cm
牆壁／天花板：EP環氧樹脂塗裝
隔音室
地板：砂漿鏝刀粉刷＋彩色水泥
牆壁：OTOKABE隔音壁（DAIKEN）＋布質壁紙
天花板：OTOTEN吸音天花板
玄關
地板：砂漿鏝刀粉刷＋彩色水泥
牆壁：椴木合板＋油漆塗裝
臥室
地板：楓木地板、榻榻米
牆壁／天花板：EP環氧樹脂塗裝
主臥室
地板：楓木地板
牆壁／天花板：EP環氧樹脂塗裝

主要設備製造商
廚房機器：林內
衛浴設備：INAX、TOTO、GROHE
SANWA、KAKUDAI、
照明器具：DAIKO、Panasonic、MAXRAY

剖面重點

改變地板的高低差
變化空間的容量

在這棟南北貫穿的建築裡，雖然建築高度相同，但藉由每個區域不同地板高度的設置，相對也擁有不同的天花板高。坐在客廳低矮的沙發裡、或是坐在餐廳椅子上較高的視線高度、以及站著工作的廚房等，賦予每個平面、剖面空間的容量、顏色和素材變化，讓人在每個場所都能自然地進行的活動。

隔間重點

將一樓分棟
加長動線
打造距離感

一樓中間夾著中庭和架高空間，讓建築的一樓成為兩棟分開的形式。屬於共用空間的玄關與隔音室，設置在兩側被道路包圍的南側。隱私性高的個人房和衛浴空間則配置在較沈靜的北側。通往房間和衛浴空間時，必須經過二樓的餐廳。動線加長後，也能為空間帶來深奧感。在東北角設置了小庭院，從浴室和廚房都能享受到眺望庭院的樂趣。

Masterbedroom

重視個人時間
小巧舒適
夫妻各自的房間

屋主夫妻的房間寬幅也只有1.8m。雖然大小不過2坪，但因為擁有和其他空間的連續感，所以並不會感到狹窄。旁邊的收納間能藉由拉門的開關劃分使用空間。照片為女主人的房間。

Kitchen

半對面式
明亮開放的廚房

配有長形的不鏽鋼調理台的訂製廚房。將廚房地板往下降一段，調整和坐在餐廳家人的視線高度。開放式收納是女主人大展收納功力的地方。另外還有配置面向庭院的耕作陽台。

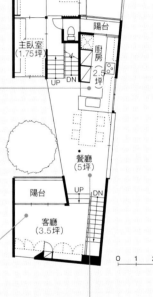

2F

收納間（1.75坪）
主臥室（1.75坪）
陽台
主臥室（1.75坪）
廚房
2.5坪
UP　DN
陽台
餐廳（5坪）
UP　DN
客廳（3.5坪）

0　1　2　3m

閒適的白色客廳
從黑側地板的餐廳往上走數階後來到客廳。天花板高度變化、寬敞度、以及自然素材的設計，讓人自然而然地坐進沙發裡享受這閒適的空間。

Livingroom

在藝術生活中
享受美食與
閒聊的餐廳

在這擴音器形狀的餐廳裡，就算是從房間經過餐廳移動到客廳時，也絕對不會感到狹窄。這種恰到好處的寬敞度與天花板高度，是經過縝密計算後打造出來的空間計畫。

Diningroom

TITLE

大師如何設計：蓋一間代代相傳的好房子

STAFF

出版	瑞昇文化事業股份有限公司
編著	株式会社エクスナレッジ（X-Knowledge Co., Ltd.）
譯者	元子怡

總編輯	郭湘齡
責任編輯	王瓊苹　黃美玉
文字編輯	黃雅琳
美術編輯	謝彥如
排版	執筆者設計工作室
製版	明宏彩色照相製版股份有限公司
印刷	桂林彩色印刷股份有限公司
法律顧問	經兆國際法律事務所　黃沛聲律師

戶名	瑞昇文化事業股份有限公司
劃撥帳號	19598343
地址	新北市中和區景平路464巷2弄1-4號
電話	(02)2945-3191
傳真	(02)2945-3190
網址	www.rising-books.com.tw
Mail	resing@ms34.hinet.net

初版日期	2014年10月
定價	550元

國家圖書館出版品預行編目資料

大師如何設計：蓋一間代代相傳的好房子 / 株
式会社エクスナレッジ作；元子怡譯. -- 初版.
-- 新北市：瑞昇文化, 2014.07
　256面；21*27　公分
ISBN 978-986-5749-58-3(平裝)

1.家庭佈置 2.空間設計 3.個案研究

422.5　　　　　　　　　　　　　10301228